大话
设计模式
Java溢彩加强版

程 杰◎著

清華大學出版社
北 京

内 容 简 介

本书是百万销量的经典畅销书《大话设计模式》的全新升级版，描述语言由上一版C#变为Java。

本书在形式上开创了IT技术图书的先河。通篇以情景对话形式，用多个小故事和编程示例来组织解读GoF（设计模式经典名著——*Design Patterns Elements of Reusable Object-Oriented Software*）的23个设计模式。

本书共分为一个楔子+29章正文。其中，楔子主要通过一个编程实例的演变为初学者介绍了面向对象的基本概念，用来奠定面向对象基础以及树立正确的、有高度的开发思维；第0、1、3、4、5章着重讲解了面向对象的意义、好处以及几个重要的设计规则；第2章，以及第6~28章详细讲解了23种设计模式；第29章对设计模式进行了全面总结。

本书的特色是通过小菜与大鸟的趣味问答，在讲解程序的不断重构和演讲过程中，极大地降低设计模式的学习门槛，让初学者可以更加容易地理解**为什么这样设计才是好的？是怎样想到这样设计的？**以达到不但授之以"鱼"，还授之以"渔"的目的，引导读者体会设计演变过程中蕴藏的大智慧。

本书适合编程初学者或希望在面向对象编程上有所提高的开发人员阅读，也非常适合Java程序员用来重构编程思想，另外，社会培训师生、院校师生也很适合阅读本书。

图书在版编目（CIP）数据

大话设计模式：Java 溢彩加强版 / 程杰著 . —北京：清华大学出版社，2022.8
ISBN 978-7-302-61553-8

Ⅰ.①大… Ⅱ.①程… Ⅲ.① JAVA 语言—程序设计 Ⅳ.① TP312.8

中国版本图书馆 CIP 数据核字 (2022) 第 140363 号

责任编辑：栾大成
封面设计：杨玉兰
责任校对：徐俊伟
责任印制：杨 艳

出版发行：清华大学出版社
　　　　　网　　址：http://www.tup.com.cn，http://www.wqbook.com
　　　　　地　　址：北京清华大学学研大厦 A 座　　邮　　编：100084
　　　　　社 总 机：010-83470000　　　　　　　邮　　购：010-62786544
　　　　　投稿与读者服务：010-62776969，c-service@tup.tsinghua.edu.cn
　　　　　质 量 反 馈：010-62772015，zhiliang@tup.tsinghua.edu.cn
印 装 者：涿州汇美亿浓印刷有限公司
经　　销：全国新华书店
开　　本：170mm×240mm　　　　**印　　张：**24.5　　　　**字　　数：**539 千字
版　　次：2022 年 10 月第 1 版　　　　　　　　**印　　次：**2022 年 10 月第 1 次印刷
定　　价：129.00 元

产品编号：097925-01

- 本书是一本代码集？**并不是。**

- 本书是一本编程故事汇？**并不是。**

  本书是一本通过故事讲述程序如何设计的**编程方法集。**

- 本书是给连Hello World都没写过的非程序员看的书吗？**并不是。**

- 本书是给玩过穿孔纸带（0/1）、写过汇编、BASIC、C、C++、Java、C#、Python等语言，开发过大型系统的骨灰级程序员看的书吗？**并不是。**

  本书希望能给这样的读者一些好的建议和提示：

- 渴望了解OO（Object Oriented，面向对象）世界的初学者。

- 困惑于僵硬、脆弱、无法复用的程序员。

- 打着OO编程的旗号，做着PO（Procedure Oriented，面向过程）开发的基于对象的程序员。

- 习惯了用Python框架、库、自动化开发而忽视了软件开发本质的程序员。

- 决心脱离"码农"圈的程序员。

▌前 言

本书起因

写这本书源于我的一次做培训的经历，培训对象大多是计算机专业的学生或有一定经验的在职开发者。他们都知道类、方法、构造方法，甚至抽象类、接口等概念，并用Visual Studio写过桌面或Web程序。可是，当我提问为什么要面向对象，它的好处在哪里时，却没有人能完整地讲出来，多数人的反应是，概念是知道的，就是表达不清楚。

针对于此，我举了中国古代四大发明中活字印刷的例子（见第1章），通过一个虚构的曹操做诗的情景，把面向对象的几大好处讲解了一下，学生普遍感觉这样的教学比直接告诉他们面向对象有什么好处要更加容易理解和记忆。

这就使得我不断地思考"学一门技术是否需要趣味性以及通俗性的引导"这样一个问题。

我在思考中发现，看小说时，一般情况下我都可以完整地读完它，而阅读技术方面的图书，却很少按部就班、每章每页地仔细阅读。尽管这两者有很大区别，技术书中可能有不少知识是已经学会或暂时用不上的内容，但也不得不承认，小说之所以可以坚持读完是因为我对它感兴趣，作者的精妙文笔布局在吸引我。而有些技术书的枯燥乏味使得读者阅读很难坚持，很多时候读几章就将其放入书架了。

技术的教学同样如此，除非学生是抱着明确的学习动机来参与其中，否则照本宣科的教学、枯燥乏味的讲解，学生一定会被庞杂的概念和复杂的逻辑搅晕了头脑，致使效果大打折扣。也正因如此，造成部分学生学了四年的计算机编程，却可能连面向对象有什么好处都还说不清。

为什么不可以让技术书带点趣味性呢？哪怕这些趣味性与所讲的技术并不十分贴切，只要不是影响技术核心的本质，不产生重大的错误，让读者能轻松阅读它，并且有了一定的了解和感悟，这要比一本写得高深无比却被长期束之高阁的书好得多。

也正是这个原因，本人开始了关于设计模式的趣味性写作的尝试。

本书读者

显然，本书不是给零编程经验的人看的，对于想入这一行的朋友来说，找一门编程语言，从头开始或许才是正道。而本书也不太适合有多年面向对象开发经验、对常用设计模式了如指掌的人——毕竟这里更多的是讲解基本观念。

我时常拿程序员的成长与足球运动员的成长作对比。

GoF的《设计模式》好比是世界顶级足球射门集锦，而《重构》《敏捷软件开发》《设计模式解析》好比是一场场精彩的足球比赛。虽然我为之疯狂，为之着迷，可是我并不只是想做一个球迷（软件使用者），而是更希望自己能成为一个球员（软件设计师），能够亲自上场比赛，并且最终成为球星（软件架构师）。我仔细地阅读这些被誉为经典的著作，认真实践其中的代码，但是我总是半途而废、坚持不下去，我痛恨自己意志力的薄弱、憎恶自己轻易地放弃，难道我真的就是那么笨？

痛定思痛，我终于发现，贝利、马拉多纳不管老、胖都是用来敬仰的，贝克汉姆、罗纳尔迪尼奥不管美、丑都是用来欣赏的，但他们的球技……客气地说，是不容易学会的，客观地说，是**不可能学得会**的。为什么会这样？原来，我学习中缺了一个很重要的环节，我们在看到了精彩的球赛、欣赏球星高超球技的同时，却忽略了球星的成长过程。他们尽管有一定天分，但也是从最底层通过努力一点一点慢慢地显露出来的，我们需要的不仅是世界杯上的那定乾坤的一脚，更需要了解这一脚之前是如何练出那种神奇脚法的方法。对于程序员来讲，**精彩代码的实现思路，要比看到精彩的代码更加令人期待**。

本书显然不是培养球星（软件架构师）的豪门俱乐部，而是训练足球基本功的体校，培训的是初学足球的小球员（面向对象的程序员），本书希望的是读者阅读后可以打好面向对象编程的基础，从而更加容易并深入地理解和感受GoF的《设计模式》以及其他大师作品的魅力。

本书定位

本书是在学习众多大师智慧结晶的图书作品、分享了多位朋友的实践经验的基础上，加之自己的编程感受写出来的。正如牛顿有句名言："如果说我比别人看得更远些，那是因为我站在了巨人的肩上。"

显然本书并没有创造或发现什么模式，因此谈不上站在巨人肩膀上而看得更远。所以作者更**希望本书能成为一些准备攀登面向对象编程高峰的朋友的登山引路人、提携者**，在您登山途中迷路时给予指引一条可以坚实踩踏的路线，在您峭壁攀岩不慎跌落时给予保护和鼓励。

本书特色

本书有两个特色。

第一个特色是**重视过程**。我看了太多的计算机编程类的图书，大多数书籍都是在集中讲授优秀的解决方案或者完美的程序样例，但对这些解决方案和程序的演变过程却重视不够，好书之所以好，就是因为作者可以站在学习者的角度去讲解问题所在，让学习门槛降低。《重构与模式》中有一句经典之语："如果想成为一名更优秀的软件设计师，了解优秀软件设计的演变过程比学习优秀设计本身更有价值，因为设计的演变过程中蕴藏着大智慧。"本人就希望能通过小菜与大鸟的对话，在不断地提问与回答过程中，在程序的不断重构演变中，把设计模式的学习门槛降低，让初学者可以更加容易地理解，为什么这样设计才好，你是如何想到这样设计的。

第二个特色就是**贴近生活**。尽管编程是严谨的，不容大话和戏说，但生活却是多姿多彩的，而设计模式也不是完全孤立于现实世界而凭空想出来的理论。事实上，所有的模式都可以在生活中找到对应。因此，通过主人公小菜和大鸟的对话，将求职、面试、工作、交友、投资、兼职、办公室文化、生活百味等非常接近程序员生活原貌的场景写到了书中，用一个个小故事来引出模式，会让读者相对轻松地进入学习设计模式的状态。当然，此举的最大目的还是为了深入浅出，而非纯粹噱头。

本书内容

本书通篇都是以情景对话的形式，用一个又一个的小故事或编程示例来组织的。全书共分为四个部分。

- 开篇是楔子，主要向不熟悉面向对象编程的读者给出一个观念说明，并通过一个例子的演变介绍类、封装、继承、多态、接口等概念。
- 第二部分（第4～5章，第11章）是面向对象的意义和好处以及几个重要的设计原则——通过小菜面试的失败引出。
- 第三部分（第1～3章、第6～10章、第12～28章）是详细讲解23个设计模式。
- 第四部分（第29章）是对设计模式的总结，利用小菜梦到的超级模式大赛的场景，把所有的面向对象和模式概念都拟人化来趣味性地总结设计模式之间的异同和关键点。

本书人物及背景

小菜：原名蔡遥，22岁，上海人，上海某大学计算机专业四年级学生，成绩一般，考研刚结束，即将毕业，正求职找工作，梦想进大厂。

大鸟：原名李大辽，29岁，小菜的表哥，云南昆明人，毕业后长期从事软件开发和管理工作，近期到上海发展，借住小菜家在宝山的空房内。

小菜以向大鸟学习为由，也从市区父母家搬到宝山与大鸟同住。

本书研读方法

本书建议按顺序阅读，**如果您感觉由于面向对象知识的匮乏（例如对继承、多态、**

接口、抽象类的理解不足）**造成阅读上的困难，不妨先阅读楔子的**"培训实习生——面向对象基础"部分，然后再从第1章开始阅读。如果您已经对不少设计模式很熟悉，也不妨挑选不熟悉的模式章节阅读。

本书中的**很多精华都来自许多大师作品，**建议读者通过笔记形式记录，这将有助于您的记忆和理解设计模式，增强最终的读书效果。

本书中出现的**"[ ]"表示句子摘自某书。例如，**"策略模式（Strategy）：它定义了算法家族，分别封装起来，让它们之间可以互相替换，此模式让算法的变化不会影响使用算法的客户[DP]。"其中**"[DP]"表示此句摘自《设计模式：可复用面向对象软件的基础》，详细摘要说明请参看参考文献。**

本书第29章中的虚拟人物姓名都是软件编程中的专业术语，因此凡是专业术语被影射人物姓名的都用紫色字表示，以和实际术语区分。例如，"第一位是我们OOTV创始人，**面向对象**先生"，这里的紫色字面向对象指人名。

关于本书学习的疑问解答

● 看本书需要什么基础？

主要是Java或其他编程语言的基础知识，如变量、分支判断、循环、函数等编程基础，关于面向对象基础可参看本书的楔子（第0章）。

● 设计模式是否有必要全部学一遍？

答案是，**Yes！**别被那些说什么设计模式大多用不上，根本不用全学的舆论所左右。尽管现在的设计模式远远不止23种，但对所有的都有研究是不太容易的，就像作者本人一样，在学习GoF总结的23个设计模式过程中，你会被那些编程大师们进行伟大的技术思想洗礼，不断增加自己对面向对象的深入理解，从而更好地把这种思想发扬光大。这就如同高中时学立体几何感觉没用，但当你装修好房子购买家具时才知道，有空间感，懂得空间计算是如何重要，你完全可能遇到买了一个大号的冰箱却放不进厨房，或买了开关门的衣橱（移门不占空间）却因床在旁边堵住了门而打不开的尴尬。

重要的不是你将来会不会用到这些模式，而是**通过这些模式让你找到"封装变化""对象间松散耦合""针对接口编程"的感觉，从而设计出易维护、易扩展、易复用、灵活性好的程序。**成为诗人后可能不需要刻意地按照某种模式去创作，但成为诗人前他们一定是认真地研究过成百上千的唐诗宋词、古今名句。

如果说，数学是思维的体操，那**设计模式，就是面向对象编程思维的体操。**

● 我学了设计模式后时常会过度设计，如何办？

作者建议，暂时现象，继续努力。

设计模式有四境界：

➢ 没学前一点不懂，根本想不到用设计模式，设计的代码很糟糕。

➢ 学了几个模式后，很开心，于是到处想着要用自己学过的模式，于是时常造成误用模式而不自知。

> 学完全部模式时，感觉诸多模式极其相似，无法分清模式之间的差异，有困惑，但深知误用之害，应用之时有所犹豫。

> 灵活应用模式，甚至不应用具体的某种模式也能设计出非常优秀的代码，以达到无剑胜有剑的境界。

从作者本人的观点来说，不会用设计模式的人要远远超过过度使用设计模式的人，从这个角度讲，因为怕过度设计而不用设计模式显然是因噎废食。当你认识到自己有过度使用模式的时候，那就证明你已意识到问题的存在，只有通过不断的钻研和努力，你才能突破"不识庐山真面目，只缘身在此山中"的瓶颈，达到"会当凌绝顶，一览众山小"的境界。

编程语言的差异

本书讲的是面向对象设计模式，是用Java语言编写，但本书并不是主要讲解Java语言的图书，因此本书同样适合C#、VB.NET、C++等其他一些面向对象语言的读者阅读来学习设计模式。

就C#而言，主要差异来自C#对于子类继承父类或实现接口用的都是"："，而Java中两者是有区别的。

当Cat继承抽象类Animal时，C#语法是：

```
public class Cat : Animal
```

当Superman实现接口IFly时，C#语法是：

```
public class Superman : IFly
```

然后C#类中的方法，如果父类是虚方法，需要子类指定new或是override修饰符。还有一些其他差异，但基本都不影响本书的阅读。

C++的程序员，可能在语言上会有些差异，不过本书应该不会因为语言造成对面向对象思想的误读。

本书代码下载

尽管本书中的代码都提供下载，但不经过读者的自己手动输入过程，其实阅读的效果是大打折扣的。**强烈建议读者根据样例自己写程序**，只有在运行出错，达不到预期效果时再查看本书提供的源程序，这样或许才是最好的学习方法。有问题可及时与我联系。博客是http://cj723.cnblogs.com/。

本书课件下载

读者群

读者在学习过程中遇到的问题，可以加入本书QQ群讨论。另外，本书虽然经历了十几年的迭代锤炼，依然可能存在错误。读者群会随时更新勘误文档。

QQ群：638992788

不是一个人在战斗

首先要感谢我的妻子李秀芳对我写作本书期间的全力支持，没有她的理解和鼓励，就不可能有本书的出版。

父母的养育才有作者本人的今天，本书的出版，寻根溯源，也是父母用心教育的结果。养育之恩，没齿难忘。

本书起源于本人在"博客园"网站的博客http://cj723.cnblogs.com/中的一个连载文章《小菜编程成长记》。没想到连载引起了不小的反响，网友普遍认为本人的这种技术写作方式新颖、有趣、喜欢看。正是因为众多网友的支持，本人有了要把GoF的23种设计模式全部故事化的冲动。非常感谢这些在博客回复中鼓励我的朋友。

这里需要特别提及洪立人先生，他是本人在写书期间共同为理想奋斗的战友，写作也得到了他的大力支持和帮助。在此对他表示衷心的感谢。

写作过程中，本人参考了许多国内外大师的设计模式的著作。尤其是《设计模式》（作者：简称GoF的Erich Gamma，Richard Helm，Ralph Johnson，John Vlissides）、《设计模式解析》（作者：Alan Shalloway，James R. Trott）、《敏捷软件开发：原则、模式与实践》（作者：Robert C.Martin）、《重构——改善既有代码的设计》（作者：Martin Fowler）、《重构与模式》（作者：Joshua Kerievsky）、《Java与模式》（作者：阎宏），等等，没有他们的贡献，就没有本书的出版。也希望本书能成为更好阅读他们这些大师作品的前期读物。

写作过程中，本人还参考了http://www.dofactory.com/关于23个设计模式的讲解，并引用了他们的结构图和基本代码。在博客园中的许多朋友，如张逸、吕震宇、李会军、idior、Allen Lee的博文，MSDN SmartCast中李建忠的讲座，CSDN博客中的大卫、ai92的博文，网站J道www.jdon.com的版主banq的文章都给本人的写作提供了非常大的指引和帮助，在此表示感谢。另外，博客园的双鱼座先生还对本人的部分代码提出了整改意见，也表示衷心的谢意。详细参考资料与网站链接见参考文献。

事实上，由于本人长期有看书记读书笔记的习惯，所以书中引用笔记的内容，也极有可能是来自某本书或者某个朋友的博客、某个网站的文章。而本人已经无法一一说出其引用的地址，但这些作者的智慧同样对本书的写作带来了帮助，在此只能说声谢谢。

最后，对清华大学出版社表示由衷的感谢。

程　杰
2022年9月

再版说明 ▎

再版背景

大家好！我是《大话设计模式》（2007年第一版）的作者，15年来，承蒙广大读者的厚爱，《大话设计模式》（2007年第一版）取得了非常大的成功。京东自营店中，此书就已经有5万次评论，98%的好评度。当当网中，有2万+次评论，99.2%的好评度。在本书出版至今的长达15年里一直是国内原创计算机类图书最畅销的书籍之一。不过本书前作确实存在一些不足和缺憾，有很大提升空间。

多年来，我收到了数以千计的邮件建议，很多建议都非常好，我也不止一次地动心要大刀阔斧地更新一版。在2022年春天，受上海疫情影响居家隔离，终于有了大段时间对本书做一个全面升级，改进前作解读方式，让学习设计模式相对更加容易，让阅读体验更加舒适。

编程语言替换为Java

前作用C#作为代码演示语言，但大量读者反馈，希望用更加热门的Python或者Java语言来解读面向对象设计模式。

为什么不用如日中天的Python？Python语言非常灵活，这种灵活依托于Python强大的类、库、框架生态，所以Python语法对OO编程思想实际上是淡化了，对于设计模式的解析有时不容易找到精准的代码进行描述。

而Java作为老牌纯正的OO编程语言，在规范性上有着天然优势。因此新版的设计模式讲解全部用Java语言来描述，并针对Java语言的特性对讲解内容做了相当大的改动。

再次强调一点：**掌握设计模式相当于华山派的"气宗"，是程序员的内功修为，虽然在同样的学习时间下，类似Python这种"剑宗"的开发模式见效更快，但是长远来看，"气宗"才是走向软件架构师以上级别的必由之路。**

内容改进与升级

内容是一本书的灵魂，对于一本技术书来说，内容意味着解读是否到位。

- 此次升级对书中的大量细节做了更新，增补或者替换了更加便于理解的解读和案例。
- 对原书中工厂方法模式的内容进行了彻底重写。

- 对部分章节，如装饰模式、观察者模式、抽象工厂模式、单例模式等内容做了较大改动。
- 对很多模式的讲解内容和代码样例做了完善，比如同一个商场收银程序的不断迭代升级在策略模式、装饰模式、工厂方法模式、抽象工厂模式章节中都有体现。

由于第一版成书时间较早，现对其中存在的部分错误做了修订。在此对购买前作的读者说声抱歉，也对指出错误的热心读者表示感谢。

图表升级

本书上一版是黑白印刷，图形以UML结构图为主。黑白灰的平面图形，很难一目了然地把知识和思路表达清楚。结合我的另一本图书《大话数据结构》的改版经验，我对本书所有图表做了全面升级。

（1）修改了所有原来的UML结构图，改为色彩鲜明的彩色UML图。

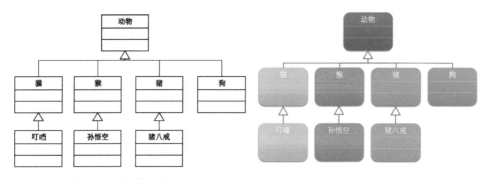

（2）增加了大量趣味图片。

①讲解错误继承关系时：

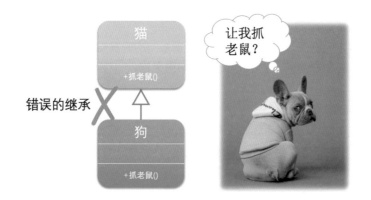

②讲解面向对象特性——多态时：

我们都是鸟

③讲解工厂方法模式时：

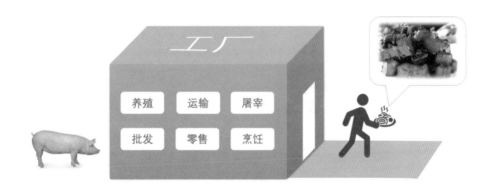

④讲解状态模式时：

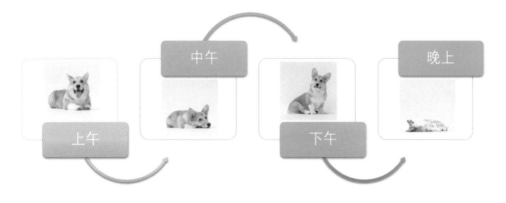

⑤讲解职责链模式时：

⑥讲解解释器模式时：

代码样式升级

本书所有代码，都用Java语言重写了一遍，并在编译器中重新跑过。展示方式采取直接截屏编辑器的方式，力争让读者有一种实地开发的即视感，同时节约了大量篇幅。

老版书中代码

```
class Program
{
    static void Main(string[] args)
    {
        Console.Write("请输入数字A: ");
        string A = Console.ReadLine();
        Console.Write("请选择运算符号(+、-、*、/): ");
        string B = Console.ReadLine();
        Console.Write("请输入数字B: ");
        string C = Console.ReadLine();
        string D = "";

        if (B == "+")
            D = Convert.ToString(Convert.ToDouble(A) + Convert.ToDouble(C));
        if (B == "-")
            D = Convert.ToString(Convert.ToDouble(A) - Convert.ToDouble(C));
        if (B == "*")
            D = Convert.ToString(Convert.ToDouble(A) * Convert.ToDouble(C));
        if (B == "/")
            D = Convert.ToString(Convert.ToDouble(A) / Convert.ToDouble(C));
        Console.WriteLine("结果是: " + D);
    }
}
```

这样命名是非常不规范的

判断分支，你这样的写法，意味着每个条件都要做判断，等于计算机做了三次无用功

如果除数时，客户输入了0怎么办，如果用户输入的是字符符号而不是数字怎么办

新版书中代码

```
import java.util.Scanner;

public class Test {

    public static void main(String[] args){

        Scanner sc = new Scanner(System.in);

        System.out.println("请输入数字A: ");
        String A = sc.nextLine();
        System.out.println("请选择运算符号(+、-、*、/): ");
        String B = sc.nextLine();
        System.out.println("请输入数字B: ");
        String C = sc.nextLine();
        double D = 0d;
        if (B.equals("+"))
            D = Double.parseDouble(A) + Double.parseDouble(C);
        if (B.equals("-"))
            D = Double.parseDouble(A) - Double.parseDouble(C);
        if (B.equals("*"))
            D = Double.parseDouble(A) * Double.parseDouble(C);
        if (B.equals("/"))
            D = Double.parseDouble(A) / Double.parseDouble(C);
        System.out.println("结果是: "+D);
    }
}
```

变量命名不规范

判断分支，这样的写法，意味着每个条件都要做判断，等于做了三次无用功。

(1) 除数可能是0，没有做容错判断
(2) 大量重复的Double.parseDouble()代码

| 目　录

第0章 楔子 培训实习生——面向对象基础

本章主要是为阅读本书设计模式章节有困难的朋友提供的正餐前的开胃小菜。目的是不希望读者在阅读设计模式时，由于对Java语言中面向对象的知识了解匮乏或理解欠缺造成太大的障碍。所以本章仅对涉及阅读本书需要了解的Java语言中面向对象的知识做简单的介绍，比如继承、多态、接口、抽象、类、集合、泛型等。由于本书的重点不是讲面向对象基础，也不是讲Java语言，所以在本章中对很多技术细节都未提及或深入，希望有兴趣的朋友去阅读相关的专著，来补充对Java语言和面向对象的认识不足。

0.1 培训实习生

小菜，名叫蔡遥，24岁，上海人，上海某大学软件工程专业本科毕业。小菜工作两年多，因为勤思考、爱学习，成长很快，迅速成为公司里软件开发部门的骨干。

请多指教
一起学习，共同进步

时间：9月3日上午9点
地点：小菜办公室
人物：小菜、史熙、公司开发部经理

小菜的单位来了个大学实习生，叫史熙。开发部经理安排小菜有空教教他，小菜欣然接受。

"蔡老师，请多多关照了。"史熙很诚恳。

"哈，不敢当，我也工作没几年，比你大几届。以后叫我名字吧，我叫蔡遥。"

"哦，那叫遥哥。"

"唉！不跟你客气了，你是学计算机专

业的吗？"

"是的，今年大四。不过老实说，在学校里真的没学到什么东西。所谓'公司一日，校园一年。'来这一定会比学校学的东西要多。"

"哈，夸张了，应该是'公司一日抵自学一月。'在实践当中，自然会学得快一些。不过话说回来，一些基本的东西还是要知道的。Java语言学过吧？对面向对象又了解多少？"

"Java是学过的，什么变量、常量、判断、循环，我都知道。面向对象，好像也学过的。什么类呀、方法呀的，太久了，当时就为了应付考试了，具体如何用，根本不记得。你要不给我讲讲吧。"

"啊，都不记得了，不就等于白学了吗？不过没关系，今天我正好有空，我们争取来个快速入门吧。"

"太好了，遥哥，不对，还是得叫蔡老师，先谢谢了。"

0.2 类与实例

"先问问你，对象是什么？类是什么？"小菜问道。

"准确定义不知道。类大概就是对东西分类的意思。"史熙答得很勉强。

"啊，看来你是实实在在的菜鸟呀。一切事物皆为对象，即所有的东西都是对象，**对象就是可以看到、感觉到、听到、触摸到、尝到或闻到的东西。准确地说，对象是一个自包含的实体，用一组可识别的特性和行为来标识。**面向对象编程，英文叫Object-Oriented Programming，其实就是针对对象来进行编程的意思。"

"至于类，待会儿再讲，先从最简单的开始，你可以用Java编写一个小程序，最终将实现一个'动物运动会'的软件小例子。"

"动物运动会？有意思。"

"首先实现这样一个功能，用Java实现一声猫叫，我们暂时无法模拟出真实声音，那就在控制台显

示叫声'喵'就可以了。"

"这个非常简单。"

```java
public class Test {
    public static void main(String[] args){
        System.out.println("喵");
    }
}
```

"好了，是这个意思吗？"史熙问道。

"是，程序是编出来了，现在的问题就是，如果我们需要在另一个按钮中来让小猫叫一声，或者需要小猫多叫几声，怎么办？"

"那就多写几个'System.out.println（"喵"）；'呀。"

"那不就重复了吗？可不可以想个办法？"

"我知道你的意思，写个函数就可以解决了。其他需要猫叫的地方都可以调用"

```java
public class Test {
    public static void main(String[] args){
        System.out.println(shout());
    }

    String shout(){
        return "喵";
    }
}
```

"很好，现在问题是，万一别的地方，我指程序的其他地方也需要猫叫shout()，如何处理？"

"这个我好像学过的，在shout()方法前面加一个public，别的场合就可以访问了。"

"对，没错，这样是可以达到访问的目的了，但是你觉得这个shout(猫叫)放在这个Test.java的代码中合适吗？这就好比，居委会的公用电视放在你家，而别人家都没有，于是街坊邻居都来你家看电视。你喜欢这样吗？"

"这样好呀，邻居关系好了。不过这确实不是办法，公用电视应该放在居委会。"

"所以说，这猫叫的函数应该放在一个更合适的地方，这就是'类'。**类就是具有相同的属性和功能的对象的抽象的集合**，我们来看代码。"

```java
public class Cat {
    public String shout(){
        return "喵";
    }
}
```

"这里'class'**是表示定义类的关键字**，'Cat'就是类的名称，'shout'就是类的方法。"

"哈，定义类这玩意还是很简单的嘛。"

"这里有两点要注意

（1）类名称首字母记着要大写。多个单词则各个首字母大写；

（2）对外公开的方法需要用'public'修饰符。"

"明白，那怎么应用这个类呢？"

"很简单，只要将类实例化一下就可以了。"

"什么叫实例化？"

"**实例，就是一个真实的对象。**比如我们都是'人'，而你和我其实就是'人'类的实例了。**而实例化就是创建对象的过程，使用new关键字来创建。**"

```java
public class Test {

    public static void main(String[] args){

        Cat cat = new Cat();
        System.out.println(cat.shout());

    }
}
```

"注意，'Cat cat = new Cat();'其实做了两件事。"

```java
Cat cat;                //声明一个Cat对象，对象名为cat

cat = new Cat();        //将此cat对象实例化
```

"Cat实例化后，等同于出生了一只小猫cat，此时就可以让小猫cat.shout()了。在任何需要小猫叫的地方都可以实例化它。"

"明白，这下调用它确实就方便很多了。"

0.3 构造方法

"下面，我们希望出生的小猫应该有个姓名，比如叫'咪咪'，当咪咪叫的时候，最好是能说'我的名字叫咪咪，喵'。此时就需要考虑用构造方法。"

"构造方法？这是做什么用的？"

"**构造方法，又叫构造函数，其实就是对类进行初始化。构造方法与类同名，无返回值，也不需要void，在new的时候调用。**"

我叫咪咪

"那就是说，在类创建时，就是调用构造方法的时候了？"

"是呀，在'Cat cat=new Cat();'中，new

后面的Cat()其实就是构造方法。"

"不对呀，在类当中没有写过构造方法Cat()，怎么可以调用呢？"

"问得好，实际情况是这样，**所有类都有构造方法，如果你不编码则系统默认生成空的构造方法，若你有定义的构造方法，那么默认的构造方法就会失效了**。也就是说，由于你没有在Cat类中定义过构造方法，所以Java语言会生成一个空的构造方法Cat()。当然，这个空的方法什么也不做，只是为了让你能顺利地实例化而已。"

"那不是很好吗？我们还需要构造方法做什么呢？"

"刚才不是说过吗，构造方法是为了对类进行初始化。比如我们希望每个小猫一诞生就有姓名，那么就应该写一个有参数的构造方法。"

```java
public class Cat {

    //声明Cat的私有字符串变量name
    private String name = "";
    //定义Cat类的构造方法，参数是输入一个字符串
    public Cat(String name){
        //将参数赋值给私有变量name
        this.name = name;
    }

    public String shout(){
        return "我的名字叫"+ name + " 喵";
    }
}
```

"这样一来，我们在客户端要生成小猫时，就必须要给小猫起名字了。"

```java
public class Test {

    public static void main(String[] args){

        Cat cat = new Cat("咪咪");
        System.out.println(cat.shout());

    }
}
```

结果显示：

0.4 方法重载

"但是，遥哥，如果我事先没有起好小猫的名字，难道这个实例就创建不了了吗？"史熙又有疑问。

"是的，有些父母刚生下孩子时，姓名没有起好也是很正常的事。就目前的代码，你如果写'Cat cat = new Cat();'是会直接报'Cat方法没有采用0个参数的重载'的错误，原因就是必须要给小猫起名字。如果当真需要不起名字也要生出小猫来,可以用'方法重载'。"

"方法重载？好像也学过，具体如何说？"

"**方法重载提供了创建同名的多个方法的能力**，但这些方法需使用不同的参数类型。注意并不是只有构造方法可以重载，普通方法也是可以重载的。"

```java
public class Cat {

    private String name = "";
    public Cat(String name){
        this.name = name;
    }

    //将构造方法重载
    public Cat(){
        this.name = "无名";
    }

    public String shout(){
        return "我的名字叫"+ name + "喵";
    }
}
```

"哦，这样的话，如果写'Cat cat = new Cat();'的话，就不会报错了。而猫叫时会是'我的名字叫无名 喵'。"

"对的，注意**方法重载时，两个方法必须要方法名相同，但参数类型或个数必须要有所不同**，否则重载就没有意义了。你觉得方法重载的好处是什么？"小菜问道。

"哈，我想应该是**方法重载可在不改变原方法的基础上，新增功能。**"

"说得很好，方法重载算是提供了函数可扩展的能力。比如刚才这个例子，有的小猫起好名字了，就用带string参数的构造方法，有的没有名字，就用不带参数的，这样就达到了扩展的目的。"

"如果我需要分清楚猫的姓和名，还可以再重载一个public Cat(string firstName，string lastName)，对吧？"

"对的。非常好。下面，我们觉得小猫叫的次数太少，希望是我让它叫几声，它就叫几声，如何做？"

"那是不是在构造方法里再加一个叫的次数？"

"那样当然是可以，但叫几声并不是必须要实例化的时候就声明的，我们可以之后再规定叫几声，所以这时应该考虑用'属性'。"

0.5 属性与修饰符

"属性是一个方法或一对方法，即属性适合于以字段的方式使用方法调用的场合。这里还需要解释一下字段的意思，字段是存储类要满足其设计所需要的数据，字段是与类相关的变量。比如刚才的Cat类中的‘private string name = " ";’name其实就是一个字段，它通常是私有的类变量。那么属性是什么样呢？我们现在增加一个猫叫次数ShoutNum的属性。"

```
public class Cat {

    //声明一个内部字段，注意是private，默认叫的次数为3
    private int shoutNum = 3;
    //表示外界可以给内部的shoutNum赋值
    public void setShoutNum(int value){
        this.shoutNum=value;
    }
    //表示外界调用时可以得到shoutNum的值
    public int getShoutNum(){
        return this.shoutNum;
    }

}
```

"刚才没有强调public和private的区别，它们都是修饰符，public表示它所修饰的类成员可以允许其他任何类来访问，俗称公有的。而private表示只允许同一个类中的成员访问，其他类包括它的子类无法访问，俗称私有的。如果在类中的成员没有加修饰符，则被认为是private的。修饰符还有其他三个，以后再讲。通常字段都是private，即私有的变量，而属性都是public，即公有的变量。那么在这里shoutNum就是私有的字段，而ShoutNum就是公有的对外属性。由于是对外的，所以属性的名称一般首字母大写，而字段则一般首字母小写或前加‘_’。"

"属性的get和set是什么意思？"

"属性有两个方法get和set。get返回与声明的属性相同的数据类型，表示的意思是调用时可以得到内部字段的值或引用；set有一个参数，用关键字value表示，它的作用是调用属性时可以给内部的字段或引用赋值。"

"那又何必呢？我把字段的修饰符改为public，不就可以做到对变量的既读又写了吗？"

"是的，如果仅仅是可读可写，那与声明了public的字段没什么区别。但是对于对外界公开的数据，我们通常希望能做更多的控制，这就好像我们的房子，我们并不希望房子是全透明的，那样你在家里的所有活动全部都被看得清清楚楚，毫无隐私可言。通常我们的房子有门有窗，但更多的是不透明的墙。这门和窗其实就是public，而房子内的东西，其实就是private。而对于这个房子来说，门窗是可以控制的，我们并不是让所有的人都可以从门随意进出，也不希望蚊子苍蝇来回出入。这就是属性的作用了，如果你把字段声明为public，那就意味着不设防的门窗，任何时候，调用者都可以读取或写入，这是非常糟糕的一件事。如果把对外的数据写成属性，那情况就会好很多。"

```java
public class Cat {

    private int shoutNum = 3;
    public int getShoutNum(){
        return this.shoutNum;
    }

    //去掉set,表示ShoutNum
    //属性是只读的




}
```

```java
public class Cat {

    private int shoutNum = 3;
    public void setShoutNum(int value){

        //控制叫声次数，最多只能叫10声
        if (value<=10)
            this.shoutNum=value;
        else
            this.shoutNum = 10;

    }
    public int getShoutNum(){
        return this.shoutNum;
    }

}
```

"我明白了，这就好比给窗子安装了纱窗，只让阳光和空气进入，而蚊子苍蝇就隔离。多了层控制就多了层保护。"

"说得很好。我们还没有做完，由于有了'叫声次数'的属性，于是我们的shout方法就需要改进了。"

```java
public String shout(){
    String result="";
    //用一个循环让小猫叫相应的次数
    for(int i=0;i<this.shoutNum;i++){
        result+= "喵 ";
    }
    return "我的名字叫"+ name + " " + result;
}
```

"此时调用的时候只需要给属性赋值就可以了。"

```java
Cat cat = new Cat("咪咪");

cat.setShoutNum(5);    //给属性赋值

System.out.println(cat.shout());
```

结果显示：

我的名字叫咪咪 喵 喵 喵 喵 喵

"如果我们不给属性赋值，小猫会叫'喵'吗？"

"当然会，应该是三声吧，因为字段shoutNum的初始值是3。"

"很好。另外需要强调的是，变量私有的叫字段，公有的是属性，那么对于方法而言，同样也就有私有方法和公有方法了，一般不需要对外界公开的方法都应该设置其修饰符为private（私有）。这才有利于'封装'"

0.6 封装

"现在我们可以讲面向对象的三大特性之一'封装'了。**每个对象都包含它能进行操作所需要的所有信息，这个特性称为封装，因此对象不必依赖其他对象来完成自己的操作。**这样方法和属性包装在类中，通过类的实例来实现。"

"是不是刚才提炼出Cat类，其实就是在做封装？"

"是呀，**封装有很多好处。第一，**良好的封装能够减少耦合，至少我们让Cat和Form1的耦合分离了。**第二，类内部的实现可以自由地修改，**这也是显而易见的，我们已经对Cat做了很大的改动。**第三，类具有清晰的对外接口，**这其实指的就是定义为public的ShoutNum属性和shout方法。"

"封装的好处很好理解，比如刚才举的例子。我们的房子就是一个类的实例，室内的装饰与摆设只能被室内的居住者欣赏与使用，如果没有四面墙的遮挡，室内的所有活动在外人面前一览无遗。由于有了封装，房屋内的所有摆设都可以随意地改变而不用影响他人。然而，如果没有门窗，一个包裹得严严实实的黑箱子，即使它的空间再宽阔，也没有实用价值。房屋的门窗，就是封装对象暴露在外的属性和方法，专门供人进出，以及流通空气、带来阳光。"

"现在我需要增加一个狗叫的功能，就是加一个按钮'狗叫'，单击后会弹出'我的名字叫XX 汪 汪 汪'如何做？"

"那简单呀，仿造Cat加一个Dog类。然后再用类似代码调用就好了。"

```
Dog dog = new Dog("旺财");

dog.setShoutNum(8);

System.out.println(dog.shout());
```

结果显示：

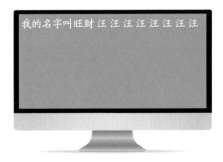

我的名字叫旺财汪汪汪汪汪汪汪汪

"这下就OK了，小狗旺财也会叫了。"

"很好，但你有没有发现，Cat和Dog有非常类似的代码？"

"是呀，90%的代码是一样的，不过这些代码都是必需的，也没什么办法去除呀。"

"当然可以想办法，代码有大量重复不会是什么好事情。我们要用到面向对象的第二大特性'继承'。"

0.7 继承

"我们还是先离开软件编程，来想想我们的动物常识，猫和狗都是什么？"小菜问道。

"都是给人添麻烦的东西。除了吃喝拉撒睡，什么也不干的家伙。"史熙调皮地答道。

"拜托，正经一些。猫和狗都是动物，准确地说，他们都是哺乳动物。哺乳动物有什么特征？"

"哦，这个小时候学过，哺乳动物是胎生、哺乳、恒温的动物。"

"OK，因为猫和狗是哺乳动物，所以猫和狗就同样具备胎生、哺乳、恒温的特征。所以我们可以这样说，由于猫和狗是哺乳动物，所以猫和狗与哺乳动物是继承关系。"

"哦，原来继承就是这个意思。"

"是的，回到编程上，**对象的继承代表了一种'is-a'的关系，如果两个对象A和B，可以描述为'B是A'，则表明B可以继承A。'猫是哺乳动物'**，就说明了猫与哺乳动物之间是继承与被继承的关系。实际上，**继承者还可以理解为是对被继承者的特殊**

化，因为它除了具备被继承者的特性外，还具备自己独有的个性。例如，猫就可能拥有抓老鼠、爬树等'哺乳动物'对象所不具备的属性。因而在继承关系中，继承者可以完全替换被继承者，反之则不成立。所以，我们在描述继承的'is-a'关系时，是不能相互颠倒的。说'哺乳动物是猫'显然有些莫名其妙。继承定义了类如何相互关联，共享特性。继承的工作方式是，定义父类和子类，或叫作基类和派生类，其中子类继承父类的所有特性。子类不但继承了父类的所有特性，还可以定义新的特性。"

"'is-a'这个比较好理解。"

"学习继承最好是记住三句话，如果子类继承于父类，第一，子类拥有父类非private的属性和功能；第二，子类具有自己的属性和功能，即子类可以扩展父类没有的属性和功能；第三，子类还可以以自己的方式实现父类的功能（方法重写）。"

"这里有些不理解，什么叫非private，难道除了public还有别的修饰符吗？"

"当然有，刚才讲了private和public，现在再讲一个protected修饰符。protected表示继承时子类可以对基类有完全访问权，也就是说，用protected修饰的类成员，对子类公开，但不对其他类公升。所以子类继承于父类，则子类就拥有了父类的除private外的属性和功能，注意除这三个修饰符外还有两个，由于和目前所讲的内容无关，就留给你自己去查MSDN看吧。"

"那方法重写是什么意思？"

"这个留到后面讲多态的时候去说，现在我们来看看怎么做。对比观察Cat和Dog类。"

```java
public class Cat {
    private String name = "";
    public Cat(String name){
        this.name = name;
    }

    public Cat(){
        this.name="无名";
    }

    private int shoutNum = 3;
    public void setShoutNum(int value){
        this.shoutNum=value;
    }
    public int getShoutNum(){
        return this.shoutNum;
    }

    public String shout(){
        String result="";
        for(int i=0;i<this.shoutNum;i++){
            result+= "喵";
        }
        return " 我的名字叫"+ name + " " + result;
    }
}
```

```java
public class Dog {
    private String name = "";
    public Dog(String name){
        this.name = name;
    }

    public Dog(){
        this.name="无名";
    }

    private int shoutNum = 3;
    public void setShoutNum(int value){
        this.shoutNum=value;
    }
    public int getShoutNum(){
        return this.shoutNum;
    }

    public String shout(){
        String result="";
        for(int i=0;i<this.shoutNum;i++){
            result+= "汪";
        }
        return " 我的名字叫"+ name + " " + result;
    }
}
```

"我们会发现大部分代码都是相同的，所以我们现在建立一个父类，动物Animal类，显然猫和狗都是动物。我们把相同的代码尽量放到动物类中。"

```java
public class Animal {
    //注意修饰符改成了protected
    protected String name = "";
    public Animal(String name){
        this.name = name;
    }

    public Animal(){
        this.name = "无名";
    }

    //注意修饰符改成了protected
    protected int shoutNum = 3;
    public void setShoutNum(int value){
        this.shoutNum = value;
    }
    public int getShoutNum(){
        return this.shoutNum;
    }

    public String shout(){
        return "";
    }
}
```

　　"然后我们需要写Cat和Dog的代码。让它们继承Animal。这样重复的部分都可以不用写了，不过在Java中，子类从它的父类中继承的成员有方法、属性等，但对于构造方法，有一些特殊，它不能被继承，只能被调用。对于调用父类的成员，可以用base关键字。"

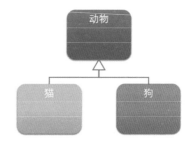

```java
public class Cat extends Animal {
    public Cat(){
        super();    //继承格式就是使用extends让Cat继承Animal
    }

    public Cat(String name){
        super(name);
    }
    //子类构造方法需要调用与父类同样
    //参数的构造方法，用super关键字
    public String shout(){
        String result="";
        for(int i=0;i<this.shoutNum;i++){
            result += "喵 ";
        }
        return "我的名字叫"+ name + " " + result;
    }
}
```

```java
public class Dog extends Animal {
    public Dog(){
        super();
    }

    public Dog(String name){
        super(name);
    }

    public String shout(){
        String result="";
        for(int i=0;i<this.shoutNum;i++){
            result += "汪 ";
        }
        return "我的名字叫"+ name + " " + result;
    }
}
```

　　"此时客户端的代码完全一样，没有受到影响，但重复的代码却因此减少了。"小菜说。

　　"差不太多嘛，子类还是有些复杂，没简单到哪去？"史熙说道。

　　"如果现在需要加牛、羊、猪等多个类似的类，按你以前的写法就需要再复制三遍，也就是有五个类。如果我们需要改动起始的叫声次数，也就是让shoutNum由3改为5，你需要改几个类？"

　　"我懂你的意思了，那需要改5个类，现在有了Animal，就只要改一个类就行了，继承可以使得重复减少。"

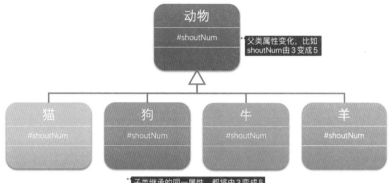

"说得很好。不用继承的话，如果要修改功能，就必须在所有重复的方法中修改，代码越多，出错的可能就越大，而继承的优点是，继承使得所有子类公共的部分都放在了父类，使得代码得到了共享，这就避免了重复，另外，继承可使得修改或扩展继承而来的实现都较为容易。"

"嗯，继承是个好东西，我以前时常Ctrl+C加Ctrl+V的，这样表面上很快，但其实重复的代码越多，以后要更改的难度越大。看来以后我要多多用继承。"

"慢，等等，你说以后要多多用继承？那可不一定是好事，用是可以，但一定要慎重。"

"有这么严重吗？反正只要是有重复的时候，就继承一个子类不就行了吗？"

"哈，那真是大错特错了，那我问你，你先写了Cat，而后要你写一个Dog，由于都差不多，你有没有考虑过直接让狗去继承猫呢？"

"咦，这其实也差不多哦，没什么问题呀。如果再有了羊呀、牛呀也都分别继承猫就可以了。"

"问题就在这里了。这就使得猫会的行为，狗都会。现在编写的这只猫只会叫，以后它应该还可以会抓老鼠、爬树等行为，你让狗继承了猫，就意味着狗也就会抓老鼠、会爬树。你觉得这合理吗？"

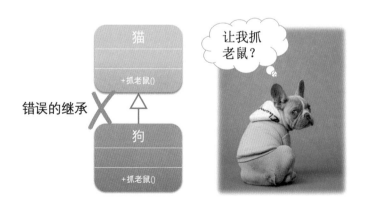

"狗拿耗子，那是多管闲事了。看来不能让狗继承猫，那样很容易造成麻烦。"

"继承是有缺点的，那就是父类变，则子类不得不变。让狗去继承于猫，显然不是什么好的设计。另外，**继承会破坏包装，父类实现细节暴露给子类**，这其实是增大了两个类之间的耦合性。"

"什么叫耦合性？"

"严格定义你自己去查吧，简单理解就是藕断丝连，两个类尽管分开，但如果关系密切，一方的变化都会影响到另一方，这就是耦合性高的表现，**继承显然是一种类与类之间强耦合的关系。**"

"明白，你说了这么多，那什么时候用继承才是合理的呢？"

"我最先不是说过吗？**当两个类之间具备'is-a'的关系时，就可以考虑用继承了，**因为这表示一个类是另一个类的特殊种类，而当两个类之间是'has-a'的关系时，表示某个角色具有某一项责任，此时不适合用继承。比如人有两只手，手不能继承人；再比如飞机场有飞机，飞机也不能去继承飞机场。"

"OK，也就是说，只有合理的应用继承才能发挥好的作用。"

0.8 多态

"下面我们再来增加需求，如果我们要举办一个动物运动会，来参加的有各种各样的动物，其中有一项是'叫声比赛'。界面就是放两个按钮，一个是'动物报名'，就是确定动物的种类和报名的顺序；另一个是'叫声比赛'，就是报名的动物挨个地叫出声音来比赛。注意来报名的都是什么动物，我们并不知道。可能是猫、可能是狗，也可能是其他的动物，当然它们都需要会叫才行。"

"有点复杂，我除了会加两个按钮外，不知道如何做了。"

"先分析一下，来报名的都是动物，参加叫声比赛必须会叫。这说明什么？"

"说明都有叫的方法，哦，也就是Animal类中有shout方法。"

"是呀，所谓的'动物报名'，其实就是建立一个动物对象数组，让不同的动物对象加入其中。所谓的'叫声比赛'，其实就是遍历这个数组来让动物们'shout()'就可以了。"

"哦，我大概明白你的意思了，那看看我写的代码，我觉得应该是类似的样子，但问题是我们不知道是哪个动物来报名，最终叫的时候到底是猫在叫还是狗在叫呢？"

"是呀，就之前讲到的知识，是不足以解决这个问题的，所以我们引入**面向对象的第三大特性——多态。**"

```
public class Test {

    public static void main(String[] args){

        //有五个动物报名的资格
        Animal[] arrayAnimal=new Animal[5];

        //报名代码

                                                        什么动物来报名参赛是事先不知道的


        //开始叫声比赛，遍历这个数组，让每个动物对象都shout
        for(int i=0;i<5;i++){
            System.out.println(arrayAnimal[i].shout());
        }                    什么动物怎么叫也是不确定的
    }
}
```

"啊，多态，多态是我大学里听得很多，但一直都不懂的东西，实在不明白它是什么意思。"

同样是鸟，同样展开翅膀的动作，但老鹰、鸵鸟和企鹅之间，是完全不同的作用。老鹰展开翅膀用来更高更远地飞翔，鸵鸟用来更快更稳地奔跑，而企鹅则是更急更流畅地游泳。这就是生物多态性表现。在面向对象中，"多态表示不同的对象可以执行相同的动作，但要通过它们自己的实现代码来执行。"

我们都是鸟

看定义显然不太明白，我再来举个例子。我们的国粹'京剧'以前都是子承父业，代代相传的艺术。假设有这样一对父子，父亲是非常有名的京剧艺术家，儿子长大成人，模仿父亲的戏也惟妙惟肖。有一天，父亲突然发高烧，上不了台表演，而票都早就卖出，退票显然会大大影响声誉。怎么办呢？由于京戏都是需要化妆才可以上台的，于是就决定让儿子代父亲上台表演。"

"化妆后谁认识谁呀，只要唱得好就可以糊弄过去了。"

"是呀，这里面有几点注意，**第一，子类以父类的身份出现**，儿子代表老子表演，化妆后就是以父亲身份出现了。**第二，子类在工作时以自己的方式来实现**，儿子模仿得再好，那也是模仿，儿子只能用自己理解的表现方式去模仿父亲的作品；**第三，子类以父类的身份出现时，子类特有的属性和方法不可以使用**，儿子经过多年学习，其实已经有了自己的创作，自己的绝活，但在此时，代表父亲表演时，绝活是不能表现出来的。当然，如果父亲还有别的儿子会表演，也可以在此时代表父亲上场，道理也是一样的。这就是多态。"

"听听好像都懂，怎么用呢？"

"是呀，怎么用呢，我们还需要了解一些概念，方法重写。子类可以选择使用override关键字，将父类实现替换为它自己的实现，这就是方法重写Override，或者叫作方法覆写。我们来看一下例子。"

"由于Cat和Dog都有shout的方法，只是叫的声音不同，所以我们可以让Animal有一个shout的方法，然后Cat和Dog去重写这个shout，用的时候，就可以用猫或狗代替Animal叫唤，来达到多态的目的。"

脸谱后面是父亲还是儿子，谁知道？

```java
public class Animal {

    ...
    public String shout(){
        return "";
    }
}
```

```java
public class Cat extends Animal {
    public Cat(){
        super();
    }

    public Cat(String name){
        super(name);
    }

    public String shout(){
        String result="";
        for(int i=0;i<this.shoutNum;i++){
            result += "喵 ";
        }
        return "我的名字叫"+ name + " " + result;
    }
}
```

```java
public class Dog extends Animal {
    public Dog(){
        super();
    }

    public Dog(String name){
        super(name);
    }

    public String shout(){
        String result="";
        for(int i=0;i<this.shoutNum;i++){
            result += "汪 ";
        }
        return "我的名字叫"+ name + " " + result;
    }
}
```

"再回到你刚才写的客户端代码上。"

```java
public class Test {
    public static void main(String[] args){

        //有五个动物报名的资格
        Animal[] arrayAnimal=new Animal[5];

        //报名代码
        arrayAnimal[0] = new Cat("小花");
        arrayAnimal[1] = new Dog("阿毛");
        arrayAnimal[2] = new Dog("小黑");  //报名的是猫、狗、狗、猫、猫，根据
        arrayAnimal[3] = new Cat("娇娇");  需要还可以是牛、羊、猪等任何动物
        arrayAnimal[4] = new Cat("咪咪");

        //开始叫声比赛，遍历这个数组，让每个动物对象都shout
        for(int i=0;i<5;i++){
            System.out.println(arrayAnimal[i].shout());
        }
    }
}
```

结果显示，先单击"动物报名"，然后"叫声比赛"，将有五个对话列出。

我的名字叫小花 喵喵喵
我的名字叫阿毛 汪汪汪
我的名字叫小黑 汪汪汪
我的名字叫娇娇 喵喵喵
我的名字叫咪咪 喵喵喵

"我明白了，Animal相当于京剧表演的老爸，Cat和Dog相当于儿子，儿子代表父亲表演shout，但Cat叫出来的是'喵'，Dog叫出来的是'汪'，这就是所谓的不同的对象可以执行相同的动作，但要通过它们自己的实现代码来执行。"

"说得好，是这个意思，不过一定要注意了，这个对象的声明必须是父类，而不是子类，实例化的对象是子类，这才能实现多态。**多态的原理是当方法被调用时，无论对象是否被转换为其父类，都只有位于对象继承链最末端的方法实现会被调用。也就是说，虚方法是按照其运行时类型而非编译时类型进行动态绑定调用的。**[AMNFP]"

动物 animal = new 猫();

猫 cat = new 猫();
动物 animal= cat;

"不过老实说，即使这样，我也还是不太理解这样做有多大的好处。多态被称为面向对象三大特性，我感觉不到它有和封装、继承同样的作用。"

"慢慢来，要深刻理解并会合理利用多态，不去研究设计模式是很难做到的。也可以反过来说，**没有学过设计模式，那么对多态乃至对面向对象的理解多半都是肤浅和片面的。**我相信会有那种天才，可以听一知十，刚学的东西就可以灵活自如地应用，甚至

要造汽车，他都能再去发明轮子。但对于绝大多数程序员，还是需要踏踏实实地学习基本的东西，并在不断的实践中成长，最终成为高手。"

"蔡老师，受教了。下面我们做什么？"

0.9 重构

"现在又来了小牛和小羊来报名，需要参加'叫声比赛'，你如何做？"

"这个简单了，我现在再实现牛Cattle和羊Sheep的类，让它们都继承Animal就可以了。"

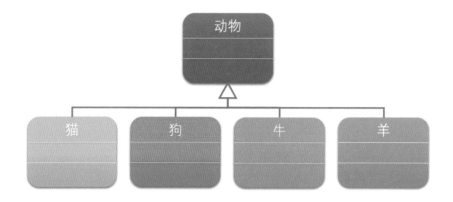

```java
public class Cattle extends Animal {

    public Cattle (){
        super();
    }

    public Cattle (String name){
        super(name);
    }

    public String shout(){
        String result="";
        for(int i=0;i<this.shoutNum;i++){
            result+= "哞 ";
        }
        return "我的名字叫"+ name + " " + result;
    }
}
```

```java
public class Sheep extends Animal {

    public Sheep (){
        super();
    }

    public Sheep (String name){
        super(name);
    }

    public String shout(){
        String result="";
        for(int i=0;i<this.shoutNum;i++){
            result+= "咩 ";
        }
        return "我的名字叫"+ name + " " + result;
    }
}
```

"等等，你有没有发现，猫狗牛羊四个类，除了构造方法之外，还有重复的地方？"

"是呀，我发现了，shout里除了四种动物叫的声音不同外，几乎没有任何差异。"

"这有什么坏处？"

"重复呀，如果你有需求说，把'我的名字叫XXX'改成'我叫XXX'，我就得更改四个类的代码了。"

"非常好，所以这里有重复，我们还是应该要改造它。"

"我先把重复的这个shout的方法体放到Animal类中。"

"这样如何能行，动物叫什么声音呢？叫'喵'？叫'汪'？都不行，动物是个抽象的概念，它是不会有叫的声音的。"

"别急，我们把叫的声音部分改成另一个方法getShoutSound不就行了！"

```java
public class Animal {

    ...

    public String shout(){

        String result="";

        for(int i=0;i<this.shoutNum;i++){
            result+= getShoutSound()+", ";
        }                    改成调用 getShoutSound 方法

        return "我的名字叫"+ name + " " + result;
    }

    protected String getShoutSound(){
        return "";          此方法留给继承的类具体实现，
    }                       所以用 protected 修饰
}
```

"此时的子类就极其简单了。除了叫声和构造方法不同，所有的重复都转移到了父类，真是漂亮之极。"

```java
public class Cat extends Animal {

    public Cat (){
        super();
    }
    public Cat (String name){
        super(name);
    }

    protected String getShoutSound(){
        return "喵";
    }
}
```

```java
public class Dog extends Animal {

    public Dog (){
        super();
    }
    public Dog (String name){
        super(name);
    }

    protected String getShoutSound(){
        return "汪";
    }
}
```

```java
public class Sheep extends Animal {

    public Sheep (){
        super();
    }
    public Sheep (String name){
        super(name);
    }

    protected String getShoutSound(){
        return "咩";
    }
}
```

```java
public class Cattle extends Animal {

    public Cattle (){
        super();
    }
    public Cattle (String name){
        super(name);
    }

    protected String getShoutSound(){
        return "哞";
    }
}
```

"有点疑问，这样改动，子类，比如Cat就没有Shout方法了，外面如何调用呢？"

"唉，你把继承的基本忘记了？继承的第一条是什么？"

"哈，是子类拥有所有父类非private的属性和方法。对的对的，由于子类继承父类，所以是public的Shout方法是一定可以为所有子类所用的。"史熙高兴地说，"我渐渐能感受到面向对象编程的魅力了，的确是非常简洁。由于不重复，所以需求的更改都不会影响到其他类。"

"这里其实就是在用一个设计模式，叫模板方法。（详见第10章）"

"啊，原来就是设计模式呀，Very Good，太棒了，哈，我竟然学会了设计模式。"

"疯了？发什么神经呀。"小菜同样微笑道，"这才是知道了皮毛，得意什么，还早着呢。"

0.10 抽象类

"我们再来观察，你会发现，Animal类其实根本就不可能实例化的，你想呀，说一只猫长什么样，可以想象，说new Animal()；即实例化一个动物。一个动物长什么样？"

动物长什么样？

"不知道，动物是一个抽象的名词，没有具体对象与之对应。"

"是呀，所以我们完全可以考虑把实例化没有任何意义的父类，改成抽象类，同样地，对于Animal类的getShoutSound方法，其实方法体没有任何意义，所以可以将修饰符改为abstract，使之成为抽象方法。Java允许把类和方法声明为abstract，即**抽象类和抽象方法**。"

```java
//声明一个抽象类，在class前增加abstract关键字
public abstract class Animal {

    ...

    //声明一个抽象方法，在返回值类型前加abstract
    //抽象方法没有方法体，直接在括号后加"；"
    protected abstract String getShoutSound();

}
```

"这样一来，Animal就成了抽象类。抽象类需要注意几点，第一，抽象类不能实例

化，刚才就说过，'动物'实例化是没有意义的；第二，**抽象方法是必须被子类重写的方法**，不重写的话，它的存在又有什么意义呢？其实抽象方法可以被看成是没有实现体的虚方法；第三，**如果类中包含抽象方法，那么类就必须定义为抽象类，不论是否还包含其他一般方法。**"

"这么说的话，一开始就可以把Animal类设成抽象类了，根本没有必要存在虚方法的父类。是这样吧？"史熙问道。

"的确是这样，我们应该考虑让**抽象类拥有尽可能多的共同代码，拥有尽可能少的数据**[J&DP]。"

"那到底什么时候应该用抽象类呢？"

"抽象类通常代表一个抽象概念，它提供一个继承的出发点，当设计一个新的抽象类时，一定是用来继承的，所以，**在一个以继承关系形成的等级结构里面，树叶节点应当是具体类，而树枝节点均应当是抽象类**[J&DP]。也就是说，具体类不是用来继承的。我们作为编程设计者，应该要努力做到这一点。比如，若猫、狗、牛、羊是最后一级，那么它们就是具体类，但如果还有更下面一级的金丝猫继承于猫、哈巴狗继承于狗，就需要考虑把猫和狗改成抽象类了，当然这也是需要具体情况具体分析的。"

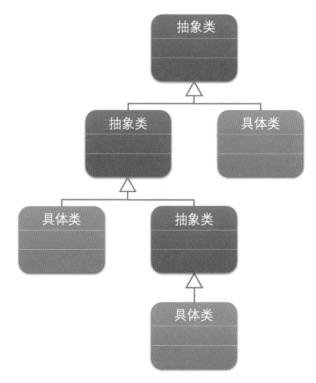

"这个应该可以理解。"

"OK，我们继续下面的需求实现。"

0.11 接口

　　"在动物运动会里还有一项非常特殊的比赛是为了给有特异功能的动物展示其特殊才能的。"

　　"哈，有特异功能？有意思。不知是什么动物？"

　　"多的是呀，可以来比赛的比如有机器猫叮当、石猴孙悟空、肥猪猪八戒，再比如蜘蛛人、蝙蝠侠等。"

　　"啊，这都是什么动物呀，根本就是人们虚构之物。"

　　"让猫狗比赛叫声难道就不是虚构？你当它们会愿意相互攀比？其实我的目的只是为了让两个动物尽量不相干而已。现在叮当会从肚皮的口袋里变出东西，而孙悟空可以拔根毫毛变出东西，且有七十二般变化，八戒有三十六般变化。它们各属于猫、猴、猪，现在需要让它们比赛谁变东西的本领大。你来分析一下如何做？"

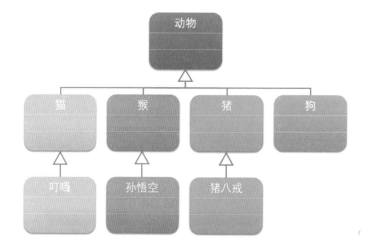

　　"'变出东西'应该是叮当、孙悟空、猪八戒的行为方法，要想用多态，就得让猫、猴、猪有'变出东西'的能力，而为了更具有普遍意义，干脆让动物具有'变出东西'的行为，这样就可以使用多态了。"

　　"哈哈，史熙呀，你犯了几乎所有学面向对象的人都会犯的错误，'变出东西'它是动物的方法吗？如果是，那是不是所有的动物都必须具备'变出东西'的能力呢？"

　　"这个，确实不是，这其实只是三个特殊动物具备的方法。那应该如何做？"

　　"这时候我们就需要新的知识了，那就是接口interface。通常我们理解的接口可能更多的是像电脑、音响等设备的硬件接口，比如用来传输电力、音视频、数据等接线的插口。而今天我们要提的，是面向对象编程里的接口概念。"

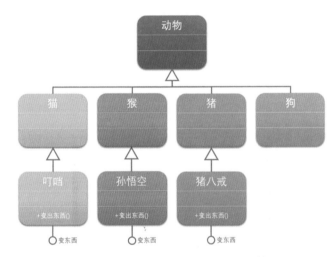

　　"接口是把隐式公共方法和属性组合起来，以封装特定功能的一个集合。一旦类实现了接口，类就可以支持接口所指定的所有属性和成员。声明接口在语法上与声明抽象类完全相同，但不允许提供接口中任何成员的执行方式。所以接口不能实例化，不能有构造方法和字段；不能有修饰符，比如public、private等；不能声明为虚拟的或静态的等。还有实现接口的类就必须要实现接口中的所有方法和属性。"

　　"怎么接口这么麻烦。"

　　"要求是多了点，但**一个类可以支持多个接口，多个类也可以支持相同的接口**。所以接口的概念可以让用户和其他开发人员更容易理解其他人的代码。哦，对了，**接口的命名，有些语言前面要加一个大写字母'I'，这是一种规范**。"

　　"听不懂呀，不如讲讲实例吧。"

　　"我们先创建一个接口，它是用来'变东西'的。注意**接口用interface声明**，而不是class（**接口名称前加'I'会更容易识别**），接口中的**方法或属性前面不能有修饰符、方法没有方法体**。"

```
//声明一个IChange接口
public interface IChange {

    //此接口有一个方法changeThing,
    //参数是一个字符串变量，返回一字符
    public String changeThing(String thing);

}
```

　　"然后我们来创建机器猫的类。"

```
//继承了Cat类，并实现了IChange接口
public class MachineCat extends Cat implements IChange {

    public MachineCat (){
        super();
    }
    public MachineCat (String name){
        super(name);
    }

    //实现了接口的方法
    public String changeThing(String thing){
        return super.shout()+ "，我有万能的口袋，我可变出" + thing;
    }
}
```

> super表示调用父类 Cat 的 shout 方法

"猴子的类Monkey和孙悟空的类StoneMonkey与上面非常类似，在此省略。此时我们的客户端，可以加一个'变出东西'按钮，并实现下面的代码。"

```
//创建两个类的实例
MachineCat mcat = new MachineCat("叮当");
StoneMonkey wukong = new StoneMonkey("孙悟空");

//声明了一个接口数组，将两个类的实例引用给接口数组
IChange[] array = new IChange[2];
array[0] = mcat;
array[1] = wukong;

//利用多态性，实现不同的changeThing
System.out.println(array[0].changeThing("各种各样的东西！"));
System.out.println(array[1].changeThing("各种各样的东西！"));
```

结果显示：

```
我的名字叫叮当喵，喵，喵，我有万能
的口袋，我可变出各种各样的东西！
我的名字叫孙悟空 俺老孙来也，俺老
孙来也，俺老孙来也，我会七十二变，
可变出各种各样的东西！
```

"哦，我明白了，其实这和抽象类是很类似的，由于我现在要让两个完全不相干的对象，叮当和孙悟空来做同样的事情'变出东西'，所以我不得不让他们去实现做这件'变出东西'的接口，这样的话，当我调用接口的'变出东西'的方法时，程序就会根据我实现接口的对象来做出反应，如果是叮当，就是用万能口袋，如果是孙悟空，就是七十二变，利用了多态性完成了两个不同的对象本不可能完成的任务。"

"说得非常好，同样是飞，鸟用翅膀飞，飞机用引擎加机翼飞，而超人呢？举起两手，握紧拳头就能飞，它们是完全不同的对象，但是，如果硬要把它们放在一起的话，用一个飞行行为的接口，比如命名为IFly的接口来处理就是非常好的办法。"

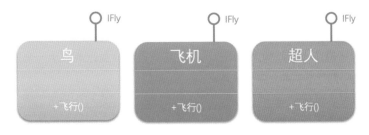

"但是我对抽象类和接口的区别还是不太清楚。"

"问到点子上了，这两个概念的异同点是网上讨论面向对象问题时讨论得最多的话题之一，从表象上来说，**抽象类可以给出一些成员的实现，接口却不包含成员的实现，抽象类的抽象成员可被子类部分实现，接口的成员需要实现类完全实现，一个类只能继承一个抽象类，但可实现多个接口等**。但这些都是从两者的形态上去区分的。我觉得还有三点是能帮助我们去区分抽象类和接口。第一，**类是对对象的抽象，抽象类是对类的抽象，接口是对行为的抽象**。接口是对类的局部（行为）进行的抽象，而抽象类是对类整体（字段、属性、方法）的抽象。如果只关注行为抽象，那么也可以认为接口就是抽象类。总之，不论是接口、抽象类、类甚至对象，都是在不同层次、不同角度进行抽象的结果，它们的共性就是抽象。第二，**如果行为跨越不同类的对象，可使用接口；对于一些相似的类对象，用继承抽象类**。比如猫呀狗呀它们其实都是动物，它们之间有很多相似的地方，所以我们应该让它们去继承动物这个抽象类，而飞机、麻雀、超人是完全不相关的类，叮当是动漫角色，孙悟空是古代神话人物，这也是不相关的类，但它们又是有共同点的，前三个都会飞，而后两个都会变出东西，所以此时让它们去实现相同的接口来达到我们的设计目的就很合适了。"

"哦，明白，其实**实现接口和继承抽象类并不冲突**，我完全可以让超人继承人类，再实现飞行接口，是吗？"

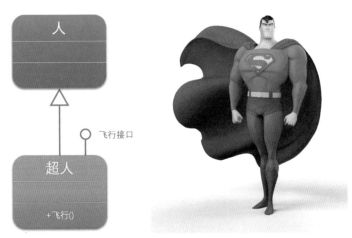

"对，超人除了内裤外穿以外，基本就是一个正常人的样子，让他继承人类是对

的，但他本事很大，除了飞天，他还具有刀枪不入、力大无穷等非常人的能力，而这些能力也可能是其他对象具备的，所以就让超人去实现飞行、力大无穷等行为接口，这就可以让超人和飞机比飞行，和大象比力气了，这就是一个类只能继承一个抽象类，却可以实现多个接口的做法。"

"那还有一点呢？"

"嗯，这一点更加关键，那就是**第三，从设计角度讲，抽象类是从子类中发现了公共的东西，泛化出父类，然后子类继承父类，而接口是根本不知子类的存在，方法如何实现还不确认，预先定义**。这里其实说明的是抽象类和接口设计的思维过程。回想一下我们今天刚开始讲的时候，先是有一个Cat类，然后再有一个Dog类，观察后发现它们有类似之处，于是泛化出Animal类，这也体现了敏捷开发的思想，**通过重构改善既有代码的设计**。事实上，只有小猫的时候，你就去设计一个动物类，这就极有可能会成为过度设计了。所以说，抽象类往往都是通过重构得来的，当然，如果你事先意识到多种分类的可能，那么事先就设计出抽象类也是完全可以的。"

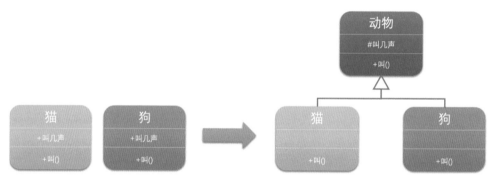

"而接口就完全不是一回事。我们很早已经设计好了电源插座的接口，但在几十年前是无法想象未来会有什么样的电器需要电源插座的。只要事先把接口设计好，剩下的事就慢慢再说不着急了。"

"再比如我们是动物运动会的主办方，在策划时，大家坐在一起考虑需要组织什么样的比赛。大家商议后，觉得应该设置如跑得最快、跳得最高、飞得最远、叫得最响、力气最大等比赛项目。此时，主办方其实还不太清楚会有什么样的动物来参加运动会，所有的这些比赛项目都可能是完全不相同的动物在比，它们将如何去实现这些行为也不得而知，此时，能做的事就是事先定义这些比赛项目的行为接口。"

"啊，你的意思是不是说，抽象类是自底而上抽象出来的，而接口则是自顶向下设计出来的？"

"对，可以这么说。其实仅理解这一点是不够的，要想真正把抽象类和接口用好，还是需要好好用心地去学习设计模式。只有真正把设计模式理解好了，那么你才能算是真正会合理应用抽象类和接口了。"

0.12 集合

"下面我们再来看看，客户端的代码中，'动物报名'用的是Animal类的对象数组，你设置了数组的长度为5，也就是说，最多只能有五个动物可以报名参加'叫声比赛'，多了就不行了。这显然是非常不合理的，应该考虑改进。你能说说数组的优缺点吗？"

"数组的优点，比如说数组在内存中连续存储，因此可以快速而容易地从头到尾遍历元素，可以快速修改元素等。缺点嘛，应该是创建时必须要指定数组变量的大小，还有在两个元素之间添加元素也比较困难。"

"说得不错，的确是这样，这就可能使得数组长度设置过大，造成内存空间浪费，长度设置过小造成溢出。所以Java提供了用于数据存储和检索的专用类，这些类统称集合。这些类提供对堆栈、队列、列表和哈希表的支持。大多数集合类实现相同的接口。我们现在介绍当中最常用的一种，ArrayList。"

"集合？它和数组有什么区别？"

"别急，首先ArrayList是程序包java.util.ArrayList下的一部分，它是使用大小可按需动态增加的数组实现Collection接口。"

"哦，没学接口前不太懂，现在知道了，你的意思是说，Collection接口定义了很多集合用的方法，ArrayList对这些方法做了具体的实现？"

"对的，ArrayList的容量是ArrayList可以保存的元素数。ArrayList的默认初始容量为0。随着元素添加到ArrayList中，容量会根据需要通过重新分配自动增加。使用整数索引可以访问此集合中的元素。此集合中的索引从零开始。"

"是不是可以这样理解，数组的容量是固定的，而 ArrayList 的容量可根据需要自动扩充？"

"是的，由于实现了Collection，所以ArrayList 提供添加、插入或移除某一范围元素的方法。下面我们来看看如何做。"

```java
//导入ArrayList所在的程序包
import java.util.ArrayList;

public class Test {

    public static void main(String[] args){

        //声明集合对象，并实例化对象
        ArrayList arrayAnimal=new ArrayList();

        //调用集合的add方法增加对象，参数是所有对象的抽象类Object，
        //所以new Cat()或new Dog()都是可以的
        arrayAnimal.add(new Cat("小花"));
        arrayAnimal.add(new Dog("阿毛"));
```

```
    arrayAnimal.add(new Dog("小黑"));
    arrayAnimal.add(new Cat("娇娇"));
    arrayAnimal.add(new Cat("咪咪"));

    //遍历集合
    for(Object item : arrayAnimal){
        Animal animal = (Animal)item;//此时需要强制将Object转换为Animal对象
        System.out.println(animal.shout());
    }

    System.out.println("动物个数: "+arrayAnimal.size());

    }
}
```

"如果有动物报完名后，由于某种原因（如政治、宗教、兴奋剂、健康等）放弃比赛，此时应该需要将其从名单中移除。例如，在报了名后，两只小狗需要退出比赛。我们查了一下它们的报名索引次序为1和2（从0开始计算），所以可以应用集合的remove方法，它的作用是移除指定索引处的集合项。"

"我明白怎么做了。"

```
arrayAnimal.add(new Cat("小花"));
arrayAnimal.add(new Dog("阿毛"));
arrayAnimal.add(new Dog("小黑"));
arrayAnimal.add(new Cat("娇娇"));
arrayAnimal.add(new Cat("咪咪"));

//阿毛和小黑两条狗要退出比赛，所以要移除它们
arrayAnimal.remove(1);
arrayAnimal.remove(2);
```

"哈，你太着急，集合与数组的不同就在于此，程序在执行RemoveAt(1)的时候，也就是叫'阿毛'的Dog被移除了集合，此时'小黑'的索引次序还是原来的2吗？"

"哦，我明白了，等于整个后序对象都向前移一位了。应该是这样才对。也就是说，集合的变化是影响全局的，它始终都保证元素的连续性。"

```
arrayAnimal.remove(1);
arrayAnimal.remove(1);
```

"总结一下，集合ArrayList相比数组有什么好处？"

"主要就是它可以根据使用大小按需动态增加，不用受事先设置其大小的控制。还有就是可以随意地添加、插入或移除某一范围元素，比数组要方便。"

"对，这是ArrayList的优势，但它也有不足，ArrayList不管你是什么对象都是接受的，因为在它眼里所有元素都是Object，这就使得如果你'arrayAnimal.add(123);'或者'arrayAnimal.add("HelloWorld");'在编译时都是没有问题的，但在执行时，'for(Animal item : arrayAnimal)'需要明确集合中的元素是Animal类型，而123是整型，HelloWorld是字符串型，这就会在运行到此处时报错，显然，这是典型的类型不匹配错

误，换句话说，ArrayList**不是类型安全的**。还有就是**ArrayList**对于存放值类型的数据，比如int、string型（string是一种拥有值类型特点的特殊引用类型）或者结构struct的数据，用ArrayList就意味着都需要将值类型装箱为Object对象，使用集合元素时，还需要执行拆箱操作，这就带来了很大的性能损耗。"

"等等，我不太懂，装箱和拆箱是什么意思？"

"所谓装箱就是把值类型打包到Object引用类型的一个实例中。比如整型变量 i 被'装箱'并赋值给对象o。"

"所谓拆箱就是指从对象中提取值类型。此例中对象 o 拆箱并将其赋值给整型变量 i。"

```
int i = 123;                          o = 123;
Object o = (Object)i;  //装箱 boxing   i = (int)o;  //拆箱 unboxing
```

"相对于简单的赋值而言，装箱和拆箱过程需要进行大量的计算。对值类型进行装箱时，必须分配并构造一个全新的对象。其次，拆箱所需的强制转换也需要进行大量的计算[MSDN]。总之，装箱拆箱是耗资源和时间的。而ArrayList集合在使用值类型数据时，其实就是在不断地做装箱和拆箱的工作，这显然是非常糟糕的事情。"

"啊，那从这点上来看，它还不如数组来得好了，因为数组事先就指定了数据类型，就不会有类型安全的问题，也不存在装箱和拆箱的事情了。看来它们各有利弊呀。"

"说得非常对，Java在5.0版之前的确也没什么好办法，但5.0出来后，就推出了新的技术来解决这个问题，那就是泛型。"

0.13 泛型

"泛型是具有占位符（类型参数）的类、结构、接口和方法，这些占位符是类、结构、接口和方法所存储或使用的一个或多个类型的占位符。泛型集合类可以将类型参数用作它所存储的对象的类型的占位符；类型参数作为其字段的类型和其方法的参数类型出现。我读给你的是泛型定义的原话，听起有些抽象，我们直接来看例子。在Java 5.0后有ArrayList 类的泛型等效类，该类使用大小可按需动态增加的数组实现Collection泛型接口。其实用法上关键就是在ArrayList后面加'<T>'，这个'T'就是你需要指定的集合的数据或对象类型。"

```java
import java.util.ArrayList;

public class Test {

    public static void main(String[] args){

        //声明泛型集合变量，在<>中声明Animal，意味着此集合只接受Animal对象
        ArrayList<Animal> arrayAnimal = new ArrayList<Animal>();

        arrayAnimal.add(new Cat("小花"));
        arrayAnimal.add(new Dog("阿毛"));
        arrayAnimal.add(new Dog("小黑"));
        arrayAnimal.add(new Cat("娇娇"));
        arrayAnimal.add(new Cat("咪咪"));

        //此时循环可以直接明确集合中都是Animal的item
        for(Animal item : arrayAnimal){
            System.out.println(item.shout());
        }

        System.out.println("动物个数: "+arrayAnimal.size());

    }
}
```

"此时，如果你再写'arrayAnimal.add(123);'或者'arrayAnimal.add("HelloWorld");'结果将是？"

"哈，编译就报错，因为add的参数必须是要Animal或者Animal的子类型才行。"

"我是这样想的，其实ArrayList和ArrayList<T>在功能上是一样的，不同点就在于，它在声明和实例化时都需要指定其内部项的数据或对象类型，这就避免了刚才讲的类型安全问题和装箱拆箱的性能问题了。强，够强，怎么想到的，真是厉害。"

"是呀，也就是说，我们一开始就明确了集合这个'箱子'只能装啥，这个就不需要再考虑混乱的问题了。不过显然Java语言的设计者也并不是一开始就明白这一点，也是通过实践和用户的反馈才在Java 5.0版中改进过来的。巨人也会有走弯路的时候，何况我们常人。**通常情况下，都建议使用泛型集合，因为这样可以获得类型安全的直接优点而不需要从基集合类型派生并实现类型特定的成员。此外，如果集合元素为值类型，泛型集合类型的性能通常优于对应的非泛型集合类型（并优于从非泛型基集合类型派生的类型），因为使用泛型时不必对元素进行装箱。**"

"当然是泛型好呀，它可是集早期的ArrayList集合和Array数组优点于一身的好东西，有了它，早期的ArrayList就显得太老土了。"

"至于泛型的知识还有很多，这里就不细讲了，你自己去找资料研究吧。"

"好的好的，其实已经有些明白是怎么回事了。我自己去研究吧。"

0.14 客套

"要讲的东西太多了，我们的'动物运动会'程序也只写了个开头，以后有的是机会。"小菜看了看表说，"现在都过了中午，食堂都快没菜了，走，我们先吃饭去吧。"

"好的，今天真的太感谢了，我觉得这半天的收获远远比上一个月课，看几本砖头书来得效果好呀。"史熙兴奋地说。

"哪里哪里，今天讲的都只是皮毛，要学习的内容还多着呢，不过话说回来，上午讲的这个未完成的'动物运动会'的例子尽管简单，但却涵盖了面向对象的最重要的知识，你好好去体会一下。有机会我再跟你讲讲设计模式，你对封装、继承、多态的理解就会更深入一些，**学无止境**，你需要不断地练习实践才可能真正成为优秀的软件工程师。"

"嗯，我觉得我对编程有了很大的兴趣，面向对象的编程方式确实非常有意思。"

"师傅领进门，修行在个人，今后就看你的了，好好加油。不过现在我们还是先去为肚皮加点油哦。"

"对对对，走，我们去吃饭去。"

几个月后。研发总监对小菜的培训工作非常满意，准备提升小菜为技术培训经理，今后培训新员工都可以交给他做。小菜欣喜之余，也不觉感慨，如果不是两年前表哥大鸟的帮助，自己也不能有今天的成长。那段时间关于设计模式的学习经历，真是一段值得书写和回味的时光。

第1章 代码无错就是优？——简单工厂模式

1.1 面试受挫

两年前，小菜正在读软件工程专业本科四年级，成绩一般，考研刚结束，即将毕业。大学学了不少软件开发方面的东西，也学着编了些小程序，踌躇满志，一心要找一个好单位。当投递了无数份简历后，终于收到了一个单位的面试通知，小菜欣喜若狂。

请用C++、Java、C#或Python等任意一种面向对象语言实现一个计算器控制台程序，要求输入两个数和运算符号，得到结果。

到了人家单位，前台小姑娘在电脑上给他出了一份题目，上面写着：

小菜一看，这个还不简单，三下五除二，10分钟不到，小菜写完了，感觉也没错误。交卷后，单位说一周内等通知吧。于是小菜只得耐心等待。可是半个月过去了，什么消息也没有，小菜很纳闷，我的代码实现了呀，为什么不给我机会呢？

时间：2月26日20点　　　地点：大鸟房间　　　人物：小菜、大鸟

小菜找到从事软件开发工作七年的表哥大鸟，请教原因。大鸟，原名李大辽，29岁，小菜的表哥，云南昆明人，毕业后长期从事软件开发和管理工作，近期到上海发展，暂借住小菜家在宝山的空套房里。小菜以向大鸟学习为由，也从市区父母家搬到了宝山与大鸟同住。

大鸟问了题目和了解了小菜代码的细节以后，哈哈大笑，说道："小菜呀小菜，你上当了，人家单位出题的意思，你完全都没明白，当然不会再联系你了。"

小菜说："我的代码有错吗？单位题目不就是要我实现一个计算器的代码吗？我这

样写有什么问题？"

```java
import java.util.Scanner;

public class Test {

    public static void main(String[] args){

        Scanner sc = new Scanner(System.in);

        System.out.println("请输入数字A: ");
        String A = sc.nextLine();
        System.out.println("请选择运算符号(+、-、*、/): ");
        String B = sc.nextLine();
        System.out.println("请输入数字B: ");
        String C = sc.nextLine();
        double D = 0d;

        if (B.equals("+"))
            D = Double.parseDouble(A) + Double.parseDouble(C);
        if (B.equals("-"))
            D = Double.parseDouble(A) - Double.parseDouble(C);
        if (B.equals("*"))
            D = Double.parseDouble(A) * Double.parseDouble(C);
        if (B.equals("/"))
            D = Double.parseDouble(A) / Double.parseDouble(C);

        System.out.println("结果是: "+D);
    }
}
```

1.2 初学者代码毛病

大鸟说："且先不说出题人的意思，单就你现在的代码，就有很多不足的地方需要改进。"

```java
import java.util.Scanner;

public class Test {

    public static void main(String[] args){

        Scanner sc = new Scanner(System.in);

        System.out.println("请输入数字A: ");
        String A = sc.nextLine();
        System.out.println("请选择运算符号(+、-、*、/): ");
        String B = sc.nextLine();
        System.out.println("请输入数字B: ");
        String C = sc.nextLine();
        double D = 0d;
```

变量命名不规范

```java
        if (B.equals("+"))
            D = Double.parseDouble(A) + Double.parseDouble(C);
        if (B.equals("-"))
            D = Double.parseDouble(A) - Double.parseDouble(C);
        if (B.equals("*"))
            D = Double.parseDouble(A) * Double.parseDouble(C);
        if (B.equals("/"))
            D = Double.parseDouble(A) / Double.parseDouble(C);
```

判断分支，这样的写法，意味着每个条件都要做判断，等于做了三次无用功

(1) 除数可能为 0，没有做容错判断
(2) 大量重复的 Double.parseDouble() 代码

```java
        System.out.println("结果是: "+D);
    }
}
```

1.3 代码规范

"哦，说得没错，这个我以前听老师说过，可是从来没有在意过，我马上改，改完再给你看看。"

```java
try {
    Scanner sc = new Scanner(System.in);
    System.out.println("请输入数字A: ");
    double numberA = Double.parseDouble(sc.nextLine());
    System.out.println("请选择运算符号(+、-、*、/): ");
    String strOperate = sc.nextLine();
    System.out.println("请输入数字B: ");
    double numberB = Double.parseDouble(sc.nextLine());
    double result = 0d;

    switch(strOperate){
        case "+":
            result = numberA + numberB;
            break;
        case "-":
            result = numberA - numberB;
            break;
        case "*":
            result = numberA * numberB;
            break;
        case "/":
            result = numberA / numberB;
            break;
    }

    System.out.println("结果是: "+result);
}
catch(Exception e){
    System.out.println("您的输入有错: "+e.toString());
}
```

大鸟："吼吼，不错，不错，改得很快嘛？至少就目前代码来说，实现计算器是没有问题了，但这样写出的代码是否符合出题人的意思呢？"

小菜："你的意思是面向对象？"

大鸟："哈，小菜非小菜也！"

小菜："说起来也挺好笑的。我第一次听说面向对象，会以为是……是把脸朝向女朋友，表达……表达一种爱慕的意思。"

大鸟："晕倒！"

1.4 面向对象编程

小菜："我明白你的意思了。他说用任意一种面向对象语言实现，那意思就是要用面向对象的编程方法去实现，对吗？OK，这个我学过，只不过当时我没想到而已。"

大鸟："所有编程初学者都会有这样的问题，就是碰到问题就直觉地用计算机能够理解的逻辑来描述和表达待解决的问题及具体的求解过程。这其实是用计算机的方式去思考，比如计算器这个程序，先要求输入两个数和运算符号，然后根据运算符号判断选择如何运算，得到结果，这本身没有错，但这样的思维却使得我们的程序只为满足实现当前的需求，程序不容易维护，不容易扩展，更不容易复用，从而达不到高质量代码的要求。"

小菜："鸟哥呀，我有点糊涂了，如何才能容易维护，容易扩展，又容易复用呢？能不能具体点？"

1.5 活字印刷，面向对象

大鸟："这样吧，我给你讲个故事。你就明白了。"

"话说三国时期，曹操带领百万大军攻打东吴，大军在长江赤壁驻扎，军船连成一片，眼看就要灭掉东吴，统一天下，曹操大悦，于是大宴众文武，在酒席间，曹操诗性大发，不觉吟道：'喝酒唱歌，人生真爽。……'。众文武齐呼：'丞相好诗！'于是一臣子速命印刷工匠刻版印刷，以便流传天下。"

"样张出来给曹操一看，曹操感觉不妥，说道：'喝与唱，此话过俗，应改为'对酒当歌'较好！'，于是此臣就命工匠重新来过。工匠眼看连夜刻版之工，彻底白费，心中叫苦不迭。只得照办。"

"样张再次出来请曹操过目，曹操细细一品，觉得还是不好，说：'人生真爽太过直接，应改问语才够意境，因此应改为'对酒当歌，人生几何？……'当大臣转告工匠之时，工匠晕倒……"

"小菜你说，这里面的问题出在哪里？"大鸟问道。

小菜说："是不是因为三国时期活字印刷还未发明，所以要改字的时候，就必须要整个刻板全部重新刻。"

大鸟："说得好！如果有了活字印刷，则只需更改四个字就可，其余工作都未白做。岂不妙哉。"

"第一，要改，只需更改要改之字，此为可维护；第二，这些字并非用完这次就无用，完全可以在后来的印刷中重复使用，此乃可复用；第三，此诗若要加字，只需另刻字加入即可，这是可扩展；第四，字的排列其实可能是竖排可能是横排，此时只需将活字移动就可做到满足排列需求，此是灵活性好。"

可维护　　可扩展

好的程序

可复用　　灵活性好

"而在活字印刷术出现之前，上面的四种特性都无法满足，要修改，必须重刻，要加字，必须重刻，要重新排列，必须重刻，印完这本书后，此版已无任何可再利用价值。"

小菜："是的，小时候，我一直奇怪，为何火药、指南针、造纸术都是从无到有，从未知到发现的伟大发明，而活字印刷仅仅是从刻版印刷到活字印刷的一次技术上的进步，为何不是评印刷术为四大发明之一呢？原来活字印刷的成功是这个原因。"

1.6 面向对象的好处

　　大鸟："哈，这下你明白了？我以前也不懂，不过做了软件开发几年后，经历了太多的类似曹操这样的客户要改变需求，更改最初想法的事件，才逐渐明白当中的道理。其实客观地说，客户的要求也并不过分，不就是改几个字吗，但面对已完成的程序代码，却是需要几乎重头来过，这实在是令人痛苦不堪。说白了，原因就是我们原先所写的程序，不容易维护，灵活性差，不容易扩展，更谈不上复用，因此面对需求变化，加班加点，对程序动大手术的那种无奈也就成了非常正常的事了。之后当我学习了面向对象的分析设计编程思想，开始考虑通过封装、继承、多态把程序的耦合度降低，传统印刷术的问题就在于所有的字都刻在同一版面上造成耦合度太高所致，开始用设计模式使得程序更加灵活，容易修改，并且易于复用。体会到面向对象带来的好处，那种感觉应该就如同是一中国酒鬼第一次喝到了茅台，西洋酒鬼第一次喝到了XO一

样，怎个爽字可形容呀！"

　　"是呀是呀，你说得没错，中国古代的四大发明，另三种应该都是科技的进步，伟大的创造或发现。而唯有活字印刷，实在是思想的成功，面向对象的胜利。"小菜也兴奋起来："你的意思是，面试公司出题的目的是要我写出容易维护，容易扩展，又容易复用的计算器程序？那该如何做呀？"

1.7 复制 vs. 复用

　　大鸟："比如说，我现在要求你再写一个Windows的计算器，你现在的代码能不能复用呢？"

　　小菜："那还不简单，把代码复制过去不就行了吗？改动又不大，不算麻烦。"

　　大鸟："小菜看来还是小菜呀，有人说初级程序员的工作就是Ctrl+C和Ctrl+V，这其实是非常不好的编码习惯，因为当你的代码中重复的代码多到一定程度，维护的时候，可能就是一场灾难。越大的系统，这种方式带来的问题越严重，编程有一原则，就是尽可能地去避免重复。想想看，你写的这段代码，有哪些是和控制台无关的，而只是和计算器有关的？"

　　小菜："你的意思是分一个类出来？哦，对的，让计算和显示分开。"

1.8 业务的封装

大鸟："准确地说，就是让业务逻辑与界面逻辑分开，让它们之间的耦合度下降。只有分离开，才可以达到容易维护或扩展。"

小菜："让我来试试看。"

Operation运算类：

```java
public class Operation {
    public static double getResult(double numberA, double numberB, String operate) {
        double result = 0d;
        switch (operate) {
            case "+":
                result = numberA + numberB;
                break;
            case "-":
                result = numberA - numberB;
                break;
            case "*":
                result = numberA * numberB;
                break;
            case "/":
                result = numberA / numberB;
                break;
            case "sqrt"
                result =
        }
        return result;
    }
}
```

客户端Test的代码将如下红色框的部分代码：

```java
Scanner sc = new Scanner(System.in);

System.out.println("请输入数字A: ");
double numberA = Double.parseDouble(sc.nextLine());
System.out.println("请选择运算符号(+、-、*、/): ");
String strOperate = sc.nextLine();
System.out.println("请输入数字B: ");
double numberB = Double.parseDouble(sc.nextLine());
double result = 0d;

switch(strOperate){
    case "+":
        result = numberA + numberB;
        break;
    case "-":
        result = numberA - numberB;
        break;
    case "*":
        result = numberA * numberB;
        break;
    case "/":
        result = numberA / numberB;
        break;
}

System.out.println("结果是: "+result);
```

改成了：

```java
Scanner sc = new Scanner(System.in);

System.out.println("请输入数字A: ");
double numberA = Double.parseDouble(sc.nextLine());
System.out.println("请选择运算符号(+、-、*、/): ");
String strOperate = sc.nextLine();
System.out.println("请输入数字B: ");
double numberB = Double.parseDouble(sc.nextLine());

double result = Operation.getResult(numberA,numberB,strOperate);

System.out.println("结果是: "+result);
```

小菜："鸟哥，我写好了，你看看！"

大鸟："孺鸟可教也，写得不错，这样就完全把业务和界面分离了。"

小菜心中暗骂："你才是鸟呢。"口中说道："如果你现在要我写一个Windows应用程序的计算器，我就可以复用这个运算类（Operation）了。"

大鸟："不单是Windows程序，Web版程序需要运算可以用它，手机App需要用的移动系统的软件需要运算也可以用它呀。"

小菜："哈，面向对象不过如此。下回写类似代码不怕了。"

大鸟："别急，仅此而已，实在谈不上完全面向对象，你只用了面向对象三大特性中的一个封装，还有两个没用呢。"

小菜："面向对象三大特性不就是封装、继承和多态吗？这里我用到的应该是封装吧？"

大鸟："对！面向对象编程的一个特点叫"封装"：将程序的一些方法和执行步骤隐藏起来，只开放外部接口来访问。打比方说，我们根本不需要知道一辆车的引擎究竟如何工作，其实99%的驾驶员是不了解引擎工作原理的，但他们只要踩下油门，就可以发送指令让引擎工作。那么对于驾驶员来说，引擎就是被封装好的。"

小菜："嗯！我的计算器程序有了封装这还不够吗？我实在看不出，这么小的程序如何用到继承。至于多态，其实我一直也不太了解它到底有什么好处，如何使用它。"

大鸟："慢慢来，要学的东西多着呢，你好好想想该如何应用面向对象的继承和多态。"

1.9 紧耦合 vs. 松耦合

第二天。

小菜问道："你说计算器这样的小程序还可以用到面向对象三大特性？继承和多态怎么可能用得上？我实在不能理解。"

大鸟："小菜很有钻研精神嘛，好，今天我让你功力加深一级。你先要考虑一下，你昨天写的这个代码，能否做到很灵活地可修改和扩展呢？"

小菜："我已经把业务和界面分离了呀，这不是很灵活吗？"

大鸟："如果我希望增加一个指数运算，比如可以算210=？，你如何改？"

小菜："那只需要改Operation类就行了，在switch中加一个分支就行了。"

```
switch (operate) {
    case "+":
        result = numberA + numberB;
        break;
    case "-":
        result = numberA - numberB;
        break;
    case "*":
        result = numberA * numberB;
        break;
    case "/":
        result = numberA / numberB;
        break;
    case "pow":
        result= java.lang.Math.pow(numberA,numberB);
        break;
}
```

大鸟："问题是你要加一个平方根运算，却需要让加减乘除的运算都得来参与编译，如果你一不小心，把加法运算改成了减法，这岂不是大大的糟糕。打个比方，如果现在公司要求你为公司的薪资管理系统做维护，原来只有技术人员（月薪）、市场销售人员（底薪+提成）、经理（年薪+股份）三种运算算法，现在要增加兼职工作人员（时薪）的算法，但按照你昨天的程序写法，公司就必须要把包含原三种算法的运算类代码都给你，让你修改，你如果心中小算盘一打，'公司给我的工资这么低，我真是郁闷，这下有机会了'，于是你除了增加了兼职算法以外，在技术人员（月薪）算法中写了一句

```
if (员工是小菜) {
    salary = salary * 1.1;
}
```

那就意味着，你的月薪每月都会增加10%（小心被抓去坐牢），本来是让你加一个功能，却使得原有的运行良好的功能代码产生了变化，这个风险太大了。你明白了吗？"

小菜："哦，你的意思是，我应该把加减乘除等运算分离，修改其中一个不影响另外的几个，增加运算算法也不影响其他代码，是这样吗？"

大鸟："自己想去吧，如何用继承和多态，你应该有感觉了。"

小菜："哦！我明白了，要用继承实现运算类。OK，我马上去写。"

Operation运算类：

```java
public abstract class Operation {

    public double getResult(double numberA, double numberB){
        return 0d;
    }

}
```

加减乘除类：

```java
public class Add extends Operation {
    public double getResult(double numberA, double numberB){
        return numberA + numberB;
    }
}

public class Sub extends Operation {
    public double getResult(double numberA, double numberB){
        return numberA - numberB;
    }
}

public class Mul extends Operation {
    public double getResult(double numberA, double numberB){
        return numberA * numberB;
    }
}

public class Div extends Operation {
    public double getResult(double numberA, double numberB){
        if (numberB == 0){
            System.out.println("除数不能为0");
            throw new ArithmeticException();
        }
        return numberA / numberB;
    }
}
```

小菜："大鸟哥，我按照你说的方法写出来了一部分，首先是一个运算抽象类，它有一个方法getResult(numberA，numberB)，用于得到结果，然后我把加减乘除都写成了运算类的子类，继承它后，重写了getResult()方法，这样如果要修改任何一个算法，就不需要提供其他算法的代码了。但问题来了，我如何让计算器知道我是希望用哪一个算法呢？"

以上代码读者如果感觉阅读吃力，说明你对继承、多态、方法重写等概念的理解尚不够，建议
先阅读本书的第0章，理解了这些基本概念后再继续往下阅读。

1.10 简单工厂模式

大鸟："写得很不错嘛，大大超出我的想象了，你现在的问题其实就是如何去实
例化对象的问题，哈，今天心情不错，再教你一招'简单工厂模式'，也就是说，到底
要实例化谁，将来会不会增加实例化的对象，比如增加指数运算，这是很容易变化的地
方，应该考虑用一个单独的类来做这个创造实例的过程，这就是工厂，来，我们看看这
个类如何写。"

简单运算工厂类：

```java
public class OperationFactory {

    public static Operation createOperate(String operate){
        Operation oper = null;
        switch (operate) {
            case "+":
                oper = new Add();
                break;
            case "-":
                oper = new Sub();
                break;
            case "*":
                oper = new Mul();
                break;
            case "/":
                oper = new Div();
                break;
        }
        return oper;
    }
}
```

大鸟："哈，看到了吧，这样子，你只需要输入运算符号，工厂就实例化出合适的
对象，通过多态，返回父类的方式实现了计算器的结果。"

客户端代码：

```java
Operation oper = OperationFactory.createOperate(strOperate);
double result = oper.getResult(numberA,numberB);
```

大鸟："哈，界面的实现就是这样的代码，不管你是控制台程序、Windows程序、

Web程序、手机App程序，都可以用这段代码来实现计算器的功能，如果有一天我们需要更改加法运算，我们只需要改哪里？"

小菜："改Add类就可以了。"

大鸟："那么我们需要增加各种复杂运算，比如平方根、立方根、自然对数、正弦余弦等，如何做？"

小菜："只要增加相应的运算子类就可以了呀。"

大鸟："嗯？够了吗？"

小菜："对了，还需要去修改运算类工厂，在switch中增加分支。"

大鸟："哈，那才对，那如果要修改界面呢？"

小菜："那就去改界面呀，关运算什么事呀？"

大鸟："好了，最后，我们来看看这几个类的结构图。"

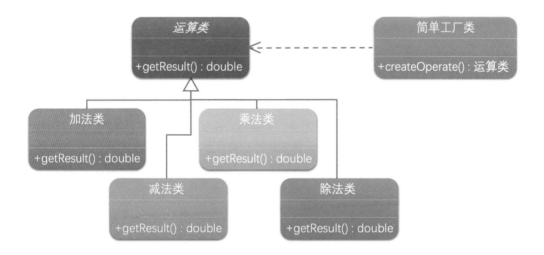

1.11 UML类图

小菜："对了，我时常在一些技术书中看到这些类图表示，简单的还看得懂，有些标记我很容易混淆。要不你给我讲讲吧。"

大鸟："这个其实多看多用就熟悉了。我给你举一个例子，来看这样一幅图，其中就包括UML类图中的基本图示法。"

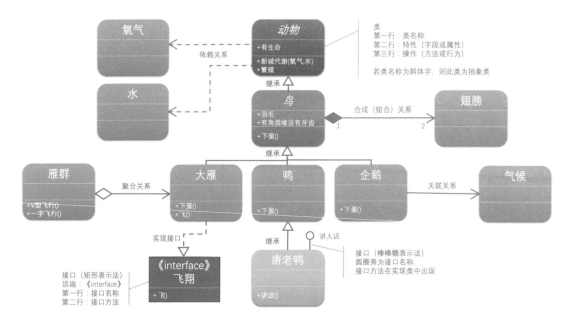

大鸟："首先你看那个'动物'矩形框，它就代表一个类（Class）。类图分为三层，第一层显示类的名称，如果是抽象类，则就用斜体显示；第二层是类的特性，通常就是字段和属性；第三层是类的操作，通常是方法或行为。注意前面的符号，'+'表示public，'-'表示private，'#'表示protected。"

大鸟："然后注意左下角的'飞翔'，它表示一个接口图，与类图的区别主要是顶端有<<interface>>显示。第一行是接口名称，第二行是接口方法。接口还有另一种表示方法，俗称棒棒糖表示法，比如图中的唐老鸭类就是实现了'讲人话'的接口。"

小菜："为什么要是'讲人话'？"

大鸟："鸭子本来也有语言，只不过只有唐老鸭是能讲人话的鸭子。"

小菜："有道理。"

```
interface ILanguage {
    void speak();
}
```

大鸟："接下来就可以讲类与类，类与接口之间的关系了。你可首先注意动物、鸟、鸭、唐老鸭之间的关系符号。"

小菜："明白了，它们都是继承的关系，继承关系用空心三角形+实线来表示。"

```
class Bird extends Animal {

}
```

大鸟："我举的几种鸟中，大雁是最能飞的，我让它实现了飞翔接口。实现接口用空心三角形+虚线来表示。"

```
class WideGoose implements IFly {

}
```

大鸟："你看企鹅和气候两个类，企鹅是很特别的鸟，会游不会飞。更重要的是，它与气候有很大的关联。我们不去讨论为什么北极没有企鹅，为什么它们要每年长途跋涉。总之，企鹅需要'知道'气候的变化，需要'了解'气候规律。当一个类'知道'另一个类时，可以用关联（association）。关联关系用实线箭头来表示。"

```
class Penguin extends Bird {
    //在企鹅Penguin中，引用了气候Climate对象
    private Climate climate;

}
```

大鸟："我们再来看大雁与雁群这两个类，大雁是群居动物，每只大雁都属于一个雁群，一个雁群可以有多只大雁。所以它们之间就满足聚合（Aggregation）关系。聚合表示一种弱的'拥有'关系，体现的是A对象可以包含B对象，但B对象不是A对象的一部分[DPE]（DPE表示此句摘自《设计模式》（第2版））。聚合关系用空心的菱形+实线箭头来表示。"

```
class WideGooseAggregate {
    //在雁群WideGooseAggregate类中有大雁数组对象arrayWideGoose
    private WideGoose[] arrayWideGoose;

}
```

大鸟："合成（Composition，也有翻译成'组合'的）是一种强的'拥有'关系，体现了严格的部分和整体的关系，部分和整体的生命周期一样[DPE]。在这里鸟和其翅膀就是合成（组合）关系，因为它们是部分和整体的关系，并且翅膀和鸟的生命周期是相同的。合成关系用实心的菱形+实线箭头来表示。另外，你会注意到合成关系的连线两端还有一个数字'1'和数字'2'，这被称为基数。表明这一端的类可以有几个实例，很显然，一个鸟应该有两只翅膀。如果一个类可能有无数个实例，则就用'n'来表示。关联关系、聚合关系也可以有基数。"

```
class Bird {
    //在鸟Bird类中声明一个翅膀Wing对象wing
    private Wing wing;

    public Bird() {
        //初始化时，实例化翅膀Wing，它们之间同时生成
        wing = new Wing();
    }

}
```

大鸟："动物几大特征，比如有新陈代谢，能繁殖。而动物要有生命力，需要氧气、水以及食物等。也就是说，动物依赖于氧气和水。它们之间是依赖关系（Dependency），用虚线箭头来表示。"

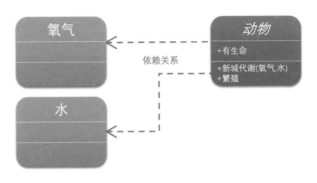

```
abstract class Animal {

    public Metabolism (Oxygen oxygen, Water water){

    }

}
```

小菜："啊，看来UML类图也不算难呀。回想那天我面试题写的代码，我终于明白我为什么写得不成功了，原来一个小小的计算器也可以写出这么精彩的代码，谢谢大鸟。"

大鸟："吼吼，记住哦，编程是一门技术，更是一门艺术，不能只满足于写完代码运行结果正确就完事，时常考虑如何让代码更加简练，更加容易维护，容易扩展和复用，只有这样才可以真正得到提高。写出优雅的代码真的是一种很爽的事情。UML类图也不是一学就会的，需要有一个慢慢熟练的过程。所谓学无止境，其实这才是理解面向对象的开始呢。"

第2章 商场促销——策略模式

2.1 商场收银软件

时间：2月27日22点　　地点：大鸟房间　　人物：小菜、大鸟

"小菜，给你出个作业，做一个商场收银软件，营业员根据客户所购买商品的单价和数量，向客户收费。"

"就这个？没问题呀。"小菜说，"用两个文本框来输入单价和数量，一个'确定'按钮来算出每种商品的费用，用个列表框来记录商品的清单，一个标签来记录总计，不就行了？！"

商场收银系统v1.0关键代码如下。

> 注：针对Java特性，本书用控制台程序代替窗体程序，实现基本功能，窗体程序只是增加一些按钮单击事件，主体代码类似，本书不提供窗体代码讲解。

```java
double price = 0d;        //商品单价
int num = 0;             //商品购买数量
double totalPrices = 0d; //当前商品合计费用
double total = 0d;       //总计所有商品费用

Scanner sc = new Scanner(System.in);

do {
    System.out.println("请输入商品销售模式 1.原价 2.八折 3.七折: ");
    discount = Integer.parseInt(sc.nextLine());
    System.out.println("请输入商品单价: ");
    price = Double.parseDouble(sc.nextLine());
    System.out.println("请输入商品数量: ");
    num = Integer.parseInt(sc.nextLine());
    System.out.println();

    if (price>0 && num>0){

        //通过单价*数量获得当前商品合计费用
        //通过累加获得总计费用
        totalPrices = price * num;
        total = total + totalPrices;

        System.out.println();
        System.out.println("单价: "+ price + "元 数量: "+ num +" 合计: "+ totalPrices +"元");
        System.out.println();
```

```
        System.out.println("总计: "+ total+"元");
        System.out.println();
    }
}
while(price>0 && num>0);
```

"大鸟，" 小菜叫道，"来看看，这不就是你要的收银软件吗？我不到半小时就搞定了。"

"哈哈，很快嘛，" 大鸟说着，看了看小菜的代码。接着说："现在我要求商场对商品搞活动，所有的商品打八折。"

"那不就是在totalPrices后面乘以一个0.8吗？"

"小子，难道商场活动结束，不打折了，你还要再改一遍程序代码，然后再用改后的程序去把所有机器全部安装一次吗？再说，还有可能因为周年庆，打五折的情况，你怎么办？"

小菜不好意思道："啊，我想得是简单了点。其实只要加一个下拉选择框就可以解决你说的问题。"

大鸟微笑不语。

2.2 增加打折

商场收银系统v1.1关键代码如下。

```
int discount = 0; //商品销售模式 1.原价 2.八折 3.七折:

...

switch(discount){
    case 1:
        totalPrices = price * num;        //正常收费
        break;
    case 2:
        totalPrices = price * num * 0.8;//打八折
        break;
    case 3:
        totalPrices = price * num * 0.7;//打七折
        break;
}

total = total + totalPrices;
```

"这下可以了吧，只要我事先把商场可能的打折都做成下拉选择框的项，要变化的可能性就小多了。" 小菜说道。

"这比刚才灵活性上是好多了，不过重复代码很多，比如3个分支要执行的语句除了打折多少以外几乎没什么不同，应该考虑重构一下。不过这还不是最主要的，现在我的需求又来了，商场的活动加大，需要有满300返100的促销算法，你说怎么办？"

"满300返100，那要是700就要返200了？这个必须要写函数了吧？"

"小菜呀，看来之前教你的白教了，这里面看不出什么名堂吗？"

"哦！我想起来了，你的意思是简单工厂模式是吧，对的对的，我可以先写一个父类，再继承它实现多个打折和返利的子类，利用多态，完成这个代码。"

"你打算写几个子类？"

"根据需求呀，比如八折、七折、五折、满300送100、满200送50……要几个写几个。"

"小菜又不动脑子了，有必要这样吗？如果我现在要三折，我要满300送80，你难道再去加子类？你不想想看，这当中哪些是相同的，哪些是不同的？"

2.3 简单工厂实现

"对的，这里打折基本都是一样的，只要有个初始化参数就可以了。满几送几的，需要两个参数才行，明白，现在看来不麻烦了。"

"面向对象的编程，并不是类越多越好，类的划分是为了封装，但分类的基础是抽象，具有相同属性和功能的对象的抽象集合才是类。打一折和打九折只是形式的不同，抽象分析出来，所有的打折算法都是一样的，所以打折算法应该是一个类。好了，空话已说了太多，写出来才是真的懂。"

大约1个小时后，小菜交出了第三份作业。

代码结构图

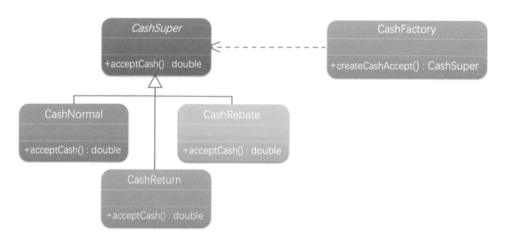

```java
//收费抽象类
public abstract class CashSuper {

    //收取费用的抽象方法，参数为单价和数量
    public abstract double acceptCash(double price,int num);

}

//正常收费
public class CashNormal extends CashSuper {

    //原价返回
    public double acceptCash(double price,int num){
        return price * num;
    }

}

//打折收费
public class CashRebate extends CashSuper {

    private double moneyRebate = 1d;
    //初始化时必须输入折扣率。八折就输入0.8
    public CashRebate(double moneyRebate){
        this.moneyRebate = moneyRebate;
    }

    //计算收费时需要在原价基础上乘以折扣率
    public double acceptCash(double price,int num){
        return price * num * this.moneyRebate;
    }

}

public class CashReturn extends CashSuper {

    private double moneyCondition = 0d; //返利条件
    private double moneyReturn = 0d;     //返利值

    //返利收费。初始化时需要输入返利条件和返利值。
    //比如"满300返100"，就是moneyCondition=300,moneyReturn=100
    public CashReturn(double moneyCondition,double moneyReturn){
        this.moneyCondition = moneyCondition;
        this.moneyReturn = moneyReturn;
    }

    //计算收费时，当达到返利条件，就原价减去返利值
    public double acceptCash(double price,int num){
        double result = price * num;
        if (moneyCondition>0 && result >= moneyCondition)
            result = result - Math.floor(result / moneyCondition) * moneyReturn;
        return result;
    }

}
```

```
//收费工厂
public class CashFactory {

    public static CashSuper createCashAccept(int cashType){
        CashSuper cs = null;
        switch (cashType) {
            case 1:
                cs = new CashNormal();          //正常收费
                break;
            case 2:
                cs = new CashRebate(0.8d);       //打八折
                break;
            case 3:
                cs = new CashRebate(0.7d);       //打七折
                break;
            case 4:
                cs = new CashReturn(300d,100d);//满300返100
                break;

        }
        return cs;
    }

}
```

客户端程序主要部分：

```
//简单工厂模式根据discount的数字选择合适的收费类生成实例
CashSuper csuper = CashFactory.createCashAccept(discount);
//通过多态，可以根据不同收费策略计算得到收费的结果
totalPrices = csuper.acceptCash(price,num);

total = total + totalPrices;
```

"大鸟，搞定，这次无论你要怎么改，我都可以简单处理就行了。"小菜自信满满地说。

"是吗，我要是需要打五折和满500送200的促销活动，如何办？"

"只要在现金工厂当中加两个条件，就OK了。"

"现金工厂？！你当是生产钞票呀。是收费对象生成工厂才准确。说得不错，如果我现在需要增加一种商场促销手段，满100积分10点，以后积分到一定时候可以领取奖品如何做？"

"有了工厂，何难？加一个积分算法，构造方法有两个参数：条件和返点，让它继承CashSuper，再到现金工厂，哦，不对，是收费对象生成工厂里增加满100积分10点的分支条件，再到界面稍加改动，就行了。"

"嗯，不错。你对简单工厂用得很熟练了嘛。"大鸟接着说："简单工厂模式虽然也能解决这个问题，但这个模式只是解决对象的创建问题，而且由于工厂本身包括所有的收费方式，商场是可能经常性地更改打折额度和返利额度，每次维护或扩展收费方式都要改动这个工厂，以致代码需重新编译部署，这真的是很糟糕的处理方式，所以用它

不是最好的办法。面对算法的时常变动，应该有更好的办法。好好去研究一下其他的设计模式，你会找到答案的。"

小菜进入了沉思中……

2.4 策略模式

时间：2月28日19点　　地点：大鸟房间　　人物：小菜、大鸟

小菜次日来找大鸟，说："我找到相关的设计模式了，应该是策略模式（Strategy）。策略模式定义了算法家族，分别封装起来，让它们之间可以互相替换，此模式让算法的变化不会影响到使用算法的客户。看来商场收银系统应该考虑用策略模式？"

> 策略模式（Strategy）：它定义了算法家族，分别封装起来，让它们之间可以互相替换，此模式让算法的变化，不会影响到使用算法的客户。[DP]

"你问我？你说呢？"大鸟笑道，"商场收银时如何促销，用打折还是返利，其实都是一些算法，用工厂来生成算法对象，这没有错，但算法本身只是一种策略，最重要的是这些算法是随时都可能互相替换的，这就是变化点，而封装变化点是我们面向对象的一种很重要的思维方式。我们来看看策略模式的结构图和基本代码。"

策略模式（Strategy）结构图

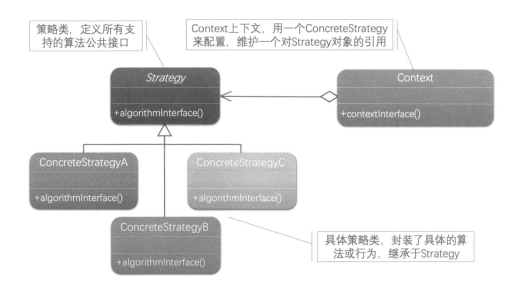

Strategy类，定义所有支持的算法的公共接口：

```java
//抽象算法类
abstract class Strategy{
    //算法方法
    public abstract void algorithmInterface();
}
```

ConcreteStrategy类，封装了具体的算法或行为，继承于Strategy：

```java
//具体算法A
class ConcreteStrategyA extends Strategy {
    //算法A实现方法
    public void algorithmInterface() {
        System.out.println("算法A实现");
    }
}
```

```java
//具体算法B
class ConcreteStrategyB extends Strategy {
    //算法B实现方法
    public void algorithmInterface() {
        System.out.println("算法B实现");
    }
}
```

```java
//具体算法C
class ConcreteStrategyC extends Strategy {
    //算法C实现方法
    public void algorithmInterface() {
        System.out.println("算法C实现");
    }
}
```

Context类，用一个ConcreteStrategy来配置，维护一个对Strategy对象的引用。

```java
//上下文
class Context {
    Strategy strategy;
    //初始化时，传入具体的策略对象
    public Context(Strategy strategy) {
        this.strategy = strategy;
    }
    //上下文接口
    public void contextInterface() {
        //根据具体的策略对象，调用其算法的方法
        strategy.algorithmInterface();
    }
}
```

客户端代码：

```
Context context;

//由于实例化不同的策略, 所以最终在调用
//context.contextInterface()时,所
//获得的结果就不尽相同
context = new Context(new ConcreteStrategyA());
context.contextInterface();

context = new Context(new ConcreteStrategyB());
context.contextInterface();

context = new Context(new ConcreteStrategyC());
context.contextInterface();
```

2.5 策略模式实现

"我明白了, "小菜说, "我昨天写的CashSuper就是抽象策略, 而正常收费CashNormal、打折收费CashRebate和返利收费CashReturn就是三个具体策略, 也就是策略模式中说的具体算法, 对吧? "

"是的, 来吧, 你模仿策略模式的基本代码, 改写一下你的程序。"

"其实不麻烦, 原来写的CashSuper、CashNormal、CashRebate和CashReturn都不用更改了, 只要加一个CashContext类, 并改写一下客户端就行了。"

商场收银系统v1.2:

代码结构图

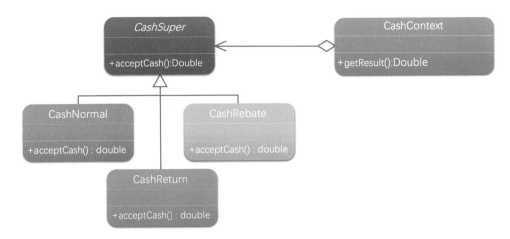

CashContext类：

```java
public class CashContext {

    private CashSuper cs;        //声明一个CashSuper对象

    //通过构造方法，传入具体的收费策略
    public CashContext(CashSuper csuper){
        this.cs=csuper;
    }

    public double getResult(double price,int num){
        //根据收费策略的不同，获得计算结果
        return this.cs.acceptCash(price,num);
    }

}
```

客户端主要代码：

```java
CashContext cc=null;

//根据用户输入，将对应的策略对象作为参数传入CashContext对象中
switch(discount){
    case 1:
        cc = new CashContext(new CashNormal());
        break;
    case 2:
        cc = new CashContext(new CashRebate(0.8d));
        break;
    case 3:
        cc = new CashContext(new CashRebate(0.7d));
        break;
    case 4:
        cc = new CashContext(new CashReturn(300d,100d));
        break;
}

//通过Context的getResult方法的调用，可以得到收取费用的结果
//让具体算法与客户进行了隔离
totalPrices = cc.getResult(price,num);

total = total + totalPrices;
```

"大鸟，代码是模仿着写出来了。但我感觉这样子做不又回到了原来的老路了吗，在客户端去判断用哪一个算法？"

"是的，但是你有没有什么好办法，把这个判断的过程从客户端程序转移走呢？"

"转移？不明白，原来我用简单工厂是可以转移的，现在这样子如何做到？"

"难道简单工厂就一定要是一个单独的类吗？难道不可以与策略模式的Context结合？"

"哦，我明白你的意思了。我试试看。"

2.6 策略与简单工厂结合

改造后的CashContext:

```
public class CashContext {

    private CashSuper cs;    //声明一个CashSuper对象

    //通过构造方法，传入具体的收费策略
    public CashContext(int cashType){    注意参数不再是对象而是收费模式编号
        switch(cashType){
            case 1:
                this.cs = new CashNormal();
                break;
            case 2:
                this.cs = new CashRebate(0.8d);
                break;
            case 3:
                this.cs = new CashRebate(0.7d);
                break;
            case 4:
                this.cs = new CashReturn(300d,100d);
                break;
        }
    }

    public double getResult(double price,int num){
        //根据收费策略的不同，获得计算结果
        return this.cs.acceptCash(price,num);
    }
}
```

客户端代码:

```
//根据用户输入，将对应的策略对象作为参数传入CashContext对象中
CashContext cc = new CashContext(discount);

//通过Context的getResult方法的调用，可以得到收取费用的结果
//让具体算法与客户进行了隔离
totalPrices = cc.getResult(price,num);

total = total + totalPrices;
```

"嗯，原来简单工厂模式并非只有建一个工厂类的做法，还可以这样子做。此时比刚才的模仿策略模式的写法要清楚多了，客户端代码简单明了。"

"那和你写的简单工厂的客户端代码比呢？观察一下，找出它们的不同之处。"

```
//简单工厂模式的用法
CashSuper csuper = CashFactory.createCashAccept(discount);
totalPrices = csuper.acceptCash(price,num);

//策略模式与简单工厂结合的用法
CashContext cc = new CashContext(discount);
totalPrices = cc.getResult(price,num);
```

"你的意思是说，简单工厂模式我需要让客户端认识两个类，CashSuper和CashFactory，而策略模式与简单工厂结合的用法，客户端就只需要认识一个类CashContext就可以了。耦合更加降低。"

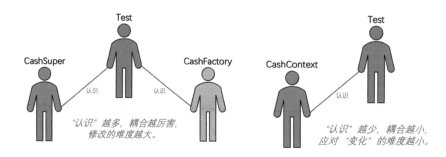

"说得没错，我们在客户端实例化的是CashContext的对象，调用的是CashContext的方法GetResult，这使得具体的收费算法彻底地与客户端分离。连算法的父类CashSuper都不让客户端认识了。"

2.7 策略模式解析

"回过头来反思一下策略模式，策略模式是一种定义一系列算法的方法，从概念上来看，所有这些算法完成的都是相同的工作，只是实现不同，它可以以相同的方式调用所有的算法，减少了各种算法类与使用算法类之间的耦合[DPE]。"大鸟总结道。

"策略模式还有些什么优点？"小菜问道。

"策略模式的Strategy类层次为Context定义了一系列的可供重用的算法或行为。继承有助于析取出这些算法中的公共功能[DP]。对于打折、返利或者其他的算法，其实都是对实际商品收费的一种计算方式，通过继承，可以得到它们的公共功能，你说这公共功能指什么？"

"公共的功能就是获得计算费用的结果GetResult，这使得算法间有了抽象的父类CashSuper。"

"对，很好。另外一个策略模式的优点是简化了单元测试，因为每个算法都有自己的类，可以通过自己的接口单独测试[DPE]。"

"每个算法可保证它没有错误，修改其中任一个时也不会影响其他的算法。这真的是非常好。"

"哈，小菜今天表现不错，我所想的你都想到了。"大鸟表扬了小菜，"还有，在最开始编程时，你不得不在客户端的代码中为了判断用哪一个算法计算而用了switch条件分支，这也是正常的。因为，当不同的行为堆砌在一个类中时，就很难避免使用条件语句来选择合适的行为。将这些行为封装在一个个独立的Strategy类中，可以在使用这些行为的类中消除条件语句[DP]。就商场收银系统的例子而言，在客户端的代码中就消除条件语句，避免了大量的判断。这是非常重要的进展。你能用一句话来概况这个优点吗？"大鸟总结后问道。

"策略模式封装了变化。"小菜快速而坚定地说。

"说得非常好，策略模式就是用来封装算法的，但在实践中，我们发现可以用它来封装几乎任何类型的规则，只要在分析过程中听到需要在不同时间应用不同的业务规则，就可以考虑使用策略模式处理这种变化的可能性[DPE]"。

"但我感觉在基本的策略模式中，选择所用具体实现的职责由客户端对象承担，并转给策略模式的Context对象[DPE]。这本身并没有解除客户端需要选择判断的压力，而策略模式与简单工厂模式结合后，选择具体实现的职责也可以由Context来承担，这就最大化地减轻了客户端的职责。"

"是的，这已经比起初的策略模式好用了，不过，它依然不够完美。"

"哦，还有什么不足吗？"

"因为在CashContext里还是用到了switch，也就是说，如果我们需要增加一种算法，比如'满200送50'，你就必须要更改CashContext中的switch代码，这总还是让人很不爽呀。"

"那你说怎么办，有需求就得改呀，任何需求的变更都是需要成本的。"

"但是成本的高低还是有差异的。高手和菜鸟的区别就是高手可以花同样的代价获得最大的收益或者说做同样的事花最小的代价。面对同样的需求，当然是改动越小越好。"

"你的意思是说，还有更好的办法？"

"当然。这个办法就是用到了反射（Reflect）技术，不过今天就不讲了，以后会再提它的。"

"反射真有这么神奇？"小菜疑惑地望向了远方。

注：在抽象工厂模式章节有对反射的讲解。

第3章 电子阅读器 vs. 手机——单一职责原则

3.1 阅读干吗不直接用手机？

> 时间：2月28日18点　　地点：小菜房间　　人物：小菜、大鸟

大鸟进入小菜房间，见到小菜在看手机。问他在看什么？

小菜："我在看《三体》的电子书呢，这本科幻小说挺好看的。"

大鸟："《三体》这么好看？最近买了一个电子阅读器，正好去购买电子书看看。"

小菜："电子阅读器？有必要用这种单独设备吗？为什么不直接在手机上看呢？"

大鸟："嘿嘿，这个还真是不一样。"

小菜："你说不一样就不一样吧，我先看书了。"

大鸟："嗯！等我看完《三体》再和你聊。"

3.2 手机不纯粹

> 时间：3月2日22点　　地点：小菜房间　　人物：小菜、大鸟

大鸟："小菜，《三体》看完了没？我刚看完《三体2：黑暗森林》部分，就想来

找你聊聊了。罗辑厉害，黑暗森林法则竟然可以让三体外星人功败垂成。章北海也特别牛，如果不是他，人类的航天器早就全部被三体人消灭光了。"

小菜："啊，这才几天呀，你已经看了这么多了。我《三体》的第一部还没看完呢。"

大鸟："哈哈，你用手机看电子书，我猜也猜得到，效率一定是较低的。"

小菜："为什么？"

大鸟："因为手机不纯粹。"

小菜："不纯粹？手机方便呀，我可以随时随地拿出手机看书，在家可以看，在公交地铁上可以看，吃饭的时候可以看，上厕所时还可以看。"

大鸟："你说得没错，手机确实很方便。但是现在的手机就是一台小型智能电脑。它不仅能打电话，还能听音乐、看电影电视、与个人交流、与一群人群聊，可以随时表达自己的情绪，开心时告诉别人、难过时告诉别人、别人开心时送上祝福、别人倒霉时也可以嗑上瓜子看热闹。"

小菜："呵呵，这叫吃瓜。但对于阅读书来说，手机不也是很好的工具吗？"

3.3 电子阅读器 vs. 手机

"理想的阅读，不管是优秀的小说，还是专业的图书，经过一段适应时间，可以进入一种沉浸状态，达到'心流'的境界。在这样的状态下，我们仿佛在作者面前与他交流，听他讲故事、听他表达思想，忘记了外界的环境、忘记了时间……"大鸟微微扬起头，兴奋地说着，"进入这样的状态，我们会非常专注，废寝忘食，会拥有很大的充实感。"

"我好像很久没有这样的感觉了。"小菜略微失望地说。

"原因可能就在于你用手机在看书——阅读。"大鸟望向小菜，说道，"智能手机功能太强了，而且它会不断地接收外界的消息，有可能是朋友给你的留言，有可能某些突发的新闻，更有可能只是一些商业广告和骚扰短信。你确实在阅读，但同时，你也在不断被打扰。虽然这样的打扰并像来个电话那样直接打断你的阅读，不是非常强烈，但你被不停骚扰的过程中，沉浸阅读基本就不太可能了。有的打扰可能直接就吸引了你的注意力，甚至占用了你的阅读时间。比如你看书时来了条八卦新闻，你完全有可能点过去追新闻而浪费了阅读时间。"

"哦，原来是这样。这么说，电子阅读器的确可以避免这一点，它除了阅读什么都干不了。"

"电子阅读器是针对阅读来制作的电子墨水屏，它最大的特点就是保护眼睛，可以长时间观看也不累。这也是强化沉浸阅读体验的设计之一。总的来说，电子阅读器只针对阅读来设计产品，做到了功能上的纯粹。而这也是我们面向对象程序设计的最重要原则之———单一职责原则。"

3.4 单一职责原则

"设计模式中有一个非常重要的原则——单一职责。"

"哦，听字面意思，单一职责原则，意思就是说，功能要单一？"

"哈，可以简单地这么理解，它的准确解释是，**就一个类而言，应该仅有一个引起它变化的原因**[ASD]。我们在做编程的时候，很自然地就会给一个类加各种各样的功能，比如我们写一个窗体应用程序，一般都会生成一个Form1这样的类，于是我们就把各种各样的代码，像某种商业运算的算法呀，像数据库访问的SQL语句呀什么的都写到这样的类当中，这就意味着，无论任何需求要来，你都需要更改这个窗体类，这其实是很糟糕的，维护麻烦，复用不可能，也缺乏灵活性。"

"是的，我写代码一般刚开始就是把所有的方法直接写在窗体类的代码当中的。"

单一职责原则（SRP），就一个类而言，应该仅有一个引起它变化的原因。

3.5 方块游戏的设计

"我们再来举些例子，比如就拿手机里的俄罗斯方块游戏为例。要是让你开发这个小游戏，你如何考虑？"大鸟问道。

"我想想，首先它方块下落动画的原理是画四个小方块，擦掉，然后再在下一行画四个方块。不断地绘出和擦掉就形成了动画，所以应该要有画和擦方块的代码。然后左右键实现左移和右移，下键实现加速，上键实现旋转，这其实都应该是函数，当然左右移动需要考虑碰撞的问题，下移需要考虑堆积和消层的问题。"

"OK，你也说了不少了。如果就用Android的

方式开发，你打算怎么开发呢？"

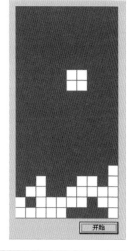

"那当然是先建立一个窗体，然后加一个用于游戏框的控件，一个按钮Button来控制'开始'，最后计时器控制用于分时动画的编程。写代码当然就是编写计时器事件来绘出和擦除方块，并做出堆积和消层的判断。再编写控件的键盘事件，按了左箭头则左移，右箭头则右移等。对了，还需要用到些GDI+技术的方法来画方块和擦方块。"

"你能不能就这些代码划分一下类呢？"

"分类？这里好像关键在于各种事件代码如何写吧，这里有什么类可言呢？"

"看来你的面向过程开发已经根深蒂固了。你把所有的代码都写在了窗体.java这个类里，你觉得这合理吗？"

"可能不合理，但我实在没想出怎么分离它。"

"打个比方，如果现在还要你开发的是3D版的俄罗斯方块，或者是Web版或Windows窗体版俄罗斯方块程序，它们能运行Java语言编写的应用程序。那你现在这个代码有什么可以复用的吗？"

"你都已经说了，不能使用，我当然就没法使用了。Copy过去，再针对代码做些改进吧。"

"但这当中，有些东西是始终没变的。"

"你是说，下落、旋转、碰撞判断、移动、堆积这些游戏逻辑吧？"

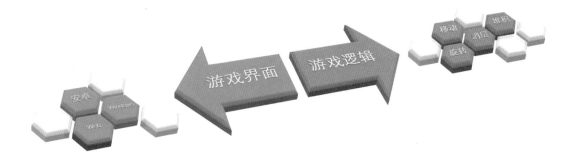

"说得没错，这些都是和游戏有关的逻辑，和界面如何表示没有什么关系，为什么要写在一个类里面呢？**如果一个类承担的职责过多，就等于把这些职责耦合在一起，一个职责的变化可能会削弱或者抑制这个类完成其他职责的能力。这种耦合会导致脆弱的**

设计，当变化发生时，设计会遭受到意想不到的破坏[ASD]。事实上，你完全可以找出哪些是界面，哪些是游戏逻辑，然后进行分离。"

"但我还是不明白，如何分离开。"

"你仔细想想看，方块的可移动的游戏区域，可以设计为一个二维整型数组用来表示坐标，宽10，高20，比如'int[,] arraySquare=new int[10，20]；'，那么整个方块的移动其实就是数组的下标变化，比如原方块在arraySquare [7，2]上，则下移时变成arraySquare [7，3]，如果下移同时还按了左键，则是arraySquare [6，3]。每个数组的值就是是否存在方块的标志，存在为1，不存在时默认为0。这下你该明白，所谓的碰撞判断，其实就是什么？"

"我知道了，是否能左移，就是判断arraySquare [x，y]中的x–1是否小于0，否则就撞墙了。或者arraySquare [x–1，y]是否等于1，否则就说明左侧有堆积的方块。所谓**堆积**，不过是判断arraySquare [x，y+1]是否等于1的过程，如果是，则将自己arraySquare [x，y]的值改1。那么**消层**，其实就是arraySquare [x，y]中循环x由0到9，判断arraySquare [x，y]是否都等于1，是则此行数据清零，并将其上方的数组值遍历下移一位。"

"那你就应该明白了，所谓游戏逻辑，不过就是数组的每一项值变化的问题，下落、旋转、碰撞判断、移动、堆积、消层这些都是在做数组具体项的值的变化。而界面表示逻辑，不过是根据数组的数据进行绘出和擦除，或者根据键盘命令调用数组的相应方法进行改变。因此，至少应该考虑将此程序分为两个类，一个是游戏逻辑的类，一个是窗体的类。当有一天要改变界面，或者换界面时，不过是窗体类的变化，和游戏逻辑无关，以此达到复用的目的。"

"这个听起来容易，真正要做起来还是有难度的哦！"

"当然，软件设计真正要做的许多内容，就是发现职责并把那些职责相互分离[ASD]。

其实要去判断是否应该分离出类来，也不难，那就是**如果你能够想到多于一个的动机去改变一个类，那么这个类就具有多于一个的职责**[ASD]，就应该考虑类的职责分离。"

"的确是这样，界面的变化是和游戏本身没有关系的，界面是容易变化的，而游戏逻辑是不太容易变化的，将它们分离开有利于界面的改动。"

3.6 电子阅读器与手机的利弊

"这下你知道你的手机为什么不能让我们进行沉浸式阅读的原因了吧？"大鸟笑道。

"如果手机只用来接听电话，电子阅读器用来阅读，职责的分离是可以把事情做得更好。不过这其实不是一回事哦，现在的智能手机承担的职责多，并不等于就不可以做好，只不过产品的分工不同而已。"小菜分析说。

"整合当然是一种很好的思想。比如搜索引擎最初的理想就是将一切的需求都整合到一个文本框里提交，用干净的页面来吸引用户，导致互联网的一场变革。但现在分类信息、垂直搜索又开始流行，这却是单一职责的思想体现。现在智能手机整合了拍照、音视频播放、互联网等很多功能，携带方便，随时使用，也无须携带各种充电器，已经是非常好的产品。而电子阅读器功能纯粹，强化阅读体验，也是非常好的产品设计。"大鸟总结道，"不同的人会选择不同的产品满足自己的需要吧。对于我们编程来说，要在类的职责分离上多思考，做到单一职责，这样你的代码才是真正的易维护、易扩展、易复用、灵活多样。"

第4章 考研求职两不误——开放-封闭原则

4.1 考研失败

时间：3月5日20点　　地点：小菜房间　　人物：小菜、大鸟

"……多少次迎着冷眼与嘲笑，从没有放弃过心中的理想，一刹那恍惚，若有所失的感觉，不知不觉已变淡心里爱（谁明白我）……"

小菜此时正关在房间坐在桌前发呆，音箱中大声地放着Beyond乐队的《海阔天空》。此时有人敲门。打开一看，原来是大鸟。

大鸟："小菜，怎么听这么伤感的歌？声音这么大，我在隔壁都听得清清楚楚。发生什么事了？"

小菜："今天研究生考试成绩出来了，我的英语成绩离分数线差两分。之前的努力白费了。"

大鸟："失败也是正常的，考不上的人还是占多数呀，想开些吧，找到好工作未必比读研要差的。"

小菜："为了考研，我没有做任何求职的准备，所以我们班不少同学都找到工作了，我却才刚开始，前段时间的面试也没消息。"

大鸟："哈，鱼和熊掌岂能兼得，为一件事而放弃另一些机会，也是在情理之中的事。"

小菜："说是这么说，我却感觉比较难受，我的同学，有几个其实水平不比我强，他们都签了XX大集团、XX知名公司，而我现在一无所有，感觉很糟糕。要是当时我也花点时间在简历上，或许现在也不至于这么不爽。"

大鸟："你考研复习的时候，每天学习多长时间，有没有休息的时候？"

小菜："差不多十小时吧，其实效率并不高，有不少时候都困得不行，趴在桌上睡

觉去了。"

大鸟："这就对了，你为什么不利用休息的时间考虑一下自己的简历如何写，关心一下有些什么单位在招聘呢？这样也就不至于现在这样唉声叹气。"

小菜："我感觉找工作会影响复习的精力，所以干脆什么都没找，但其实每天都会有些同学求职应聘的消息传到我耳朵里，我也没有安心复习。"

大鸟："小菜呀，你其实就是没有搞懂一个设计模式的原则。"

小菜："哦，是什么原则？"

大鸟："先不谈这个原则，你想想看，中国香港澳门的顺利回归，有一个创举起了重要的作用，是什么？"

小菜："啊，那还用说，是一国两制思想！"

大鸟："这一创造性想法有什么独到之处？"

小菜："我想想看，原因主要是在于中国大陆的社会主义制度不能修改，这一点毋庸置疑，而中国香港澳门长期在资本主义制度下管理和发展，所以回归时强行修改中国香港澳门的制度也并不合理，所以用'一国两制'来解决制度差异造成的矛盾是最合理的办法。"

大鸟："说得好，社会主义制度不能修改，在谈中国香港问题的时候，如果咬定中国香港回来必须要实现社会主义制度，那回归就困难重重了，毕竟这么多年来的殖民统治，突然在整个管理制度上进行彻底变化也是不现实的，那么怎么办？为了回归的大局，增加一种制度又何尝不可，一个国家，两种制度，这在政治上，是伟大的发明哦。在软件设计模式中，这种不能修改，但可以扩展的思想也是最重要的一种设计原则，它就是开放-封闭原则（The Open-Closeed Principle，OCP）或叫开-闭原则。"

4.2 开放-封闭原则

小菜："开放、封闭，具体怎么解释呢？"

> 开放-封闭原则，是说软件实体（类、模块、函数等）应该可以扩展，但是不可修改。[ASD]

大鸟："这个原则其实是有两个特征，一个是说'对于扩展是开放的（Open for extension）'，另一个是说'对于修改是封闭的（Closed for modification）'[ASD]。"

修改 🔒　　　扩展 🔓

大鸟："我们在做任何系统的时候，都不要指望系统一开始时需求确定，就再也不会变化，这是不现实也不科学的想法，而既然需求是一定会变化的，那么如何在面对需求的变化时，设计的软件可以相对容易修改，不至于说，新需求一来，就要把整个程序推倒重来。**怎样的设计才能面对需求的改变却可以保持相对稳定，从而使得系统可以在第一个版本以后不断推出新的版本呢？** [ASD]，开放-封闭给了我们答案。"

小菜："我明白了，你的意思是说，设计软件要容易维护又不容易出问题的最好的办法，就是多扩展，少修改？"

大鸟："是的，比如说，我是公司老板，我规定，九点上班，不允许迟到。但有几个公司骨干，老是迟到。如果你是老板你怎么做？"

小菜："严格执行考勤制度，迟到扣钱。"

大鸟："你倒是够狠，但实际情况是，有的员工家离公司太远，有的员工每天上午要送小孩子上学，交通一堵就不得不迟到了。"

小菜："这个，让他们有特殊原因的人打报告，然后允许他们迟到。"

大鸟："哈，谈何容易，别的不迟到的员工不答应了呀，凭什么他能迟到，我就不能，大家都是工作，我上午也完全可以多睡会再来。"

小菜："那怎么办？老是迟到的确也不好，但不让迟到也不现实。家的远近，交通是否堵塞也不是可以控制的。"

大鸟："仔细想想，你会发现，其实迟到不是主要问题，每天保证8小时的工作量是老板最需要的，甚至8小时工作时间也不是主要问题，业绩目标的完成或超额完成才是最重要的指标，于是应该改变管理方式，比如弹性上班工作制，早到早下班，晚到晚下班，或者每人每月允许三次迟到，迟到者当天下班补时间等，对市场销售人员可能就更加以业绩为标准，工作时间不固定了——这其实就是对工作时间或业绩成效的修改关闭，而对时间制度扩展的开放。"

小菜："这就需要老板自己很清楚最希望达到的目的是什么，制定的制度才最合理有效。"

大鸟："对的，用我们古人的理论来说，管理需要中庸之道。"

4.3 何时应对变化

小菜："啊，有道理。所以，我们尽量应在设计时，考虑到需求的种种变化，把问题想得全了，就不会因为需求一来，手足无措。"

大鸟："哪有那么容易，如果什么问题都考虑得到，那不就成了未卜先知，这是不可能的。需求时常会在你想不到的地方出现，让你防不胜防。"

小菜："那我们应该怎么做？"

大鸟："开放-封闭原则的意思就是说，你设计的时候，时刻要考虑，尽量让这个类是足够好，写好了就不要去修改了，如果新需求来，我们增加一些类就完事了，原来的代码能不动则不动。"

小菜："这可能做到吗？我深表怀疑呀，怎么可能写完一个类就再也不改了呢？"

大鸟："你说得没错，绝对的对修改关闭是不可能的。**无论模块是多么的'封闭'，都会存在一些无法对之封闭的变化。既然不可能完全封闭，设计人员必须对于他设计的模块应该对哪种变化封闭做出选择。他必须先猜测出最有可能发生的变化种类，然后构造抽象来隔离那些变化**[ASD]。"

小菜："那还是需要猜测程序可能会发生的变化，猜对了，那是成功，猜错了，那就完全走到另一面去了，把本该简单的设计做得非常复杂，很不划算呀。而且事先猜测，这又是很难做到的。"

大鸟："你说得没错，我们是很难预先猜测，但我们却可以在发生小变化时，就及早去想办法应对发生更大变化的可能。也就是说，**等到变化发生时立即采取行动**[ASD]。正所谓，同一地方，摔第一跤不是你的错，再次在此摔跤就是你的不对了。"

大鸟："**在我们最初编写代码时，假设变化不会发生。当变化发生时，我们就创建抽象来隔离以后发生的同类变化**[ASD]。比如，我之前让你写的加法程序，你很快在一个client类中就完成，此时变化还没有发生。"

大鸟："然后我让你加一个减法功能，你发现，增加功能需要修改原来这个类，这就违背了今天讲到的'开放-封闭原则'，于是你就该考虑重构程序，增加一个抽象的运

算类，通过一些面向对象的手段，如继承、多态等来隔离具体加法、减法与client耦合，需求依然可以满足，还能应对变化。这时他又要你再加乘除法功能，你就不需要再去更改client以及加法减法的类了，而是增加乘法和除法子类就可。即面对需求，对程序的改动是通过增加新代码进行的，而不是更改现有的代码[ASD]。这就是'开放-封闭原则'的精神所在。"（样例代码见第1章）

大鸟："当然，并不是什么时候应对变化都是容易的。**我们希望的是在开发工作展开不久就知道可能发生的变化。查明可能发生的变化所等待的时间越长，要创建正确的抽象就越困难[ASD]。**"

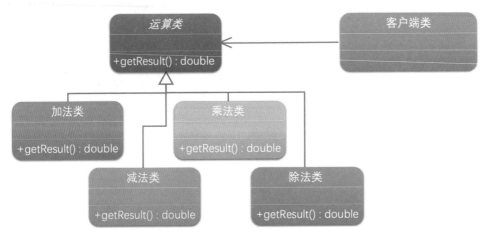

小菜："这个我能理解，如果加减运算都在很多地方应用了，再考虑抽象、考虑分离，就很困难。"

大鸟："开放-封闭原则是面向对象设计的核心所在。遵循这个原则可以带来面向对象技术所声称的巨大好处，也就是可维护、可扩展、可复用、灵活性好。开发人员应该仅对程序中呈现出频繁变化的那些部分做出抽象，然而，对于应用程序中的每个部分都刻意地进行抽象同样不是一个好主意。拒绝不成熟的抽象和抽象本身一样重要[ASD]。切记，切记。"

小菜："哦，我还以为尽量地抽象是好事呢，看来过犹不及呀。"

4.4 两手准备，并全力以赴

大鸟："回过头来说，你考研和求职这两件事，考研是你的追求，希望考上研究生，可以更上一层楼，有更大的发展空间和机会。所以考研之前，学习计划是不应该更改，雷打不动的。这就是对修改关闭。但你要知道，你几个月来只埋头学习，就等于放弃了许多好公司来你们学校招聘的机会，这机会的失去是很不值得的。我就不信你一天到晚全在学习，那样效果也不会好。所以你完全可以抽出一点时间，在不影响你复习的前提下，来写写自己的简历，来了解一些招聘大学生的公司的资讯，这不是很好的事吗？既不影响你考研，又可以增大找到好工作的可能性。为考研万一失败后找工作做好了充分的准备。这就是对扩展开放，对修改关闭的意义。"

小菜："是的，我就不信，我会比别人差！"

大鸟笑了笑说："好了，我回房间去了，你也早些休息吧。"站起身走出了小菜的房门，此时Beyond的音乐再次响起，大鸟回头，伸出右手向前摆了个"V"字，说了声："海阔天空，加油！"

"今天我寒夜里看雪飘过，怀着冷却了的心窝漂远方，风雨里追赶，雾里分不清影踪，天空海阔你与我可会变（谁没在变），……仍然自由自我，永远高唱我歌，走遍千里！"

作者注：本故事和"开放-封闭原则"对应有些牵强，所以在此做一声明。全力以赴当然是必需，两手准备也是灵活处事的表现，希望读者能对痛苦关闭，对快乐开放。

第5章 会修电脑不会修收音机？——依赖倒转原则

5.1 MM请求修电脑

时间：3月12日19点　　　地点：小菜、大鸟住所的客厅　　　人物：小菜、大鸟、娇娇

小菜和大鸟吃完晚饭后，在一起聊天。

此时，突然声音响起。

"死了都要爱，不淋漓尽致不痛快，感情多深只有这样，才足够表白。死了都要爱……"

原来是小菜的手机铃声，大鸟吓了一跳，说道："你小子，用这歌作铃声，吓唬人啊！这要是在公司开大会时响起，你要被领导淋漓尽致爱死！还在唱，快接！"

小菜很是郁闷，拿起手机一看，一个女生来的电话，脸色由阴转晴，马上接通了手机："喂！"

"小菜呀，我是娇娇，我电脑坏了，你快点帮帮我呀！"手机里传来急促的女孩声音。

"哈，是你呀，你现在好吗？最近怎么不和我聊天了？"小菜慢条斯理地说道。

"快点帮帮我呀，电脑不能用了啊！"娇娇略带哭腔地说。

"别急别急，怎么个坏法？"

"每次打开QQ，一玩游戏，机器就死了。出来蓝底白字的一堆莫名其妙的英文，过一会就重启了，再用QQ还是一样。怎么办呀？"

"哦，明白了，蓝屏死机吧，估计内存有问题，你的内存是多少兆的？"

"什么内存多少兆，我听不懂呀，你能过来帮我修一下吗？"

"啊，你在金山，我在宝山，虽说在上海这两地名都钱味儿十足，可两山相隔万重路呀！现在都晚上了，又是星期一，周六我去你那里帮你修吧！"小菜无奈地说。

"要等五天那不行，你说什么蓝屏？怎么个修法？"娇娇依然急不可待。

"蓝屏多半是内存坏了，你要不打开机箱看看，或许有两个内存，可以拔一根试试，如果只有一根内存，那就没戏了。"

"机箱怎么打开呢？"娇娇开始认真起来。

"这个，你找机箱后面，四个角应该都有螺丝，卸掉靠左侧边上两个应该就可以打开左边盖了。"小菜感觉有些费力，远程手机遥控修电脑，这是头一次。

"我好像看到了，要不先挂电话，我试试看，打开后再打给你。"

"哦，好的。"小菜正说着，只听娇娇边嘟囔着"老娘就不信收拾不了你这破电脑"边挂掉了电话。

"呵！"小菜长出一口气，"不懂内存为何物的美眉修电脑，强！"

"你小子，人家在困难时刻想得到你，说明心中有你，懂吗？这是机会！"大鸟说道。

"这倒也是，这小美眉长得蛮漂亮的，我看过照片。就是脾气大些，不知道有没有男朋友了。"

"切，你干吗不对她说，'你可以找男友修呀'，真是没脑子，要是有男友，就算男友不会修也要男友找人搞定，用得着找你求助呀，笨笨！"大鸟嘲笑道，"你快把你那该死的手机铃声换掉——死了都要爱，死了还爱个屁！"

"噢！知道了。"

5.2 电话遥控修电脑

十分钟后。

"我在这儿等着你回来，等着你回来，看那桃花开。我在这儿等着你回来，等着你回来，把那花儿采……"小菜的手机铃声再次响起。

"菜花痴，你就不能找个好听的歌呀。"大鸟气着说道。

"好好好，我一会改，一会改。"小菜拿起手机，一副很听话的样子，嘴里却跟着哼"我在这儿等着你回来哎"，把手机放到耳边。

"小菜，我打开机箱了，快说下一步怎么做！"娇娇仍然着急着说。

"你试着找找内存条，大约是10厘米长，2厘米宽，上有多个小长方形集成电路块的长条，应该是竖插着的。"小菜努力把内存条的样子描述得容易理解。

"我看到一个风扇，没有呀，在哪里？"娇娇说道，"哦，我找到了，是不是很薄，很短的小长条？咦，怎么有两根？"

"啊，太好了，有两根估计就能解决问题了，你先试着拔一根，然后开机试试看，如果还是死机，再插上，拔另一根试，应该总有一根可以保证不蓝屏。"

"我怎么拔不下来呢？"

"旁边有卡子，你扳开再试。"

"嗯，这下好了，你别挂，我这就重启看看。"

五分钟后。

"哈，没有死机了啊，小菜，你太厉害了，我竟然可以修电脑了，要我怎么感谢你呢！"娇娇兴奋地说。

"做我女朋友吧，"小菜心里这么遐想着，口中却谦虚地说："不客气，都是你聪明，敢自己独自打开机箱修电脑的女孩很少的。你把换下的内存去电脑城换掉，就可以了。"

"我不懂的，要不周六你帮我换？周六我请你吃饭吧！"

"这怎么好意思——你说在什么时间在哪碰面？"小菜假客气着，却不愿意放弃机会。

"周六下午5点在徐家汇太平洋数码门口吧。"

"好的，没问题。"

"今天真的谢谢你，那就先Bye-Bye了！"

"嗯，拜拜！"

5.3 依赖倒转原则

"小菜走桃花运了哦，"大鸟有些羡慕道，"那铃声看来有些效果，不过还是换掉吧，俗！"

"嘿嘿，你说也怪，修电脑，这在以前根本不可能的事，怎么就可以通过电话就教会了，而且是真的修到可以用了呢？"

"你有没有想过这里的最大原因？"大鸟开始上课了。

"蓝屏通常是内存本身有问题或内存与主板不兼容，主板不容易换，但内存更换起来很容易。"

"如果是别的部件坏了，比如硬盘、显卡、光驱等，是否也只需要更换就可以了？"

"是呀，确实很方便，只需要懂一点点计算机知识，就可以试着修电脑了。"

"想想这和我们编程有什么联系？"

"你的意思又是——面向对象？"

"嗯，说说看，面向对象的四个好处？"

"这个我记得最牢了，就是活字印刷那个例子呗。是可维护、可扩展、可复用和灵活性好。哦，我知道了，可以把电脑理解成是大的软件系统，任何部件如CPU、内存、硬盘、显卡等都可以理解为程序中封装的类或程序集，由于PC易插拔的方式，那么不管哪一个出问题，都可以在不影响别的部件的前提下进行修改或替换。"

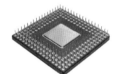   

"电脑里叫易插拔，面向对象里把这种关系叫什么？"

"应该是叫强内聚、松耦合吧。"

"对的，非常好，电脑里的CPU全世界也就是那么几家生产的，大家都在用，但却不知道Intel、AMD等公司是如何做出这个精密的小东西的。我们国家在芯片制造上也拼命努力向前，但与上面这些公司还有点差距，这就说明CPU的强内聚的确是强。但它又独自成为产品，在千千万万的电脑主板上插上就可以使用，这是什么原因？"大鸟又问。

"因为CPU的对外都是针脚式或触点式等标准的接口。啊，我明白了，这就是接口的最大好处。CPU只需要把接口定义好，内部再复杂我也不让外界知道，而主板只需要预留与CPU针脚的插槽就可以了。"

"很好，你已经在无意的谈话间提到了面向对象的几大设计原则，比如我们之前讲过的单一职责原则，就刚才修电脑的事，显然内存坏了，不应该成为更换CPU的理由，它们各自的职责是明确的。再比如开放-封闭原则，内存不够只要插槽足够就可以添加，硬盘不够可以用移动硬盘等，PC的接口是有限的，所以扩展有限，软件系统设计得好，却可以无限地扩展。这两个原则我们之前都已经提过了。这里需要重点讲讲

一个新的原则，叫**依赖倒转原则**，也有翻译成依赖倒置原则的。"大鸟接着讲道，"依赖倒转原则，原话解释是**抽象不应该依赖细节，细节应该依赖于抽象**，这话绕口，说白了，就是**要针对接口编程，不要对实现编程**，无论主板、CPU、内存、硬盘都是在针对接口设计的，如果针对实现来设

计，内存就要对应到具体的某个品牌的主板，那就会出现换内存需要把主板也换了的尴尬。你想在小MM面前表现也就不那么容易了。所以说，电脑硬件的发展，和面向对象思想发展是完全类似的。这也说明世间万物都是遵循某种类似的规律，谁先把握了这些规律，谁就最早成为强者。"

依赖倒转原则
（1）高层模块不应该依赖低层模块。两个都应该依赖抽象。
（2）抽象不应该依赖细节。细节应该依赖抽象。[ASD]

"为什么要叫倒转呢？"小菜问道。

"这里面是需要好好解释一下，面向过程的开发时，为了使得常用代码可以复用，一般都会把这些常用代码写成许许多多函数的程序库，这样我们在做新项目时，去调用这些低层的函数就可以了。比如我们做的项目大多要访问数据库，所以我们就把访问数据库的代码写成了函数，每次做新项目时就去调用这些函数。这也就叫作高层模块依赖低层模块。"

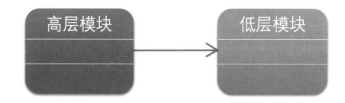

"嗯，是这样的，我以前都是这么做的。这有什么问题？"

"问题也就出在这里，我们要做新项目时，发现业务逻辑的高层模块都是一样的，但客户却希望使用不同的数据库或存储信息方式，这时就出现麻烦了。我们希望能再次利用这些高层模块，但高层模块都是与低层的访问数据库绑定在一起的，没办法复用这些高层模块，这就非常糟糕了。就像刚才说的，PC里如果CPU、内存、硬盘都需要依赖具体的主板，主板一坏，所有的部件就都没用了，这显然不合理。反过来，如果内存坏了，也不应该造成其他部件不能用才对。而如果不管高层模块还是低层模块，它们都依赖于抽象，具体一点就是接口或抽象类，只要接口是稳定的，那么任何一个更改都不用担心其他受到影响，这就使得无论高层模块还是低层模块都可以很容易地被复用。这才是最好的办法。"

"为什么依赖了抽象的接口或抽象类，就不怕更改呢？"小菜依然疑惑，"不好意思，我有些钻牛角尖了。"

"没有，没有，在这里弄不懂是很正常的，原因是我少讲了一个设计原则，使得你产生了困惑，这个原则就是里氏代换原则。"

5.4 里氏代换原则

"里氏代换原则是Barbara Liskov女士在1988年发表的 [ASD]，具体的数学定义比较复杂，你可以查相关资料，它的白话翻译就是**一个软件实体如果使用的是一个父类的话，那么一定适用于其子类，而且它察觉不出父类对象和子类对象的区别。也就是说，在软件里面，把父类都替换成它的子类，程序的行为没有变化，简单地说，子类型必须能够替换掉它们的父类型**[ASD]。"

里氏代换原则（LSP）：子类型必须能够替换掉它们的父类型。[ASD]

"这好像是学继承时就要理解的概念，子类继承了父类，所以子类可以以父类的身份出现。"

"是的，我问你个问题，如果在面向对象设计时，一个是鸟类，一个是企鹅类，如果鸟是可以飞的，企鹅不会飞，那么企鹅是鸟吗？企鹅可以继承鸟这个类吗"

"企鹅是一种特殊的鸟，尽管不能飞，但它也是鸟呀，当然可以继承。"

"哈，你上当了，我说的是在面向对象设计时，那就意味着什么呢？子类拥有父类所有非private的行为和属性。鸟会飞，而企鹅不会飞。尽管在生物学分类上，企鹅是一种鸟，但在编程世界里，企鹅不能以父类——鸟的身份出现，因为前提说所有鸟都能飞，而企鹅飞不了，所以，企鹅不能继承鸟类。"

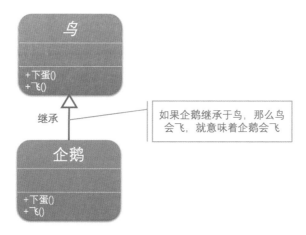

"哦，你的意思我明白了，我受了直觉的影响。小时候上课时老师一再强调，像鸵鸟、企鹅等不会飞的动物也是鸟类。所以上面的图，如果要让企鹅继承鸟，那么让鸟有下蛋的方法可以，但有飞的方法就不对了。"

"也正因为有了这个原则，使得继承复用成为可能，**只有当子类可以替换掉父类，软件单位的功能不受到影响时，父类才能真正被复用，而子类也能够在父类的基础上增加新的行为。**比方说，猫是继承动物类的，以动物的身份拥有吃喝、移动（跑、飞、游等）等行为，可当某一天，我们需要狗、牛、羊也拥有类似的行为，由于它们都是继承于动物，所以除了更改实例化的地方，程序其他处不需要改变。"

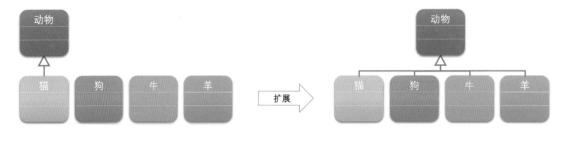

```
动物 animal = new 猫();
```
上面这样设计的好处是：当需求有变化，使得需要将"猫"更换成"狗"、"牛"、"羊"等别的动物时，程序其他地方不需要改变

```
aninal.吃喝();

aninal.移动();
```
左侧代码都是"动物"类的实例对象animal，无须因为把"猫"更换成其他动物而改动

"我的感觉，由于有里氏代换原则，才使得开放-封闭成为可能。"小菜说。

"这样说是可以的，正是**由于子类型的可替换性才使得使用父类类型的模块在无须修改的情况下就可以扩展**。不然还谈什么扩展开放，修改关闭呢？再回过头来看依赖倒转原则，高层模块不应该依赖低层模块，两个都应该依赖抽象，对这句话你就会有更深入的理解了。"

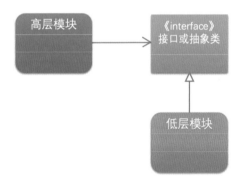

"哦，我明白了，依赖倒转其实就是谁也不要依靠谁，除了约定的接口，大家都可以灵活自如。还好，她没有问我如何修收音机，收音机里都是些电阻、三极管、电路板等东西，全都焊接在一起，我可不会修的。"小菜庆幸道。

5.5 修收音机

"哈，小菜你这个比方打得好，"大鸟开心地说，"收音机就是典型的耦合过度，只要收音机出故障，不管是没有声音、不能调频，还是有杂音，反正都很难修理，不懂的人根本没法修，因为任何问题都可能涉及其他部件，各个部件相互依赖，难以维护。非常复杂的电脑可以修，反而相对简单的收音机不能修，这其实就说明了很大的问题。当然，电脑的所谓修也就是更换配件，CPU或内存要是坏了，老百姓是没法修的。现在在软件世界

里，收音机式的强耦合开发还是太多了，比如前段时间某银行出问题，需要服务器停机大半天的排查修整，这要损失多少钱。如果完全面向对象的设计，或许问题的查找和修改就容易得多。依赖倒转其实可以说是面向对象设计的标志，用哪种语言来编写程序不重要，如果编写时考虑的都是如何针对抽象编程而不是针对细节编程，即程序中所有的依赖关系都是终止于抽象类或者接口，那就是面向对象的设计，反之那就是过程化的设计了[ASD]。"

"是的是的，我听说很多银行目前还是纯C语言的面向过程开发，非常不灵活，维护成本是很高昂的。"

"那也是没办法的，银行系统哪是说换就换的，所以现在是大力鼓励年轻人学设计模式，直接面向对象的设计和编程，从大的方向上讲，这是国家大力发展生产力的很大保障呀。"

"大鸟真是高瞻远瞩呀，我对你的敬仰犹如滔滔江水，连绵不绝！"小菜怪笑道，"我去趟WC"。

"浪奔，浪流，万里江海点点星光耀，人间事，多纷扰，化作滚滚东逝波涛，有泪，有笑……"

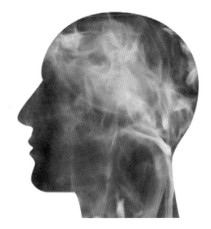

"小菜，电话。小子，怎么又换成新上海滩的歌了，这歌好听。"大鸟笑道，"刚才是死了都要爱，现在是为爱复仇而死。你怎么找的歌都跟爱过不去呀。快点，电话，又是刚才那个叫娇娇的小MM的。"

"来了来了，尿都只尿了一半！"小菜心急地接起电话，"喂！"

"小菜呀，我家收音机坏了，你能不能教我修修呢！"

第6章 穿什么有这么重要？——装饰模式

6.1 穿什么有这么重要？

时间：3月16日20点　　地点：大鸟房间　　人物：小菜、大鸟

"大鸟，明天我要去见娇娇了，你说我穿什么去比较好？"小菜问大鸟道。

"这个你也来问我，干脆我代你去得了。"大鸟笑言。

"别开玩笑，我是诚心问你的。"

"哈哈，小菜呀，你别告诉我说四年大学你都没和女生约过会？"

"唉！谁叫我念的是理工科大学呢，学校里本来女生就少，所以这些稀有宝贝们，大一时早就被那些老手们主动出击搞定了，我们这些恋爱方面的小菜哪还有什么机会，一不小心就虚度了四年。"小菜突生伤感，叹气摇头，并小声地唱了起来，"不是我不小心，只是真情难以寻觅，不是我存心故意，只因无法找到良机……"

"喂！"大鸟打断了小菜，"差不多行了，感慨得没完没了。说正事，问我什么？"

"哦，你说我穿什么去见娇娇比较好？"

"那要看你想给人家什么印象？是比较年轻，还是比较干练；是比较颓废，还是要比较阳光；也有可能你想给人家一种极其难忘的印象，那穿法又大不一样了！"

"你这话怎么讲？"

"年轻，不妨走点Hip-Hop路线，大T恤、垮裤、球鞋，典型的年轻人装扮。"

"啊，这不是我喜欢的风格，我从来也没这样穿过。"

"那就换一种，所谓干练，就是要有外企高级白领的样，黑西装、黑领带、黑墨镜、黑皮鞋……"

"你这叫白领？我看是社会人。不行不行。"

"哈，来颓废的吧，颓废其实也是一种个性，可以吸引一些喜欢叛逆的女生。一般来说，其标志是：头发可养鸟、胡子能生虫、衬衣没纽扣、香烟加狐臭。"

"这根本就是'肮脏'的代表吗，开什么玩笑。你刚才提到给人家难忘印象，是什么样的穿法？"

"哈，这当然是绝妙的招了，如果你照我说的去做，娇娇想忘都难。"

"快说快说，是什么？"

"大红色披风下一身蓝色紧身衣，胸前一个大大的'S'，表明你其实穿的是'小号'，还有最重要的是，一定要'内裤外穿'……"

"喂，你拿我寻开心呀，那是'超人'的打扮呀，'S'代表的也不是'Small'，是'Super'的意思。"小菜再次打断了大鸟，还是忍不住笑道，"我如果真的穿这样的服装去见MM，那可真是现场的人都终生难忘，而小菜我，社死现场，这辈子也不要见人了。"

"哈，你终于明白了！我其实想表达的意思就是，你完全可以随便一些，平时穿什么，明天还是穿什么，男生嘛，只要干净一些就可以了，关键不在于你穿什么，而在于你人怎么样。对自己都这么没信心，如何追求女孩子？"

"哦，我可能是多虑了一些。"小菜点头道，"好吧，穿什么我自己再想想。没什么事了吧？那我回房了。"

"等等，"大鸟叫住了他，"今天的模式还没有开讲呢，怎么就跑了？"

"哦，我想着约会的事，把学习给忘了，今天学什么模式？"

6.2 小菜扮靓第一版

"先不谈模式，说说你刚才提到的穿衣问题。我现在要求你写一个可以给人搭配不同服饰的系统，比如类似QQ、电商平台或游戏都有的Avatar系统。你怎么开发？"

"你是说那种可以换各种各样的衣服裤子的个人形象系统？"

"是的，现在你就简单点，用控制台的程序，写可以给人搭配嘻哈服或白领装的代码。"

"哦，我试试看吧。"

结构图

人
+穿大T恤()
+穿垮裤()
+穿球鞋()
+穿西装()
+打领带()
+穿皮鞋()
+形象展示()

半小时后，小菜的第一版代码出炉。

Person类：

```java
public class Person {

    private String name;
    public Person(String name) {
        this.name = name;
    }

    public void wearTShirts() {
        System.out.print("大T恤");
    }

    public void wearBigTrouser() {
        System.out.print("垮裤");
    }

    public void wearSneakers() {
        System.out.print("球鞋");
    }

    public void wearSuit() {
        System.out.print("西装");
    }

    public void wearTie() {
        System.out.print("领带");
    }

    public void wearLeatherShoes() {
        System.out.print("皮鞋");
    }

    public void show() {
        System.out.println("装扮的"+name);
    }
}
```

客户端代码：

```java
Person xc = new Person("小菜");

System.out.println("第一种装扮: ");
xc.wearTShirts();
xc.wearBigTrouser();
xc.wearSneakers();
xc.show();

System.out.println("第二种装扮: ");
xc.wearSuit();
xc.wearTie();
xc.wearLeatherShoes();
xc.show();
```

结果显示：

第一种装扮：
大T恤 垮裤 球鞋装扮的小菜
第二种装扮：
西装 领带 皮鞋装扮的小菜

"哈，不错，功能是实现了。现在的问题就是如果我需要增加'超人'的装扮，你得如何做？"

"那就改改Person类就行了，"小菜说完就反应过来，"哦，不对，这就违背了开放-封闭原则了。哈，我知道了，应该把这些服饰都写成子类就好了。我去改。"

大鸟抬起手伸出食指对小菜点了点，"你呀，刚学的这么重要的原则，怎么还会忘？"

6.3 小菜扮靓第二版

过了不到十分钟，小菜的第二版代码出炉。

代码结构图

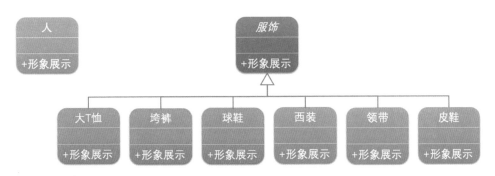

Person类：

```java
public class Person {

    private String name;
    public Person(String name) {
        this.name = name;
    }

    public void show() {
        System.out.println("装扮的"+name);
    }
}
```

服饰抽象类：

```java
public abstract class Finery {

    public abstract void show();

}
```

各种服饰子类：

```java
public class TShirts extends Finery {

    public void show(){
        System.out.print("大T恤");
    }

}
public class BigTrouser extends Finery {

    public void show(){
        System.out.print("垮裤");
    }

}
```

注意上面都是继承Finery类，其余类类似，省略。
客户端代码：

```java
Person xc = new Person("小菜");

System.out.println("第一种装扮: ");
Finery dtx = new TShirts();
Finery kk = new BigTrouser();
Finery pqx = new Sneakers();

dtx.show();
kk.show();
pqx.show();
xc.show();

System.out.println("第二种装扮: ");
Finery xz = new Suit();
Finery ld = new Tie();
Finery px = new LeatherShoes();

xz.show();
ld.show();
px.show();
xc.show();
```

结果显示同前例，略。

"这下你还能说我不面向对象吗？如果要加超人装扮，只要增加子类就可以了。"

"哼，用了继承，用了抽象类就算是用好了面向对象了吗？你现在的代码的确做到了'服饰'类与'人'类的分离，但其他问题还是存在的。"

"什么问题呢？"

"你仔细看看这段代码。"

```
dtx.show();
kk.show();
pqx.show();
xc.show();
```

"这样写意味着什么？"大鸟问道。

"就是把'大T恤''垮裤''破球鞋'和'装扮的小菜'一个词一个词地显示出来呀。"

"说得好，我要的就是你这句话，这样写就好比：你光着身子，当着大家的面，先穿T恤，再穿裤子，再穿鞋，仿佛在跳穿衣舞。难道你穿衣服都是在众目睽睽下穿的吗？"

"你的意思是，应该在内部组装完毕，然后再显示出来？这好像是建造者模式呀。"

"不是的，建造者模式要求建造的过程必须是稳定的，而现在我们这个例子，建造过程是不稳定的，比如完全可以内穿西装，外套T恤，再加披风，打上领带，皮鞋外再穿上破球鞋；当然也完全可以只穿条裤衩就算完成。换句话就是说，通过服饰组合出一个有个性的人完全可以有无数种方案，并非固定的。"

"啊，你说得对，其实先后顺序也是有讲究的，如你所说，先穿内裤后穿外裤，这叫凡人，内裤穿到外裤外面，那就是超人了。"

"哈，很会举一反三嘛，那你说该如何办呢？"

"我们需要把所需的功能按正确的顺序串联起来进行控制，这好像很难办哦。"

"不懂就学，其实也没什么稀罕的，这可以用一个非常有意思的设计模式来实现。"

6.4 装饰模式

装饰模式（Decorator），动态地给一个对象添加一些额外的职责，就增加功能来说，装饰模式比生成子类更为灵活。[DP]

"啊，装饰这词真好，无论衣服、鞋子、领带、披风其实都可以理解为对人的装饰。"

"我们来看看它的结构。"

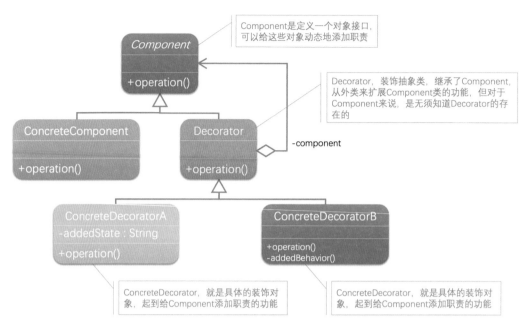

装饰模式（Decorator）结构图

Component是定义一个对象接口，可以给这些对象动态地添加职责

Decorator，装饰抽象类，继承了Component，从外类来扩展Component类的功能，但对于Component来说，是无须知道Decorator的存在的

-component

ConcreteDecorator，就是具体的装饰对象，起到给Component添加职责的功能

ConcreteDecorator，就是具体的装饰对象，起到给Component添加职责的功能

"Component是定义一个对象接口，可以给这些对象动态地添加职责。ConcreteComponent是定义了一个具体的对象，也可以给这个对象添加一些职责。Decorator，装饰抽象类，继承了Component，从外类来扩展Component类的功能，但对于Component来说，是无须知道Decorator的存在的。至于ConcreteDecorator就是具体的装饰对象，起到给Component添加职责的功能[DPE]。"

"来看看基本的代码实现。"

```java
//Component类
abstract class Component {
    public abstract void Operation();
}

//ConcreteComponent类
class ConcreteComponent extends Component {

    public void Operation() {
        System.out.println("具体对象的实际操作");
    }

}

//Decorator类
abstract class Decorator extends Component {

    protected Component component;

    //装饰一个Component对象
    public void SetComponent(Component component) {
        this.component = component;
    }
```

```
        //重写Operation(), 实际调用component的Operation方法
        public void Operation() {
            if (component != null) {
                component.Operation();
            }
        }
    }

    //ConcreteDecoratorA类
    class ConcreteDecoratorA extends Decorator {

        private String addedState; //本类独有子段, 以区别于ConcreteDecoratorB类

        public void Operation() {
            super.Operation();        //首先运行了原有Component的Operation()

            this.addedState = "具体装饰对象A的独有操作";//再执行本类独有功能
            System.out.println(this.addedState);

        }
    }

    //ConcreteDecoratorB类
    class ConcreteDecoratorB extends Decorator {

        public void Operation() {
            super.Operation();        //首先运行了原有Component的Operation()
            this.AddedBehavior(); //再执行本类独有功能
        }

        //本类独有方法, 以区别于ConcreteDecoratorA类
        private void AddedBehavior() {
            System.out.println("具体装饰对象B的独有操作");
        }
    }

    ConcreteComponent c = new ConcreteComponent();
    ConcreteDecoratorA d1 = new ConcreteDecoratorA();
    ConcreteDecoratorB d2 = new ConcreteDecoratorB();

    d1.SetComponent(c);           //首先用d1来包装c
    d2.SetComponent(d1);          //再用d2来包装d1
    d2.Operation();               //最终执行d2的Operation()
```

"我明白了，原来装饰模式是利用SetComponent来对对象进行包装的。这样每个装饰对象的实现就和如何使用这个对象分离开了，每个装饰对象只关心自己的功能，不需要关心如何被添加到对象链当中[DPE]。用刚才的例子来说就是，我们完全可以先穿外裤，再穿内裤，而不一定要先内后外。"

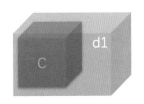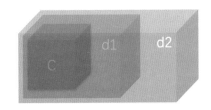

"既然你明白了，还不快些把刚才的例子改成装饰模式的代码？"大鸟提醒道。

"还有个问题，刚才写的那个例子中'人'类是Component还是ConcreteComponent呢？"

"哈，学习模式要善于变通，如果只有一个ConcreteComponent类而没有抽象的Component类，那么Decorator类可以是ConcreteComponent的一个子类。同样道理，如果只有一个ConcreteDecorator类，那么就没有必要建立一个单独的Decorator类，而可以把Decorator和ConcreteDecorator的责任合并成一个类。"

"啊，原来如此。在这里我们就没有必要有Component类了，直接让服饰类Decorator继承人类ConcreteComponent即可。"

6.5 小菜扮靓第三版

二十分钟后，小菜第三版代码出炉。

代码结构图

ICharacter接口（Component）：

```
//人物形象接口
public interface ICharacter {

    public void show();

}
```

Person类（ConcreteComponent）：

```
//具体人类
public class Person implements ICharacter {

    private String name;
    public Person(String name) {
        this.name = name;
    }
```

```java
    public void show() {
        System.out.println("装扮的"+name);
    }
}
```

Finery类（Decorator）：

```java
//服饰类
public class Finery implements ICharacter {

    protected ICharacter component;

    public void decorate(ICharacter component) {
        this.component=component;
    }

    public void show() {
        if (this.component != null){
            this.component.show();
        }
    }

}
```

具体服饰类（ConcreteDecorator）：

```java
public class TShirts extends Finery {

    public void show(){

        System.out.print("大T恤");

        super.show();

    }

}
```

其余类类似，省略。

客户端代码：

```java
    Person xc = new Person("小菜");

    System.out.println("第一种装扮: ");

    Sneakers pqx = new Sneakers();          //生成球鞋实例
    pqx.decorate(xc);                       //球鞋装饰小菜

    BigTrouser kk = new BigTrouser();       //生成垮裤实例
    kk.decorate(pqx);                       //垮裤装饰"有球鞋装饰的小菜"

    TShirts dtx = new TShirts();            //生成T恤实例
    dtx.decorate(kk);                       //T恤装饰"有垮裤球鞋装饰的小菜"

    dtx.show();                             //执行形象展示

    System.out.println("第二种装扮: ");

    LeatherShoes px = new LeatherShoes();   //生成皮鞋实例
    px.decorate(xc);                        //皮鞋装饰小菜

    Tie ld = new Tie();                     //生成领带实例
    ld.decorate(px);                        //领带装饰"有皮鞋装饰的小菜"

    Suit xz = new Suit();                   //生成西装实例
    xz.decorate(ld);                        //西装装饰"有领带皮鞋装饰的小菜"

    xz.show();                              //执行形象展示
```

结果显示:

"如果我换一种装饰方式,比如说,增加草帽装扮,再重新组合一下服饰,应该如何做?"大鸟问道。

"那就增加一个草帽子类,再修改一下装饰方案就好了。"小菜开始写代码。

```java
public class Strawhat extends Finery {

    public void show(){
        System.out.print("草帽");
        super.show();
    }

}
```

```java
        System.out.println("第三种装扮: ");

        Sneakers pqx2 = new Sneakers();        //生成球鞋实例
        pqx2.decorate(xc);                     //球鞋装饰小菜

        LeatherShoes px2 = new LeatherShoes(); //生成皮鞋实例
        px2.decorate(pqx2);                    //皮鞋装饰"有球鞋装饰的小菜"

        BigTrouser kk2 = new BigTrouser();     //生成垮裤实例
        kk2.decorate(px2);                     //垮裤装饰"有皮鞋球鞋装饰的小菜"

        Tie ld2 = new Tie();                   //生成领带实例
        ld2.decorate(kk2);                     //领带装饰"有垮裤皮鞋球鞋装饰的小菜"

        Strawhat cm2 = new Strawhat();         //生成草帽实例
        cm2.decorate(ld2);                     //草帽装饰"有领带垮裤皮鞋球鞋装饰的小菜"

        cm2.show();                            //执行形象展示
```

结果显示:

"哈，戴着草帽、光着膀子、打着领带、下身垮裤、左脚皮鞋、右脚球鞋的极具个性的小菜就展现在我们面前了。"

"你这家伙，又开始拿我开涮。我要这样，比扮超人还要丢人。"小菜抱怨道，"我在想，上一次说的策略模式，使用了商场收银软件，是否存在使用装饰模式的情况?"

"好问题。事实上是有机会用的。比如说，我们商场10周年庆，要加大力度回馈客户，所有商品，在总价打8折的基础上，再满300返100，当然这只是一种销售方案，还可以是打7折，再满200送50，或者满300返50，再打7折，也就是说，可以多种促销方案组合起来使用。我们的要求是最终实现的代码，影响面越小越好，也就是原来的代码能利用就要利用，改动尽量小一些。你可以考虑一下如何做。"

6.6 商场收银程序再升级

小菜："我想想。我完全可以写个复杂的算法，先打8折，再满300返100，算法可以是下面这样。"

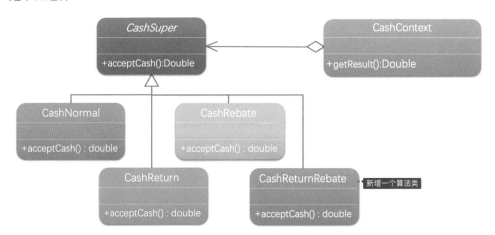

增加一个先折扣再返利的算法子类，初始化需要三个参数，并在计算时，先打折，再返利计算。

```
public class CashReturnRebate extends CashSuper {

    private double moneyRebate = 1d;
    private double moneyCondition = 0d;  //返利条件
    private double moneyReturn = 0d;     //返利值

    //先折扣，再返利。初始化时需要折扣参数，再输入返利条件和返利值
    //比如"先8折，再满300返100"，就是moneyRebate=0.8,moneyCondition=300,moneyReturn=100
    public CashReturnRebate(double moneyRebate,double moneyCondition,double moneyReturn){
        this.moneyRebate = moneyRebate;
        this.moneyCondition = moneyCondition;
        this.moneyReturn = moneyReturn;
    }
```

```
//先折扣，再返利
public double acceptCash(double price,int num){
    double result = price * num * this.moneyRebate;
    if (moneyCondition>0 && result >= moneyCondition)
        result = result - Math.floor(result / moneyCondition) * moneyReturn;
    return result;
}
```

}

修改CashContext类，增加一个先打8折再满300返100的算法实例对象。

```
public class CashContext {

    private CashSuper cs;    //声明一个CashSuper对象

    //通过构造方法，传入具体的收费策略
    public CashContext(int cashType){
        switch(cashType){
            case 1:
                this.cs = new CashNormal();
                break;
            case 2:
                this.cs = new CashRebate(0.8d);
                break;
            case 3:
                this.cs = new CashRebate(0.7d);
                break;
            case 4:
                this.cs = new CashReturn(300d,100d);
                break;
            case 5:
                this.cs = new CashReturnRebate(0.8d,300d,100d);
                break;
        }
    }

    public double getResult(double price,int num){
        //根据收费策略的不同，获得计算结果
        return this.cs.acceptCash(price,num);
    }
}
```

大鸟："你这确实是达到了增加一种组合算法的功能实现，但你有没有发现，新类CashReturnRebate有原来的两个类：CashReturn和CashRebate有大量重复的代码？"

小菜："是呀，我等于是把两个代码合并又写了一遍。"

大鸟："另外，如果我现在希望增加一个先满300返100，再打折扣的算法，你如何修改呢？再写一个新类吗？如果我们再增加购买送积分、购买抽奖、购买送小礼品等算法，并且有了各种各样的先后组合，你打算怎么处理呢？"

小菜："我……这个……"

大鸟："哈哈，好好想想吧。装饰模式或许能帮到你。"

小菜："我懂你意思了。看来我前面没有真的理解装饰模式。我再来试试。"

6.7 简单工厂+策略+装饰模式实现

小菜："无须增加CashReturnRebate类，依然是CashNormal、CashReturn、

CashRebate三种基本算法子类。增加一个接口ISale，用作装饰模式里的Component。"

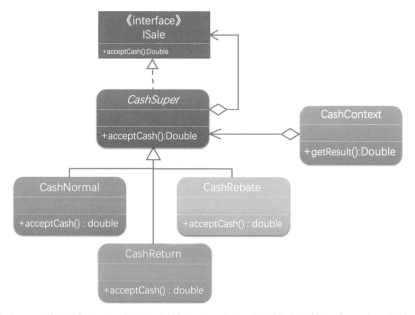

大鸟："你这样是可以实现同样的功能，但与装饰模式比较起来，并不完美。仔细对比观察一下，还有什么东西没有？"

小菜："哦！我发现了，ConcreteComponent类不存在。那它应该是什么呢？"

大鸟："装饰模式有一个重要的优点，把类中的装饰功能从类中搬移去除，这样可以简化原有的类。我们现在的三个算法类，有没有最基础的呢？"

小菜："CashNormal是最基础的。哦！我知道了，是把它作为ConcreteComponent。我马上重构一下。"

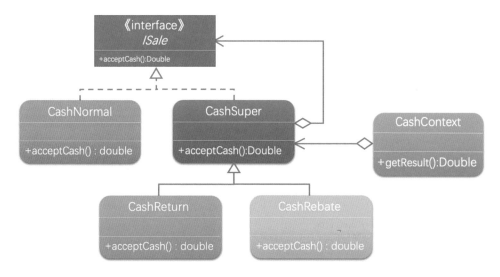

```java
public interface ISale {

    public double acceptCash(double price,int num);

}
```

CashSuper原来是抽象类，改成普通类，但实现ISale接口。

```java
public class CashSuper implements ISale {

    protected ISale component;

    //装饰对象
    public void decorate(ISale component) {
        this.component=component;
    }

    public double acceptCash(double price,int num){

        var result = 0d;
        if (this.component != null){
            //若装饰对象存在，则执行装饰的算法运算
            result = this.component.acceptCash(price,num);
        }
        return result;

    }

}
```

CashNormal，相当于ConcreteComponent，是最基本的功能实现，也就是单价×数量的原价算法。

```java
public class CashNormal implements ISale {
    //正常收费，原价返回
    public double acceptCash(double price,int num){
        return price * num;
    }
}
```

另外两个CashSuper的子类算法，都在计算后，再增加一个super.acceptCash（result，1）返回。

```java
public class CashRebate extends CashSuper {

    private double moneyRebate = 1d;
    //打折收费。初始化时必须输入折扣率。八折就输入0.8
    public CashRebate(double moneyRebate){
        this.moneyRebate = moneyRebate;
    }

    //计算收费时需要在原价基础上乘以折扣率
    public double acceptCash(double price,int num){
        double result = price * num * this.moneyRebate;
        return super.acceptCash(result,1);
    }

}

public class CashReturn extends CashSuper {

    private double moneyCondition = 0d; //返利条件
    private double moneyReturn = 0d;    //返利值

    //返利收费。初始化时需要输入返利条件和返利值。
    //比如"满300返100"，就是moneyCondition=300,moneyReturn=100
```

```
public CashReturn(double moneyCondition,double moneyReturn){
    this.moneyCondition = moneyCondition;
    this.moneyReturn = moneyReturn;
}

//计算收费时, 当达到返利条件, 就原价减去返利值
public double acceptCash(double price,int num){
    double result = price * num;
    if (moneyCondition>0 && result >= moneyCondition)
        result = result - Math.floor(result / moneyCondition) * moneyReturn;
    return super.acceptCash(result,1);
}

}
```

重点在CashContext类, 因为涉及组合算法, 所以用装饰模式的方式进行包装, 这里需要注意包装的顺序, 先打折后满多少返多少, 与先满多少返多少, 再打折会得到完全不同的结果。

```
public class CashContext {

    private ISale cs;     //声明一个ISale接口对象

    //通过构造方法, 传入具体的收费策略
    public CashContext(int cashType){
        switch(cashType){
            case 1:
                this.cs = new CashNormal();
                break;
            ......
            case 5:
                //先打8折,再满300返100
                CashNormal cn = new CashNormal();
                CashReturn cr1 = new CashReturn(300d,100d);
                CashRebate cr2 = new CashRebate(0.8d);

                cr1.decorate(cn);      //用满300返100算法包装基本的原价算法
                cr2.decorate(cr1);     //打8折算法装饰满300返100算法
                this.cs = cr2;         //将包装好的算法组合引用传递给cs对象
                break;
            case 6:
                //先满200返50, 再打7折
                CashNormal cn2 = new CashNormal();
                CashRebate cr3 = new CashRebate(0.7d);
                CashReturn cr4 = new CashReturn(200d,50d);
                cr3.decorate(cn2);     //用打7折算法包装基本的原价算法
                cr4.decorate(cr3);     //满200返50算法装饰打7折算法
                this.cs = cr4;         //将包装好的算法组合引用传递给cs对象
                break;
        }
    }

    public double getResult(double price,int num){
        //根据收费策略的不同, 获得计算结果
        return this.cs.acceptCash(price,num);
    }
}
```

客户端算法不变:

 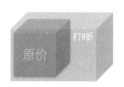 

结果显示：

单位1000元，数量为1的商品，原需支付1000元，如果选择先8折再满300送100算法的话，就是1000×0.8=800元，满足两个300元，返200元，最终结果是客户只需支付600元。

单位500元，数量为4的商品，原需支付2000元，如果选择先满200送50再7折算法的话，就是2000中有10个200，送10×50=500元，所以2000−500=1500元，再打7折，1500×0.7，最终结果是客户只需支付1050元。

大鸟："非常棒！你完全实现了三个模式结合后的代码。现在的代码比刚才的想法好在哪里？"

小菜："嗯！我也觉得很兴奋。现在无论如何组合算法，哪怕是先打折再返现，再打折再返现，我都只需要更改CashContext类就可以了。目前代码确实做到了开放封闭。设计模式真是好！"

6.8 装饰模式总结

"来来来，总结一下，你感觉装饰模式如何？"

"我觉得装饰模式是为已有功能动态地添加更多功能的一种方式。但到底什么时候用它呢？"

"答得很好，问的问题更加好。你起初的设计中，当系统需要新功能的时候，是向旧的类中添加新的代码。这些新加的代码通常装饰了原有类的核心职责或主要行为，比如用西装或嘻哈服来装饰小菜，但这种做法的问题在于，它们在主类中加入了新的字段，新的方法和新的逻辑，从而增加了主类的复杂度，就像你起初的那个'人'类，而这些新加入的东西仅仅是为了满足一些只在某种特定情况下才会执行的特殊行为的需要。而装饰模式却提供了一个非常好的解决方案，它把每个要装饰的功能放在单独的类中，并让这个类包装它所要装饰的对象，因此，当需要执行特殊行为时，客户代码就可以在运行时根据需要有选择地、按顺序地使用装饰功能包装对象了[DP]。所以就出现了上面那个例子的情况，我可以通过装饰，让你全副武装到牙齿，也可以让你只挂一丝到内裤。"

"就像你所说的，装饰模式的优点是，把类中的装饰功能从类中搬移去除，这样可以简化原有的类。像前面的原价算法就是最基础的类，而打折或返现，都算是装饰算法了。"

"是的，这样做更大的好处就是**有效地把类的核心职责和装饰功能区分开了**。而且**可以去除相关类中重复的装饰逻辑**。我们不必去重复编写类似打折后再返现，或返现后再打折的代码，对于装饰模式来说，只是多几种组合而已。"

"这个模式真不错，我以后要记着常使用它。"

"你可要当心哦，装饰模式的装饰顺序很重要哦，比如加密数据和过滤词汇都可以是数据持久化前的装饰功能，但若先加密了数据再用过滤功能就会出问题了，最理想的情况，是保证装饰类之间彼此独立，这样它们就可以以任意的顺序进行组合了。"

"是呀，穿上西装再套上T恤实在不是什么好穿法。"

"明天想好了要穿什么去见MM了吗？"大鸟突然问道。

"有了装饰模式，我还用得着担心我的穿着?再说，我信奉的是《天下无贼》中刘德华说的一句经典台词：'开好车就是好人吗？'，小菜我魅力无限，不需装饰。"

大鸟惊奇地望着小菜，无法理解地说了句："学完模式，判若两人，你够弓虽！"

第**7**章 为别人做嫁衣——代理模式

7.1 为别人做嫁衣！

时间：3月17日19点　　　地点：小菜、大鸟住所的客厅　　　人物：小菜、大鸟

"小菜，今天见这个叫娇娇的美女见得如何呀？"大鸟一回家来就问小菜。

"唉，别提了，人家是有男朋友的。"小菜无精打采地答道。

"有男朋友了啊，这倒是我没料到，那为什么还找你帮忙修电脑？"

"她男友叫戴励，在北京读大学呢，他们高中就开始谈恋爱了。"小菜说，"而且她还告诉了我一件比较有趣的事。"

"哦，是什么？"

"是这样的，我们在吃饭的时候，我就问她，怎么不找男友帮修电脑。她说男友在北京读书，所以没办法帮助修。我心里一想，'你在上海怎么男友会在北京'，正想问他们是怎么认识的，她却接着问我想不想知道他男友追她的事。我其实一点都不关心他男友的事，但碍于情面，我还是不得不跟着她开始了美好的回忆。"

"又不是你谈恋爱，说得这么肉麻，还'美好的回忆'。她回忆什么了？"

"当时她是这么说的：'那是在我高中二年级时的一天下午……'"

时间：五年前一天下午放学时　　　地点：娇娇所在中学高中二年级教室
人物：娇娇、戴励、卓贾易

"娇娇同学，有人送你礼物。"一个男生手拿着一个芭比娃娃送到她的面前。

"戴励同学，这是什么意思？"娇娇望着同班的这个男生，感觉很奇怪。

"是这样的，我的好朋友，隔壁三班的卓贾易同学，请我代他送你这个礼物的。"戴励有些脸红。

"为什么要送我礼物，我不认识他呀。"

"他说……他说……他说想和你交个朋友。"戴励脸更红了，右手抓后脑勺，说话吞吞吐吐。

"不用这样，我不需要礼物的。"娇娇显然想拒绝。

"别别别，他是我最好的朋友，他请我代他送礼物给你，也是下了很大决心的，你看在我之前时常帮你辅导数学习题的面子上，就接受一下吧。"戴励有些着急。

"那好吧，今天我对解析几何的椭圆那里还是不太懂，你再给我讲讲。"娇娇提出条件后接过礼物。

"没问题，我们到教室去讲吧。"戴励松了口气。

……

几天后。

"娇娇，这是卓贾易送你的花。"

……

"娇娇，这是卓贾易送你的巧克力。"

"我不要他送的东西了，我也不想和他交朋友。我愿意……我愿意和你做朋友！"娇娇终于忍不住了，直接表白。

"啊？这……我……"戴励有点发蒙，没想到对面的女孩这么直接，但缓过神来后心中暗暗窃喜，脸上露出了羞涩的笑容。

"呆子！"娇娇微笑地骂道。

戴励用手抓了抓头发说，"其实……我也喜欢你。不过……不过，那我该如何向卓贾易交待呢？"

……

从此戴励和娇娇恋爱了。毕业后，戴励考上了北京XX大学，而娇娇读了上海的大专。

时间：3月17日19点30分　　地点：小菜大鸟住所的客厅　　人物：小菜、大鸟

"喂，醒醒，还在陶醉呀。这个戴励根本就是一个大骗子，哪有什么卓贾易，这是他自己想泡MM找的借口。"大鸟不屑一顾。

"我当时也是这么想的，但她说是真的有这个人，后来那个卓贾易气死了，差点和戴励翻脸。"小菜肯定地说。

"那就不能怪戴励了，卓贾易就是为别人在做嫁衣，所以自己苦恼也是活该，谁叫他不自己主动，找人代理谈恋爱，神经病呀。"

"是呀，都怪他自己，为别人做嫁衣的滋味不好受哦。"

"这里又可以谈到一个设计模式了。"

"你不说我也知道是哪一个，代理模式对吧？"

"哈，说得没错。小菜真是越来越聪明。"

"去去去，口是心非的东西，代理模式又是怎么讲的？"

"你先试着写如果卓贾易直接追娇娇，应该如何做？"

7.2 没有代理的代码

十分钟后，小菜写出了第一份代码。

结构图

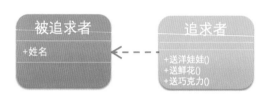

```
//追求者类
class Pursuit {
    private SchoolGirl mm;
    public Pursuit(SchoolGirl mm){
        this.mm = mm;
    }

    public void giveDolls(){
        System.out.println(this.mm.getName() + ",你好！送你洋娃娃。");
    }

    public void giveFlowers(){
        System.out.println(this.mm.getName() + ",你好！送你鲜花。");
    }

    public void giveChocolate(){
        System.out.println(this.mm.getName() + ",你好！送你巧克力。");
    }
}
//被追求者类
class SchoolGirl {
    private String name;
    public String getName(){
        return this.name;
    }

    public void setName(String value){
        this.name = value;
    }
}
```

客户端调用代码如下：

```
SchoolGirl girlLjj = new SchoolGirl();
girlLjj.setName("李娇娇");

Pursuit boyZjy = new Pursuit(girlLjj);
boyZjy.giveDolls();
boyZjy.giveFlowers();
boyZjy.giveChocolate();
```

※ 问题是被追求者与追求者双方并不认识

"小菜，娇娇并不认识卓贾易，这样写不就等于他们之间互相认识，并且是卓贾易亲自送东西给娇娇了吗？"

"是呀，这如何处理？"

"咦，你忘了戴励了？"

"哈，对的对的，戴励就是代理呀。"

7.3 只有代理的代码

十分钟后。

结构图

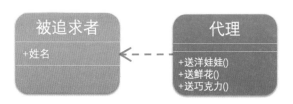

```
//代理类
class Proxy {
    private SchoolGirl mm;
    public Proxy(SchoolGirl mm){
        this.mm = mm;
    }

    public void giveDolls(){
        System.out.println(this.mm.getName() + ",你好! 送你洋娃娃。");
    }

    public void giveFlowers(){
        System.out.println(this.mm.getName() + ",你好! 送你鲜花。");
    }

    public void giveChocolate(){
        System.out.println(this.mm.getName() + ",你好! 送你巧克力。");
    }
}
```

客户端代码：

```
SchoolGirl girlLjj = new SchoolGirl();
girlLjj.setName("李娇娇");

Proxy boyDl = new Proxy(girlLjj);
boyDl.giveDolls();
boyDl.giveFlowers();
boyDl.giveChocolate();
```

"小菜，你又犯错了。"

"这又有什么问题？为什么出错的总是我？"小菜非常不爽。

"你把'Pursuit（追求者）'换成了'Proxy（代理）'，把'卓贾易'换成了'戴励'。这就使得这个礼物变成是戴励送的，而你刚才还肯定地说，'卓贾易'这个人是存在的，礼物是他买的，你这怎么能正确呢？"

"哦，我明白了，我这样写把'Pursuit（追求者）'给忽略了，事实上应该是'Pursuit（追求者）'通过'Proxy（代理）'送给'SchoolGirl（被追求者）'礼物，这才是合理的。那我应该如何办呢？"

"不难呀，你仔细观察一下，'Pursuit（追求者）'和'Proxy（代理）'有没有相似的地方？"

"他们应该都有送礼物的三个方法，只不过'Proxy（代理）'送的礼物是'Pursuit（追求者）'买的，实质是'Pursuit（追求者）'送的。"

"很好，既然两者都有相同的方法，那就意味着他们都怎么样？"

"哦，你的意思是他们都实现了同样的接口？我想，我可以写出代码来了。"

"小菜开窍了。"

7.4 符合实际的代码

十分钟后。小菜第三份代码。

结构图

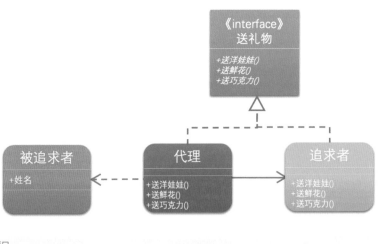

```java
//送礼物接口
interface IGiveGift{
    void giveDolls();
    void giveFlowers();
    void giveChocolate();
}
```

追求者类只是增加了实现送礼物的接口一处改动。

```java
//追求者类
class Pursuit implements IGiveGift {

    private SchoolGirl mm;
    public Pursuit(SchoolGirl mm){
        this.mm = mm;
    }

    public void giveDolls(){
        System.out.println(this.mm.getName() + ",你好! 送你洋娃娃。");
    }

    public void giveFlowers(){
        System.out.println(this.mm.getName() + ",你好! 送你鲜花。");
    }

    public void giveChocolate(){
        System.out.println(this.mm.getName() + ",你好! 送你巧克力。");
    }
}
```

代理类,是唯一既认识追求者,又认识被追求者的类,在初始化的过程中,建立了追求者与被追求者的关联,并在实现自己的接口方法时,调用了追求者的同名方法。

```java
//代理类
class Proxy implements IGiveGift{

    private Pursuit gg;                   //认识追求者

    public Proxy(SchoolGirl mm){         //也认识被追求者
        this.gg = new Pursuit(mm);       //代理初始化的过程,实际是追求者初始化的过程
    }

    public void giveDolls(){             //代理在送礼物
        this.gg.giveDolls();             //实质是追求者在送礼物
    }

    public void giveFlowers(){
        this.gg.giveFlowers();
    }

    public void giveChocolate(){
        this.gg.giveChocolate();
    }
}
```

客户端如下,没有变化。但代理在被客户端调用自己的接口方法时,本质是调用了追求者同名方法。

```java
SchoolGirl girlLjj = new SchoolGirl();
girlLjj.setName("李娇娇");

Proxy boyDl = new Proxy(girlLjj);
boyDl.giveDolls();
boyDl.giveFlowers();
boyDl.giveChocolate();
```

"这下好了,娇娇不认识追求她的人,但却可以通过代理人得到礼物。效果其实是达到了。"

"这就是代理模式。好了,我们来看看GoF对代理模式是如何描述的。"

7.5 代理模式

代理模式（Proxy），为其他对象提供一种代理以控制对这个对象的访问。[DP]

代理模式（Proxy）结构图

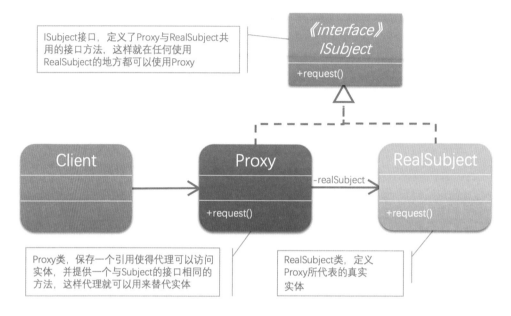

ISubject接口，定义了Proxy与RealSubject共用的接口方法，这样就在任何使用RealSubject的地方都可以使用Proxy

Proxy类，保存一个引用使得代理可以访问实体，并提供一个与Subject的接口相同的方法，这样代理就可以用来替代实体

RealSubject类，定义Proxy所代表的真实实体

ISubject类，定义了RealSubject和Proxy的共用接口，这样就在任何使用RealSubject的地方都可以使用Proxy。

```java
//ISubject接口
interface ISubject{
    void request();
}
```

RealSubject类，定义Proxy所代表的真实实体。

```java
//RealSubject类
class RealSubject implements ISubject {

    public void request(){
        System.out.println("真实的请求。");
    }

}
```

Proxy类，保存一个引用使得代理可以访问实体，并提供一个与Subject的接口相同的方法，这样代理就可以用来替代实体。

```
//Proxy类
class Proxy implements ISubject{

    private RealSubject rs;

    public Proxy(){
        this.rs = new RealSubject();
    }

    public void request(){
        this.rs.request();
    }
}
```

客户端代码：

```
Proxy proxy = new Proxy();
proxy.request();
```

7.6 代理模式应用

"那代理模式都用在什么场合呢？"小菜问道。

"一般来说分为几种，第一，**远程代理，也就是为一个对象在不同的地址空间提供局部代表。这样可以隐藏一个对象存在于不同地址空间的事实**[DP]。"

"有没有什么例子？"

"哈，其实你是一定用过的，WebService在Java中的应用是怎么做的？"

"哦，我明白什么叫远程代理了，当我在项目中加入一个WebService，此时会在项目中生成一个wsdl文件和一些相关文件，其实它们就是代理，这就使得客户端程序调用代理就可以解决远程访问的问题。原来这就是代理模式的应用呀。"

"第二种应用是**虚拟代理，是根据需要创建开销很大的对象。通过它来存放实例化需要很长时间的真实对象**[DP]。这样就可以达到性能的最优化，比如说你打开一个很大的HTML网页时，里面可能有很多的文字和图片，但你还是可以很快打开它，此时你所看到的是所有的文字，但图片却是一张一张地下载后才能看到。那些未打开的图片框，就是通过虚拟代理来替代了真实的图片，此时代理存储了真实图片的路径和尺寸。"

"哦，原来浏览器当中是用代理模式来优化下载的。"

"第三种应用是**安全代理，用来控制真实对象访问时的权限**[DP]。一般用于对象应该有不同的访问权限的时候。第四种是**智能指引，是指当调用真实的对象时，代理处理另外一些事**[DP]。如计算真实对象的引用次数，这样当该对象没有引用时，可以自动释放它；或当第一次引用一个持久对象时，将它装入内存；或在访问一个实际对象前，检查是否已经锁定它，以确保其他对象不能改变它。它们都是通过代理在访问一个对象时附加一些内务处理。"

"啊，原来代理可以做这么多的事情，我还以为它是一个很不常用的模式呢。"

"代理模式其实就是在访问对象时引入一定程度的间接性，因为这种间接性，可以附加多种用途。"

"哦，明白。说白了，代理就是真实对象的代表。"

7.7 秀才让小六代其求婚

"好了，看会儿电视吧，重温《武林外传》。"大鸟打开视频，随手播放第22集。

当播放到最后片段时，剧中，郭芙蓉对吕秀才恶狠狠地说："吕秀才，是你让小六向我求婚的吧？"

"造物弄人！"吕秀才惨惨地答道，"这只是一个玩笑。"

"哦！……玩笑！"郭芙蓉冷笑地说，"我杀了你！"

秀才速奔出去，郭芙蓉口中叫着"你给我站住！"跟着跑了出去……

小菜和大鸟看到这里，转头相互看着对方，小菜说："吕秀才让燕小六代其向郭芙蓉求婚，这不就是……"，两人异口同声地说："代—理—模—式！"

第8章 工厂制造细节无须知——工厂方法模式

8.1 需要了解工厂制造细节吗？

时间：3月19日22点　　地点：小菜、大鸟住所的客厅　　人物：小菜、大鸟

小菜来找大鸟，说："简单工厂模式真是很好用呀，我最近好几处代码都用到了该模式。"

"哦！"大鸟淡淡地说道，"简单工厂只是最基本的创建实例相关的设计模式。但真实情况中，有更多复杂的情况需要处理。简单工厂生成实例的类，知道了太多的细节，这就导致这个类很容易出现难维护、灵活性差问题，让人感觉到了不好的味道。"

"知道很多细节不太好吗？"

"现实中，我们要想过好生活，是不太需要也不太可能知道所有细节的。比如说，我们知道猪长什么样子，也知道红烧肉很好吃，但一头猪是通过怎么样的过程变成红烧肉的呢？养殖、运输、屠宰、销售过程的批发、零售，还有饭店或家里的烹饪过程，对我们来说，都是不需要去了解的。我们去饭店吃饭，只要点了红烧肉，过一会儿它就被送出来了，好吃就行了，你说对不对？"

"将来如果能生产出这样一台机器，送进去是猪，出来就是红烧肉，那就好了。"

"嘿嘿！这样的机器我不知道是否生产得出来。不过，整个过程也算是一种封装吧。在我们的程序中，确实存在封装实例创建过程的模式——工厂方法模式，这个模式可以让创建实例的过程封装到工厂类中，避免耦合。它与简单工厂模式是一个体系的，你可以去研究一下。"

8.2 简单工厂模式实现

"大鸟！我研究了工厂方法模式，但还是不太理解它和简单工厂的区别，感觉还不如简单工厂方便，为什么要用这个模式？到底这个模式的精髓在哪里？"

"那你先把简单工厂模式和工厂方法模式的典型实现说给我听听。"

"哦，简单工厂模式实现是这样的：首先简单工厂模式，若以我写的计算器为例，结构图如下。"

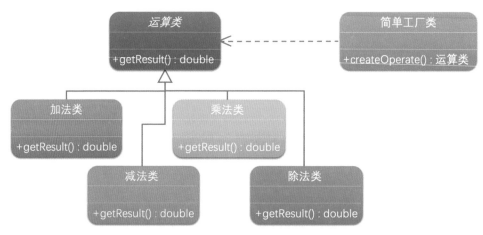

"工厂类是这样写的。"

```java
public class OperationFactory {

    public static Operation createOperate(String operate){
        Operation oper = null;
        switch (operate) {
            case "+":
                oper = new Add();
                break;
            case "-":
                oper = new Sub();
                break;
            case "*":
                oper = new Mul();
                break;
            case "/":
                oper = new Div();
                break;
        }
        return oper;
    }
}
```

"客户端的应用。"

```java
Operation oper = OperationFactory.createOperate(strOperate);
double result = oper.getResult(numberA,numberB);
```

8.3 工厂方法模式实现

"那么如果是换成工厂方法模式来写这个计算器，你能写吗？"

"当然是可以，就是因为我写出来了，才感觉好像工厂方法没什么好处！计算器的工厂方法模式实现的结构图是这样的。"

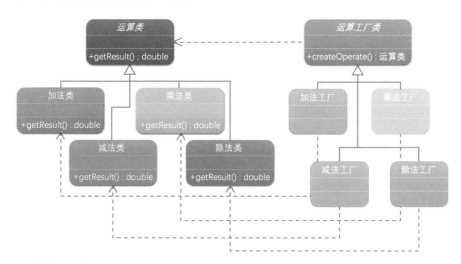

"先构建一个工厂接口。"

```java
public interface IFactory {

    public Operation createOperation();

}
```

"然后加减乘除各建一个具体工厂去实现这个接口。"

```java
//加法工厂
public class AddFactory implements IFactory {

    public Operation createOperation(){
        return new Add();
    }

}


//减法工厂
public class SubFactory implements IFactory {

    public Operation createOperation(){
        return new Sub();
    }

}

//乘法工厂
public class MulFactory implements IFactory {

    public Operation createOperation(){
```

```
            return new Mul();
    }

}

//除法工厂
public class DivFactory implements IFactory {

    public Operation createOperation(){
        return new Div();
    }

}
```

　　"在OperationFactory类中，可以是这样的。"

```
public class OperationFactory {

    public static Operation createOperate(String operate){
        Operation oper = null;
        IFactory factory = null;
        switch (operate) {
            case "+":
                factory = new AddFactory();
                break;
            case "-":
                factory = new SubFactory();
                break;
            case "*":
                factory = new MulFactory();
                break;
            case "/":
                factory = new DivFactory();
                break;
        }
        oper = factory.createOperation();

        return oper;
    }

}
```

　　"对呀，写得很好。"大鸟说，"工厂方法模式就是这样写的，你有什么问题？"

8.4 简单工厂 vs. 工厂方法

　　"怪就怪在这里呀，以前我们不是说过，如果我现在需要增加其他运算，比如求x的n次方（x^n），或者求a为底数b的对数（$\log_a b$），这些功能的增加，在简单工厂里，我是先去加求x的n次方的指数运算类，然后去更改OperationFactory类，当中加‘Case’语句来做判断。现在用了工厂方法，加指数运算类没问题，去改OperationFactory类的分支也没问题，但又增加了一个指数工厂类，这不等于不但没有降低难度，反而增加类，把复杂性增加了吗？为什么要这样？"

　　"问得好。简单工厂模式的最大优点在于工厂类中包含必要的逻辑判断，根据客户端的选择条件动态实例化相关的类，对于客户端来说，去除了与具体产品的依赖。就像你的计算器，让客户端不用管该用哪个类的实例，只需要把‘+’给工厂，工厂自动就给出了相应的实例，客户端只要去做运算就可以了，不同的实例会实现不同的运算。但问题也就在这里，如你所说，如果要加一个'求x的n次方（x^n）'的功能，我们需要给OperationFactory类的方法里加'Case'的分支条件。目前来看，这个OperationFactory类，承载了太多功能，这可不是好办法。这就等于说，我们不但对扩展开放了，对修改也开放了，这样就违背了什么原则？"

"哦，是的，违背的是开放-封闭原则。"

"对，也就是说，我们加减乘除运算的部分已经相当成熟了，但是因为增加新的功能，就要去改已经很成熟的类代码，这就好比很多鸡蛋放在了一个篮子里，这是很危险的。"

"那么工厂方法模式，就可以解决这个问题吗？我感觉我本来是4个运算类，1个工厂类，共5个类，现在多出了4个运算工厂类和1个工厂接口，问题依然没有解决。"

"哈哈，那是因为你没有真的理解工厂方法。举一个例子，我们公司本来只有一家工厂，生产四种不同的产品。后来发展得特别好，需要增加新的两种产品放在另一个地方开设新的工厂。新的工厂不应该影响原有工厂的正常工作，你说怎么办？"

"新工厂建在别的地方，应该不影响原有的工厂运作，最多就是建好后，总公司那里再增加一些协调管理部门就好了。"

"说得非常好。就编程来说，我们应该尽量将长的代码分派切割成小段，再将每一小段'封装'起来，减少每段代码之间的耦合，这样风险就分散了，需要修改或扩展的难度就降低了。加减乘除四个类算是一个工厂的产品，不妨叫它们（基础运算工厂）类，现在增加指数、对数运算类，如果算是另一种工厂的两种产品，不妨称它为'高级运算工厂'类，你觉得有必要去影响原有的基础运算工厂运作吗？"

"哦！我明白你的意思了。并不是要去创建加法工厂、减法工厂这样的类，而是将加减乘除用一个基础工厂来创建，现在增加了新的产品，又不想影响原有的工厂代码，于是就扩展一个新的工厂来处理。我马上改。"

"下面是原有的工厂结构，加减乘除运算已经非常稳定，尽量不要去改变它们。"

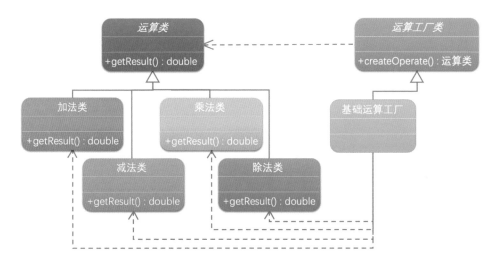

"增加了一种新的工厂和两种新的运算类（以后可以扩展更多的高级运算，比如正余弦、正余切等），不要影响原有的代码和运作。"

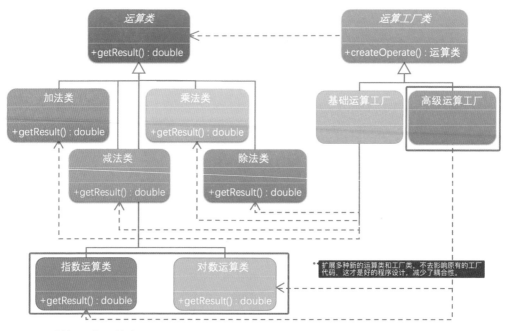

"增加两个运算类。"

```java
//指数运算类，求numberA的numberB次方
public class Pow extends Operation {

    public double getResult(double numberA, double numberB){
        //此处缺两参数的有效性检测
        return Math.pow(numberA,numberB);
    }

}
```

```java
//对数运算类，求以numberA为底的numberB的对数
public class Log extends Operation {

    public double getResult(double numberA, double numberB){
        //此处缺两参数的有效性检测
        return Math.log(numberB)/Math.log(numberA);
    }

}
```

"工厂接口不变。"

```java
public interface IFactory {

    public Operation createOperation();

}
```

"基础运算工厂类，此类已经比较成熟稳定，实现后应该封装到位，不建议轻易修改。"

```
//基础运算工厂
public class FactoryBasic implements IFactory {

    public Operation createOperation(String operType){
        Operation oper = null;
        switch (operType) {
            case "+":
                oper = new Add();
                break;
            case "-":
                oper = new Sub();
                break;
            case "*":
                oper = new Mul();
                break;
            case "/":
                oper = new Div();
                break;
        }

        return oper;
    }

}
```

"高级运算工厂类，也许还有扩展产品的可能。"

```
//高级运算工厂
public class FactoryAdvanced implements IFactory {

    public Operation createOperation(String operType){
        Operation oper = null;
        switch (operType) {
            case "pow":
                oper = new Pow();//指数运算类实例
                break;
            case "log":
                oper = new Log();//对数运算类实例
                break;

            //此处可扩展其他高级运算类的实例化，但修改
            //当前工厂类不会影响到基础运算工厂类

        }

        return oper;
    }
}
```

"左侧新的OperationFactory类与右侧原来的OperationFactory类对比。"

```
public class OperationFactory {

    public static Operation createOperate(String operate){
        Operation oper = null;
        IFactory factory = null;
        switch (operate) {
            case "+":
            case "-":
            case "*":
            case "/":
                //基础运算工厂实例
                factory=new FactoryBasic();
                break;
            case "pow":
            case "log":
                //高级运算工厂实例
                factory=new FactoryAdvanced();
                break;
        }
        //利用多态返回实际的运算类实例
        oper = factory.createOperation(operate);
        return oper;
    }
}
```

```java
public class OperationFactory {
    public static Operation createOperate(String operate){
        Operation oper = null;
        switch (operate) {
            case "+":
                oper = new Add();
                break;
            case "-":
                oper = new Sub();
                break;
            case "*":
                oper = new Mul();
                break;
            case "/":
                oper = new Div();
                break;
        }
        return oper;
    }
}
```

"你或许会发现，新的OperationFactory类已经不存在运算子类实例化的代码了。也就是说，在这个代码里，全部是接口与具体工厂类，并不存在具体的实现，与原来的OperationFactory类对比，实例化的过程延迟到了工厂子类中。"大鸟说道，"不过新的OperationFactory类依然存在'坏味道'，当增加新的运算子类时，它本身也是需要更改的，这个先放在一边，以后可以解决。"

"Perfect！我明白了。这就是前面提到的针对接口编程，不要对实现编程吧？"

"是的。我们来看工厂方法的定义。注意关键词——延迟到子类。"

工厂方法模式（Factory Method），定义一个用于创建对象的接口，让子类决定实例化哪一个类。工厂方法使一个类的实例化延迟到其子类。[DP]

工厂方法模式（Factory Method）结构图

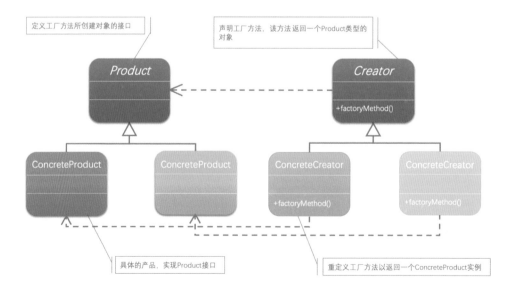

"我们讲过，既然这个工厂类与分支耦合，那么我就对它下手，根据依赖倒转原则，我们把工厂类抽象出一个接口，这个接口只有一个方法，就是创建抽象产品的工厂方法。然后，所有的要生产具体类的工厂，就去实现这个接口，这样，一个简单工厂模式的工厂类，变成了一个工厂抽象接口具体生成对象的工厂。每个工厂可以有多个不同产品，而工厂之间，又是相对隔离封装状态。这样过去已经比较完善的工厂和产品体系，就不需要再去改动它们，而另外需要变更的代码，完全可以通过扩展来变化，这就完全符合了开放-封闭原则的精神。"

"哦，工厂方法从这个角度讲，的确要比简单工厂模式来得强。"

"严格来说，是一种升级。当只有一个工厂时，就是简单工作模式，当有多个工厂时，就是工厂方法模式。类似由一维进化成了二维，更强大了。"

8.5 商场收银程序再再升级

大鸟："还记得我们前面不断改进过的商场收银程序吗？最后一版是增加了装饰模式。"

小菜："我记得。后面已经改得非常漂亮了，能适应各种变化。"

大鸟："那你看看下面这段代码有优化的空间吗？"

```
private ISale cs;     //声明一个ISale接口对象

//通过构造方法，传入具体的收费策略
public CashContext(int cashType){
    switch(cashType){
        case 1:
            this.cs = new CashNormal();
            break;
        case 2:
            this.cs = new CashRebate(0.8d);
            break;
        case 3:
            this.cs = new CashRebate(0.7d);
            break;
        case 4:
            this.cs = new CashReturn(300d,100d);
            break;
        case 5:
            //先打8折,再满300返100
            CashNormal cn = new CashNormal();
            CashReturn cr1 = new CashReturn(300d,100d);
            CashRebate cr2 = new CashRebate(0.8d);
            cr1.decorate(cn);     //用满300返100算法包装基本的原价算法
            cr2.decorate(cr1);    //打8折算法装饰满300返100算法
            this.cs = cr2;        //将包装好的算法组合引用传递给cs对象
            break;
        case 6:
            //先满200返50,再打7折
            CashNormal cn2 = new CashNormal();
            CashRebate cr3 = new CashRebate(0.7d);
            CashReturn cr4 = new CashReturn(200d,50d);
            cr3.decorate(cn2);    //用打7折算法包装基本的原价算法
            cr4.decorate(cr3);    //满200返50算法装饰打7折算法
            this.cs = cr4;        //将包装好的算法组合引用传递给cs对象
            break;
    }
}
```

小菜："以前不觉得，现在发现确实是太多的new 实例了，尤其是5和6，装饰模式的使用，在这个CashContext类中，显得特别的复杂。"

大鸟："是的，那么学完了工厂方法模式，你有没有改进的想法？"

小菜："我想想。你的意思是创建几个工厂类来处理这些new？"

大鸟："问题是，你打算创建几个工厂类呢？"

小菜："从上面的代码来看，我感觉至少应该有原价销售类、打折类、满减返利类、先打折再满减类和先满减再打折类，一共五个工厂类。"

大鸟："尝试抽象一下，能不能合并一部分呢？"

小菜："我想想。好像原价类，可以想象成打折的参数为1的打折类。但打折与满减返利好像合并不了。"

大鸟："它俩是合并不了，但先打折后满减类能不能涵盖它们俩？"

小菜："我懂了。如果有'先打折后满减类'存在，那它应该有三个初始化参数：折扣值、满减条件、满减返利值，那么打折类，其实就是满减返利值条件为0的情况，另外满减类，就相当于折扣参数为1的情况。"

大鸟："非常好！所以最终只会抽象成几个工厂类？"

小菜："那就只需要'先打折再满减'和'先满减再打折'两个工厂类了。"

大鸟："赶紧去实现一下吧。"

8.6 简单工厂+策略+装饰+工厂方法

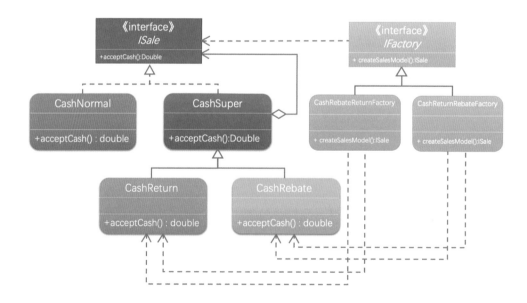

小菜："我的实现方法，首先原有的ISale、CashSuper、CashNormal、CashReturn、CashRebate等类都不变。"

"增加IFactory接口。"

```
public interface IFactory {
    public ISale createSalesModel(); //创建销售模式
}
```

"增加实现IFactory接口的两个类，'先打折再满减'类和'先满减再打折'类，其中红框部分代码为装饰模式的实现。"

```
//先打折再满减类
public class CashRebateReturnFactory implements IFactory {

    private double moneyRebate = 1d;
    private double moneyCondition = 0d;
    private double moneyReturn = 0d;

    public CashRebateReturnFactory(double moneyRebate,double moneyCondition,double moneyReturn){
        this.moneyRebate=moneyRebate;
        this.moneyCondition=moneyCondition;
        this.moneyReturn=moneyReturn;
    }

    //先打x折,再满m返n
    public ISale createSalesModel(){

        CashNormal cn = new CashNormal();
        CashReturn cr1 = new CashReturn(this.moneyCondition,this.moneyReturn);
        CashRebate cr2 = new CashRebate(this.moneyRebate);

        cr1.decorate(cn);     //用满m返n算法包装基本的原价算法
        cr2.decorate(cr1);    //打x折算法装饰满m返n算法
        return cr2;           //将包装好的算法组合返回
    }
}
```

```
//先满减再打折类
public class CashReturnRebateFactory implements IFactory {

    private double moneyRebate = 1d;
    private double moneyCondition = 0d;
    private double moneyReturn = 0d;

    public CashReturnRebateFactory(double moneyRebate,double moneyCondition,double moneyReturn){
        this.moneyRebate=moneyRebate;
        this.moneyCondition=moneyCondition;
        this.moneyReturn=moneyReturn;
    }

    //先满m返n,再打x折
    public ISale createSalesModel(){

        CashNormal cn2 = new CashNormal();
        CashRebate cr3 = new CashRebate(this.moneyRebate);
        CashReturn cr4 = new CashReturn(this.moneyCondition,this.moneyReturn);

        cr3.decorate(cn2);    //用打x折算法包装基本的原价算法
        cr4.decorate(cr3);    //满m返n算法装饰打x折算法
        return cr4;           //将包装好的算法组合返回
    }
}
```

"有了上面的这些准备后，CashContext类就简单多了，它针对的是ISale接口、

IFactory接口编程，然后两个工厂类，对于各个打折满减算法CashSuper、CashNormal、CashReturn、CashRebate等具体类一无所知。实现了松耦合的目的。"

```java
public class CashContext {
    private ISale cs;    //声明一个ISale接口对象
    //通过构造方法，传入具体的收费策略
    public CashContext(int cashType){
        IFactory fs=null;
        switch(cashType) {
            case 1://原价
                fs = new CashRebateReturnFactory(1d,0d,0d);
                break;
            case 2://打8折
                fs = new CashRebateReturnFactory(0.8d,0d,0d);
                break;
            case 3://打7折
                fs = new CashRebateReturnFactory(0.7d,0d,0d);
                break;
            case 4://满300返100
                fs = new CashRebateReturnFactory(1,300d,100d);
                break;
            case 5://先打8折,再满300返100
                fs = new CashRebateReturnFactory(0.8d,300d,100d);
                break;
            case 6://先满200返50,再打7折
                fs = new CashReturnRebateFactory(0.7d,200d,50d);
                break;
        }
        this.cs = fs.createSalesModel();
    }

    public double getResult(double price,int num){
        //根据收费策略的不同，获得计算结果
        return this.cs.acceptCash(price,num);
    }
}
```

大鸟向小菜竖起了大拇指。

小菜："我感觉工厂方法克服了简单工厂违背开放-封闭原则的缺点，又保持了封装对象创建过程的优点。"

大鸟："说得好，它们都是集中封装了对象的创建，使得要更换对象时，不需要做大的改动就可实现，降低了客户程序与产品对象的耦合。**工厂方法模式是简单工厂模式的进一步抽象和推广。**由于使用了多态性，工厂方法模式保持了简单工厂模式的优点，而且克服了它的缺点。就像生活中，凡是在基层工作过的人都知道，具体事情做得越多，越容易犯错误。相反，如果做官做得高了，说出的话就会比较抽象、笼统，很多时候犯错误的可能性反而就越来越小了。"

小菜："**工厂方法模式是不是本质就是对获取对象过程的抽象？**"

大鸟："说得非常对，就是这样。工厂方法的好处有这么几条：第一，**对于复杂的参数的构造对象，可以很好地对外层屏蔽代码的复杂性**，注意是指创建新实例的构造对象。比如说我们用了'先打折再满减'类工厂，其实就屏蔽了装饰模式的一部分代码，让CashContext不再需要了解装饰的过程。第二，**很好的解耦能力。**这点刚才你也说了，这就是针对接口在编程。当我们要修改具体实现层的代码时，上层代码完全不了解实现层的情况，因此并不会影响到上层代码的调用，这就达到了解耦的目的。"

小菜："对了。你说这还不是最佳的做法？那应该如何做呢？还有就是这样还是没有避免修改客户端的代码呀？"

大鸟："哈，之前我就提到过，利用'反射'可以解决避免分支判断的问题。不过今天还是不急，等以后再谈。"

小菜："好的好的。你饿了吗？我们要不去撸串吃点夜宵？"

大鸟："走！去吃封装羊肉去。"

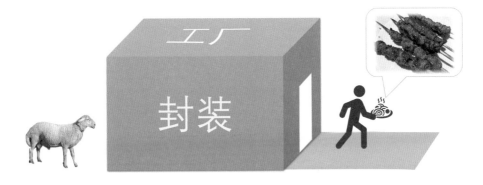

第9章 简历复印——原型模式

9.1 夸张的简历

"小菜，在忙什么呢？"大鸟回家来看到小菜在整理一堆材料。

"明天要去参加一个供需见面会，所以在准备简历呢。"

"怎么这么多，可能发得出去吗？"大鸟很惊讶于小菜的简历有很厚的一叠。

"没办法呀，听其他同学说，如果简历上什么也没有，对于我们这种毕业生来说，更加不会被重视了。所以凡是能写的，我都写了，明天能多投一些就多投一些，以量取胜。另外一些准备发信件给一些报纸上登广告的企业。"

"哦，我看看。"大鸟拿起了小菜的简历，"啊，不会吧，你连小学在哪读、得了什么奖都写上去了？那干吗不把幼儿园在哪读也写上去？"

"嘿嘿！"

"Java精通、C++精通、Python精通、C#精通、MySQL精通、Oracle精通，搞没搞错，这些东西你都精通？"

"其实只是学过一些，有什么办法呢？要是不写，人家就以为你什么都不懂，我写得夸张一点，可以多吸引吸引眼球吧。"

"胡闹呀，要是我是招聘的，一个稍微懂点常识的人，一看这种简历，更加不会去理会。这根本就是瞎扯嘛。"

"那你说我怎么办？我只是一个还没毕业的学生，哪来什么经验或工作经历，我能写什么？"

"哈，说得也是，对你们要求高其实也是不切实际。那你有没有准备求职信呢？"

"求职信？没考虑过，哪有空呀。再说，就写些空话、废话，只会浪费纸张。"

"你以为你现在不是在浪费纸张？你可知道，当年的我们，是如何写简历的吗？"

"不知道，难道都是手写？"

"当然，我们当年有不少同学都是手写简历和求职信，这手抄式的简历其实效果不差的，只是比较麻烦。有一次，我只写了一份简历在人才市场上转悠，身上也没带什么钱，复印就不可能了，于是在谈一家公司时，人家想留下我的简历，我却强烈要求要回来，只留了个电话。"

"啊，还有你这样求职的？估计后来没戏了。"

"错，后来这家公司还真给我打电话了。回想起来，那时候对自己手写的简历很珍惜，人家公司也很重视，收到都会认真地看并答复，哪像现在。"大鸟感慨道，"印简历就像印草纸一样，发简历更像是发广告。我听说有些公司竟然在见面会结束时以拿不了为由，扔掉所收简历就走的事情，求职者要是看到岂不气晕呀。不过话说回来，像你这样自己都不重视的简历发出去，人家公司不在意也在情理之中了。"

"大鸟不会是希望我也手抄那么几十份简历吧？"

"哈，那当然没必要。毕竟时代不同了。现在程序员写简历都知道复印，在编程的时候，就不是那么多人懂得应用了。"

"哪里呀，程序员别的不一定行，Ctrl+C到Ctrl+V实在是太溜了，复制代码谁还不懂呀。"

"对编程来说，简单的复制粘贴极有可能造成重复代码的灾难。我所说的意思你根本还没听懂。那就以刚才的例子，我出个需求你写写看，要求有一个简历类，必须要有姓名，可以设置性别和年龄，可以设置工作经历。最终我需要写三份简历。"

"好的，我写写看。"

9.2 简历代码初步实现

二十分钟后，小菜给出了一个版本。

```
//简历类
class Resume  {
    private String name;
    private String sex;
    private String age;
    private String timeArea;
    private String company;

    public Resume(String name){
        this.name=name;
    }

    //设置个人信息
    public void setPersonalInfo(String sex,String age){
        this.sex=sex;
        this.age=age;
    }

    //设置工作经历
    public void setWorkExperience(String timeArea,String company){
        this.timeArea=timeArea;
        this.company=company;
    }

    //展示简历
    public void display(){
        System.out.println(this.name +" "+this.sex +" "+this.age);
        System.out.println("工作经历 "+this.timeArea +" "+this.company);
    }
}
```

客户端代码:

```
Resume resume1 = new Resume("大鸟");
resume1.setPersonalInfo("男","29");
resume1.setWorkExperience("1998-2000","XX公司");

Resume resume2 = new Resume("大鸟");
resume2.setPersonalInfo("男","29");
resume2.setWorkExperience("1998-2000","XX公司");

Resume resume3 = new Resume("大鸟");
resume3.setPersonalInfo("男","29");
resume3.setWorkExperience("1998-2000","XX公司");

resume1.display();
resume2.display();
resume3.display();
```

结果显示:

"很好，这其实就是当年我手写简历的时代的代码。三份简历需要三次实例化。你觉得这样的客户端代码是不是很麻烦？如果要二十份，你就需要二十次实例化。"

"是呀，而且如果我写错了一个字，比如1998年改成1999年，那就要改二十次。"

"你为什么不这样写呢？"

```
Resume resume1 = new Resume("大鸟");
resume1.setPersonalInfo("男","29");
resume1.setWorkExperience("1998-2000","XX公司");

Resume resume2 = resume1;

Resume resume3 = resume1;

resume1.display();
resume2.display();
resume3.display();
```

"哈，这其实是传引用，而不是传值，这样做就如同是在resume2纸张和resume3纸张上写着简历在resume1处一样，没有实际的内容。"

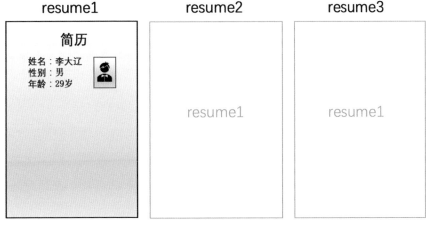

"不错，不错，小菜的基本功还是很扎实的。那你觉得有什么办法？"

"我好像听说过有Clone克隆这样的方法，但怎么做不知道了。"

9.3 原型模式

"哈，就是它了。讲它前，要先提一个设计模式。"

原型模式（Prototype），用原型实例指定创建对象的种类，并且通过复制这些原型创建新的对象。[DP]

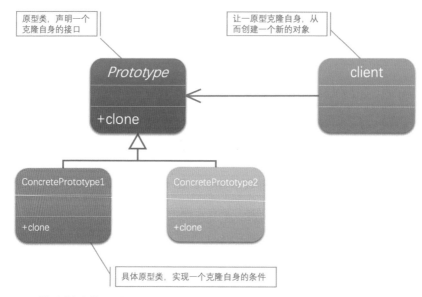

原型模式（Prototype）结构图

原型类，声明一个克隆自身的接口

让一原型克隆自身，从而创建一个新的对象

Prototype

+clone

client

ConcretePrototype1

+clone

ConcretePrototype2

+clone

具体原型类，实现一个克隆自身的条件

　　"原型模式其实就是从一个对象再创建另外一个可定制的对象，而且不需要知道任何创建的细节。我们来看看基本的原型模式代码。"

```java
//原型类
abstract class Prototype implements Cloneable {
    private String id;

    public Prototype(String id){
        this.id=id;
    }

    public String getID(){
        return this.id;
    }

    //原型模式的关键就是有这样一个clone方法
    public Object clone(){
        Object object = null;
        try {
            object = super.clone();
        }
        catch(CloneNotSupportedException exception){
            System.err.println("Clone异常。");
        }
        return object;
    }
}

//具体原型类
class ConcretePrototype extends Prototype{

    public ConcretePrototype(String id){
        super(id);
    }

}
```

客户端代码：

```
ConcretePrototype p1 = new ConcretePrototype("编号123456");
System.out.println("原ID:"+ p1.getID());

ConcretePrototype c1 = (ConcretePrototype)p1.clone();
System.out.println("克隆ID:"+ c1.getID());
```

"哦，这样就可以不用实例化ConcretePrototype了，直接克隆就行了？"小菜问道。

"说得没错，就是这样的。但对于Java而言，那个原型抽象类Prototype是用不着的，因为克隆实在是太常用了，所以Java提供了Cloneable接口，其中就是唯一的一个**方法** clone()，这样你就只需要实现这个接口就可以完成原型模式了。现在明白了？去改我们的'简历原型'代码吧。"

"OK，这东西看起来不难呀。"

9.4 简历的原型实现

半小时后，小菜的第二版本代码。

代码结构图

```java
//简历类
class Resume implements Cloneable {

    private String name;
    private String sex;
    private String age;
    private String timeArea;
    private String company;

    public Resume(String name){
        this.name=name;
    }

    ...//省略了一部分代码

    //实现了clone接口方法
    public Resume clone(){
        Resume object = null;
        try {
            object = (Resume)super.clone();    ◀ 此处用来克隆对象
        }
        catch(CloneNotSupportedException exception){
            System.err.println("Clone异常。");
        }
        return object;
    }
}
```

客户端代码：

```
Resume resume1 = new Resume("大鸟");
resume1.setPersonalInfo("男","29");
resume1.setWorkExperience("1998-2000","XX公司");

Resume resume2 = resume1.clone();
resume2.setWorkExperience("2000-2003","YY集团");

Resume resume3 = resume1.clone();      只要调用clone方法就可以实现新简历的生成
resume3.setPersonalInfo("男","24");
                                        可以修改新简历的细节
resume1.display();
resume2.display();
resume3.display();
```

结果显示：

大鸟 男 29
工作经历 1998-2000 XX公司
大鸟 男 29
工作经历 2000-2003 YY集团
大鸟 男 24
工作经历 1998-2000 XX公司

　　"怎么样，大鸟，这样一来，客户端的代码就清爽很多了，而且你要是想改某份简历，只需要对这份简历做一定的修改就可以了，不会影响到其他简历，相同的部分就不用再重复了。不过不知道这样子对性能是不是有大的提高呢？"

　　"当然是大大提高，你想呀，每new一次，都需要执行一次构造函数，如果构造函数的执行时间很长，那么多次执行这个初始化操作就实在太低效了。**一般在初始化的信息不发生变化的情况下，克隆是最好的办法。这既隐藏了对象创建的细节，又对性能是大大的提高**，何乐而不为呢？"

　　"的确，我开始也没感觉到它的好，听你这么一说，感觉这样做的好处还真不少，它等于是**不用重新初始化对象，而是动态地获得对象运行时的状态**。这个模式真的很不错。"

9.5 浅复制与深复制

　　"别高兴得太早，如果我现在要改需求，你就又头疼了。你现在'简历'对象里的数据都是String型的，而String是一种拥有值类型特点的特殊引用类型，super.clone()方法是这样，如果字段是值类型的，则对该字段执行逐位复制，如果字段是引用类型，则复制引用但不复制引用的对象；因此，原始对象及其副本引用同一对象。什么意思呢？就是说如果你的'简历'类当中有对象引用，那么引用的对象数据是不会被克隆过来的。"

"没太听懂，为什么不能一同复制过来呢？"

"举个例子你就明白了，你现在的'简历'类当中有一个'设置工作经历'的方法，在现实设计当中，一般会再有一个'工作经历'类，当中有'时间区间'和'公司名称'等属性，'简历'类直接调用这个对象即可。你按照我说的再写写看。"

"好的，我试试。"

半小时后，小菜的第三个版本。

代码结构图

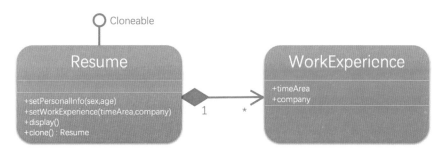

```
//工作经历类
class WorkExperience {

    //工作时间范围
    private String timeArea;
    public String getTimeArea(){
        return this.timeArea;
    }
    public void setTimeArea(String value){
        this.timeArea=value;
    }

    //所在公司
    private String company;
    public String getCompany(){
        return this.company;
    }
    public void setCompany(String value){
        this.company=value;
    }
}

//简历类
class Resume implements Cloneable {
    private String name;
    private String sex;
    private String age;
    private WorkExperience work;        //声明一个工作经历的对象
    public Resume(String name){
        this.name = name;
        this.work = new WorkExperience();//对这个工作经历对象实例化
    }
    //设置个人信息
    public void setPersonalInfo(String sex,String age){
        this.sex=sex;
        this.age=age;
    }
```

```java
//设置工作经历
public void setWorkExperience(String timeArea,String company){
    this.work.setTimeArea(timeArea);//给工作经历实例的时间范围赋值
    this.work.setCompany(company);    //给工作经历实例的公司赋值
}
//展示简历
public void display(){
    System.out.println(this.name +" "+this.sex +" "+this.age);
    System.out.println("工作经历 "+this.work.getTimeArea() +" "+this.work.getCompany());
}
public Resume clone(){
    Resume object = null;
    try {
        object = (Resume)super.clone();
    }
    catch(CloneNotSupportedException exception){
        System.err.println("Clone异常。");
    }
    return object;
}
}
```

客户端代码：

```java
Resume resume1 = new Resume("大鸟");
resume1.setPersonalInfo("男","29");
resume1.setWorkExperience("1998-2000","XX公司");

Resume resume2 = resume1.clone();
resume2.setWorkExperience("2000-2003","YY集团");

Resume resume3 = resume1.clone();
resume3.setPersonalInfo("男","24");
resume3.setWorkExperience("2003-2006","ZZ公司");

resume1.display();
resume2.display();
resume3.display();
```

我们给每个简历数据不一样，
希望的结果是显示也不一样

结果显示，实际结果与期望结果并不符合，前两次的工作经历数据被最后一次数据给覆盖了。

期望结果

实际结果

"通过写代码，并且去查了一下Java关于Cloneable的帮助，我大概知道你的意思了，由于它是浅表复制，所以对于值类型，没什么问题，对引用类型，就只是复制了引用，对引用的对象还是指向了原来的对象，所以就会出现我给resume1、resume2、resume3三个引用设置'工作经历'，但却同时看到三个引用都是最后一次设置，因为三个引用都指向了同一个对象。"

"你写的和说的都很好，就是这个原因，这叫作'浅复制'，被复制对象的所有变量都含有与原来的对象相同的值，而所有的对其他对象的引用都仍然指向原来的对象。但我们可能更需要这样的一种需求，**把要复制的对象所引用的对象都复制一遍**。比如刚才的例子，我们希望是resume1、resume2、resume3三个引用的对象是不同的，复制时就一变二，二变三，此时，我们就叫这种方式为'深复制'，深复制把引用对象的变量指向复制过的新对象，而不是原有的被引用的对象。"

"那如果'简历'对象引用了'工作经历'，'工作经历'再引用'公司'，'公司'再引用'职位'……这样一个引用一个，很多层，如何办？"

"这的确是个很难回答的问题，深复制要深入到多少层，需要事先就考虑好，而且要当心出现循环引用的问题，需要小心处理，这里比较复杂，可以慢慢研究。就现在这个例子，问题应该不大，深入到第一层就可以了。"

"那应该如何改？我没方向了。"

"好，来看我的。"

9.6 简历的深复制实现

代码结构图

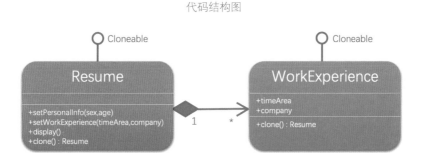

```java
//工作经历类
class WorkExperience implements Cloneable {
    //工作时间范围
    private String timeArea;
    public String getTimeArea(){
        return this.timeArea;
    }
    public void setTimeArea(String value){
        this.timeArea=value;
    }

    //所在公司
    private String company;
    public String getCompany(){
        return this.company;
    }
    public void setCompany(String value){
        this.company=value;
    }
}
```

```java
public WorkExperience clone(){
    WorkExperience object = null;
    try {
        object = (WorkExperience)super.clone();
    }
    catch(CloneNotSupportedException exception){
        System.err.println("Clone异常。");
    }
    return object;
}
}
```

```java
//简历类
class Resume implements Cloneable {
    private String name;
    private String sex;
    private String age;
    private WorkExperience work;
    public Resume(String name){
        this.name = name;
        this.work = new WorkExperience();
    }
    //设置个人信息
    public void setPersonalInfo(String sex,String age){
        this.sex=sex;
        this.age=age;
    }
    //设置工作经历
    public void setWorkExperience(String timeArea,String company){
        this.work.setTimeArea(timeArea);//给工作经历实例的时间范围赋值
        this.work.setCompany(company);  //给工作经历实例的公司赋值
    }
    //展示简历
    public void display(){
        System.out.println(this.name +" "+this.sex +" "+this.age);
        System.out.println("工作经历 "+this.work.getTimeArea() +" "+this.work.getCompany());
    }
    public Resume clone(){
        Resume object = null;
        try {
            object = (Resume)super.clone();
            object.work = this.work.clone();    //对克隆对象里的引用也进行克隆，即达到了深复制的目的
        }
        catch(CloneNotSupportedException exception){
            System.err.println("Clone异常。");
        }
        return object;
    }
}
```

同之前的客户端代码一样，实际结果达到了期望结果。

"哈，原来深复制是这个意思，我明白了。"

9.7 复制简历 vs. 手写求职信

"哈，这样说来，我大量地复制我的简历，当然是原型模式的最佳体现，你的手抄时代已经结束了。"小菜得意地说。

"我倒反而认为，与其简历写得如何如何，不如认认真真地研究一下你要应聘的企业，比如看看他们的网站和对职位的要求，然后写一封比较中肯实在的求职信来得好。加上你字还写得不错，手写的求职信，更加与众不同。"

"那多累呀，也写不了多少。"

"唉！高科技害人呀，尽管打印、复印是方便很多，所有的应聘者都这样做。但也正因为此，招聘方的重视程度也就同样低很多。如果你是手写的求职信，那就会有鹤立鸡群的效果，毕竟这样的简历或求职信太少了。"

"你说得也有道理。不过一封封地写出来感觉还是很费事呀。"

"如果是写代码，我当然会鼓励你去应用原型模式简化代码，优化设计。但对于求职，你是愿意你的简历和求职信倍受重视呢？还是愿意和所有的毕业生一样千篇一律毫无新意地碰运气？"

"哈，行，听大鸟的总是没错的。那我得好好想想求职信如何写？"小菜开始拿起了笔，边写边念叨着，"亲爱的领导，冒号……"

第10章 考题抄错会做也白搭——模板方法模式

10.1 选择题不会做，蒙呗！

时间：3月27日19点　　地点：小菜、大鸟住所的客厅　　人物：小菜、大鸟

"小菜，今天面试的情况如何？"大鸟刚下班，回来就敲开了小菜的房门。

"唉，"小菜叹了口气，"书到用时方恨少呀，英语太烂，没办法。"

"是和你用英语对话还是让你做英语题目了？"

"要是英语对话，我可能马上就跟他们说拜拜了。是做编程的英语题，因为平时英语文章看得少，所以好多单词都是似曾相识，总之猜不出意思，造成我不得不瞎蒙。还好都是选择题，一百道题蒙起来也不算太困难。"

"小菜又在指望运气了。做完后他们怎么说？"

"还不是一样，说有意向会很快与我联系。所有的公司都这样，其实一百道选择题，马上就可以算出结果来的，又何必要我多跑一趟呢。"

"题目难不难？"

"其实题目还好，如果看得懂的话，应该大多是知道的，都是些编程的基础。主要是单词记不住，所以就没把握。"

"我记得二十多年前，那时候很流行微软的MCSE和MCSD的认证考试。于是国内就出现了许多的培训机构，他们弄到了微软的考试题库，给出保证通过、不通过不收费的承诺。大学生们为了能找到好工作，都去参加这个培训。我听说有个哥们，不是计算机专业的，对软件开发也算基本不懂吧，但他英文特好，于是他参加了这个培训后，短短一个多月，靠着背答案，他竟然把MCSD的证书考出来了。一个几乎不会开发的人却考出了世界最大软件公司的开发技术认证，你感觉如何？"

"说明中国学生很聪明。嘿嘿！"小菜笑道，"其实在美国，这个认证是很有权威性的，只是中国的学生太会考试了。这带来的后果就是毁了这个证书，不管哪家公司招到这个不会开发的人都会有上当的感觉，于是对微软证书彻底失望。"

"是呀，这其实就是标准化考试的弊端。不过标准化考试的好处也不少，那就是比较客观，不管世界的哪个地方，大家做同类型的题目，得分超过一定数，就判定达到

一定的能力，不会因为评卷人的主观判断而影响结果。像高考的作文，由于是主观题，其实就很难说得清是好还是不好。或许不同的人给分差距是会非常大的。”

“是的，我相信鲁迅参加高考，作文一定不会得高分的。‘我家门前有两棵树，一棵是枣树，另一棵也是枣树’。我要是写类似的语句，一定是完了。”

“哈，大师的作品当然不能在高考这个场合去评判，高考当中写另类作文等于找死。”大鸟感慨地说，“我回想我小时候，数学老师的随堂测验，都是在黑板上抄题目，要我们先抄题目，然后再做答案，我那时候眼睛已经开始不好了，所以有时没看清楚就会把题目抄错，比如数字3我看成了8，7看成了1，那就意味着我做得再好，也不会正确了。惨呀，没考好，回家父母还说我考试成绩差是不认真学习，还专门找借口。”

“看来大鸟的往事不堪回首呀。”

“唉，往事不要再提——你分析一下原因在哪里？”

“题目抄错了，那就不是考试题目了，而考试试卷最大的好处就是，大家都是一样的题目，特别是标准化的考试，比如全是选择或判断的题目，那就最大化地限制了答题者的发挥，大家都是ABCD或打钩打叉，非对即错的结果。”

“说得好，这其实就是一个典型的设计模式。不过为了讲解这个模式，你先把抄题目的程序写给我看看。”

“好的。”

10.2 重复=易错+难改

20分钟后，小菜的第一份作业。

考卷 张三

1.杨过得到,后来给了郭靖,炼成倚天剑、屠龙刀的玄铁可能是[B].
A. 球磨铸铁
B. 马口铁
C. 高速合金钢
D. 碳素纤维

2.杨过、程英、陆无双铲除了情花,造成[A].
A. 使这种植物不再害人
B. 使一种珍稀物种灭绝
C. 破坏了那个生物圈的生态平衡
D. 造成该地区沙漠化

3.蓝凤凰致使华山师徒、桃谷入仙呕吐不止,如果你是大夫,会给他们开什么药[C].
A. 阿司匹林
B. 牛黄解毒片
C. 氟哌酸
D. 让他们喝大量的生牛奶
E. 以上全不对

考卷 李四

1.杨过得到,后来给了郭靖,炼成倚天剑、屠龙刀的玄铁可能是[D].
A. 球磨铸铁
B. 马口铁
C. 高速合金钢
D. 碳素纤维

2.杨过、程英、陆无双铲除了情花,造成[B].
A. 使这种植物不再害人
B. 使一种珍稀物种灭绝
C. 破坏了那个生物圈的生态平衡
D. 造成该地区沙漠化

3.蓝凤凰致使华山师徒、桃谷六仙呕吐不止,如果你是大夫,会给他们开什么药[A].
A. 阿司匹林
B. 牛黄解毒片
C. 氟哌酸
D. 让他们喝大量的生牛奶
E. 以上全不对

代码结构图

TestPaperA	TestPaperB
+testQuestion1()	+testQuestion1()
+testQuestion2()	+testQuestion2()
+testQuestion3()	+testQuestion3()

```java
//学生甲抄的试卷
class TestPaperA {
    //试题1
    public void testQuestion1() {
        System.out.println(" 杨过得到, 后来给了郭靖, 炼成倚天剑、屠龙刀的玄铁可能是 [ ] "+
        " a.球磨铸铁 b.马口铁 c.高速合金钢 d.碳素纤维 ");
        System.out.println("答案: b");
    }
    //试题2
    public void testQuestion2() {
        System.out.println(" 杨过、程英、陆无双铲除了情花, 造成 [ ] "+
        "a.使这种植物不再害人 b.使一种珍稀物种灭绝 c.破坏了那个生物圈的生态平衡 d.造成该地区沙漠化   ");
        System.out.println("答案: a");
    }
    //试题3
    public void testQuestion3() {
        System.out.println(" 蓝凤凰致使华山师徒、桃谷六仙呕吐不止,如果你是大夫,会给他们开什么药[ ] "+
        "a.阿司匹林 b.牛黄解毒片 c.氟哌酸 d.让他们喝大量的生牛奶 e.以上全不对   ");
        System.out.println("答案: c");
    }
}

//学生乙抄的试卷
class TestPaperB {
    //试题1
    public void testQuestion1() {
        System.out.println(" 杨过得到, 后来给了郭靖, 炼成倚天剑、屠龙刀的玄铁可能是 [ ] "+
        " a.球磨铸铁 b.马口铁 c.高速合金钢 d.碳素纤维 ");
        System.out.println("答案: d");
    }
```

```
//试题2
public void testQuestion2() {
    System.out.println("杨过、程英、陆无双铲除了情花，造成［ ］ "+
        "a.使这种植物不再害人 b.使一种珍稀物种灭绝 c.破坏了那个生物圈的生态平衡 d.造成该地区沙漠化");
    System.out.println("答案: b");
}
//试题3
public void testQuestion3() {
    System.out.println("蓝凤凰致使华山师徒、桃谷六仙呕吐不止,如果你是大夫,会给他们开什么药［ ］ "+
        "a.阿司匹林 b.牛黄解毒片 c.氟哌酸 d.让他们喝大量的生牛奶 e.以上全不对");
    System.out.println("答案: a");
}
```

客户端代码:

```
System.out.println("学生甲抄的试卷: ");
TestPaperA studentA = new TestPaperA();
studentA.testQuestion1();
studentA.testQuestion2();
studentA.testQuestion3();

System.out.println("学生乙抄的试卷: ");
TestPaperB studentB = new TestPaperB();
studentB.testQuestion1();
studentB.testQuestion2();
studentB.testQuestion3();
```

10.3 提炼代码

"大鸟，我自己都感觉到了，学生甲和学生乙两个抄试卷类非常类似，除了答案不同，没什么不一样，这样写又容易错，又难以维护。"

"说得对，如果老师突然要改题目，那两个人就都需要改代码，如果某人抄错了，那真是糟糕之极。那你说怎么办？"

"老师出一份试卷，打印多份，让学生填写答案就可以了。

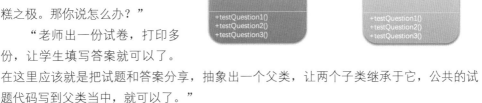

在这里应该就是把试题和答案分享，抽象出一个父类，让两个子类继承于它，公共的试题代码写到父类当中，就可以了。"

"好的，写写看。"

10分钟后，小菜的第二份作业出炉。

试卷父类代码:

```
//金庸小说考题试卷
class TestPaper {
    //试题1
    public void testQuestion1() {
        System.out.println("杨过得到，后来给了郭靖，炼成倚天剑、屠龙刀的玄铁可能是[  ] "+
            "a.球磨铸铁 b.马口铁 c.高速合金钢 d.碳素纤维");
    }
    //试题2
    public void testQuestion2() {
        System.out.println("杨过、程英、陆无双铲除了情花，造成[  ] "+
            "a.使这种植物不再害人 b.使一种珍稀物种灭绝 c.破坏了那个生物圈的生态平衡 d.造成该地区沙漠化");
    }
    //试题3
    public void testQuestion3() {
        System.out.println("蓝凤凰致使华山师徒、桃谷六仙呕吐不止,如果你是大夫,会给他们开什么药[  ] "+
            "a.阿司匹林 b.牛黄解毒片 c.氟哌酸 d.让他们喝大量的生牛奶 e.以上全不对");
    }
}
```

学生子类代码:

```
//学生甲答的试卷
class TestPaperA extends TestPaper {
    //试题1
    public void testQuestion1() {
        super.testQuestion1();
        System.out.println("答案: b");
    }
    //试题2
    public void testQuestion2() {
        super.testQuestion2();
        System.out.println("答案: a");
    }
    //试题3
    public void testQuestion3() {
        super.testQuestion3();
        System.out.println("答案: c");
    }
}
```

```
//学生乙答的试卷
class TestPaperB extends TestPaper {
    //试题1
    public void testQuestion1() {
        super.testQuestion1();
        System.out.println("答案: d");
    }
    //试题2
    public void testQuestion2() {
        super.testQuestion2();
        System.out.println("答案: b");
    }
    //试题3
    public void testQuestion3() {
        super.testQuestion3();
        System.out.println("答案: a");
    }
}
```

客户端代码完全相同，略。

"大鸟，这下子类就非常简单了，只要填写答案就可以了。"

"这还只是初步的泛化，你仔细看看，两个学生的类里面，还有没有类似的代码？"

"啊，感觉相同的东西还是有的，比如都有'super.testQuestion1()'，还有'System.out.println ("答案："）'，我感觉除了选项的abcd，其他都是重复的。"

"说得好，我们既然用了继承，并且肯定这个继承有意义，就应该要成为子类的模板，所有重复的代码都应该要上升到父类去，而不是让每个子类都去重复。"

"那应该怎么做呢？我想不出来了。"小菜缴械投降。

"哈，模板方法登场了，当我们要完成在某一细节层次一致的一个过程或一系列步骤，但其个别步骤在更详细的层次上的实现可能不同时，我们通常考虑用模板方法模式来处理。现在来研究研究我们最初的试题方法。"

```
//试题1
public void testQuestion1() {
    System.out.println("杨过得到，后来给了郭靖，炼成倚天剑、屠龙刀的玄铁可能是[  ] "+
        "a.球磨铸铁 b.马口铁 c.高速合金钢 d.碳素纤维");
    System.out.println("答案: b);
}
```
只有这里不同的学生会有不同的结果，其他全部都是一样的于是我们就改动这里，增加一个的抽象方法。

```java
//金庸小说考题试卷
abstract class TestPaper {

    //试题1
    public void testQuestion1() {
        System.out.println("杨过得到，后来给了郭靖，炼成倚天剑、屠龙刀的玄铁可能是 [ ] "+
            "a.球磨铸铁 b.马口铁 c.高速合金钢 d.碳素纤维");
        System.out.println("答案："+this.answer1());
    }
    protected abstract String answer1();    改成调用抽象方法answer1

    //试题2          此方法的目的就是给继承的子类重写，因为这里每个人的答案都是不同的
    public void testQuestion2() {
        System.out.println("杨过、程英、陆无双铲除了情花，造成 [ ] "+
            "a.使这种植物不再害人 b.使一种珍稀物种灭绝 c.破坏了那个生物圈的生态平衡 d.造成该地区沙漠化");
        System.out.println("答案："+this.answer2());
    }
    protected abstract String answer2();

    //试题3
    public void testQuestion3() {
        System.out.println("蓝凤凰致使华山师徒、桃谷六仙呕吐不止,如果你是大夫,会给他们开什么药 [ ] "+
            "a.阿司匹林 b.牛黄解毒片 c.氟哌酸 d.让他们喝大量的生牛奶 e.以上全不对");
        System.out.println("答案："+this.answer3());
    }
    protected abstract String answer3();
}
```

"然后子类就非常简单了，重写虚方法后，把答案填上，其他什么都不用管。因为父类建立了所有重复的模板。"

```java
//学生甲答的试卷
class TestPaperA extends TestPaper {
    //试题1
    protected String answer1() {
        return "b";
    }
    //试题2
    protected String answer2() {
        return "a";
    }
    //试题3
    protected String answer3() {
        return "c";
    }
}
```

```java
//学生乙答的试卷
class TestPaperB extends TestPaper {
    //试题1
    protected String answer1() {
        return "d";
    }
    //试题2
    protected String answer2() {
        return "b";
    }
    //试题3
    protected String answer3() {
        return "a";
    }
}
```

代码结构图

"客户端代码需要改动一个小地方，即本来是子类变量的声明，改成了父类，这样就可以利用多态性实现代码的复用了。"

```
System.out.println("学生甲抄的试卷: ");
TestPaper studentA = new TestPaperA();
studentA.testQuestion1();
studentA.testQuestion2();
studentA.testQuestion3();          ●将子类变量的声明改成父类, 利用了多态性, 实现了代码的复用

System.out.println("学生乙抄的试卷: ");
TestPaper studentB = new TestPaperB();
studentB.testQuestion1();
studentB.testQuestion2();
studentB.testQuestion3();
```

"此时要有更多的学生来答试卷，只不过是在试卷的模板上填写选择题的选项答案，这是每个人的试卷唯一的不同。"大鸟说道。

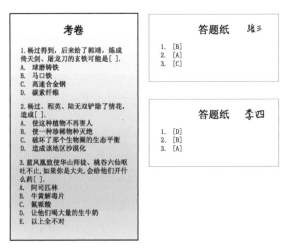

"大鸟太绝对了吧，还有姓名是不相同的吧。"

"哈，小菜说得对，除了题目答案，每个人的姓名也是不相同的。但这样的做法的的确确是对试卷的最大复用。"

10.4 模板方法模式

"而这其实就是典型的模板方法模式。"

模板方法（Template Method）模式，定义一个操作中的算法的骨架，而将一些步骤延迟到子类中。模板方法使得子类可以不改变一个算法的结构即可重定义该算法的某些特定步骤。[DP]

模板方法模式（TemplateMethod）结构图

AbstractClass是抽象类，其实也就是一个抽象模板，定义并实现了一个模板方法。这个模板方法一般是一个具体方法，它给出了一个顶级逻辑的骨架，而逻辑的组成步骤在相应的抽象操作中，推迟到子类实现。顶级逻辑也有可能调用一些具体方法。

```java
//模板方法抽象类
abstract class AbstractClass {
    //模板方法
    public void templateMethod() {

        //写一些可以被子类共享的代码

        this.primitiveOperation1();
        this.primitiveOperation2();
    }

    public abstract void primitiveOperation1(); //子类个性的行为，放到子类去实现
    public abstract void primitiveOperation2(); //子类个性的行为，放到子类去实现

}
```

模板方法，给出了逻辑的骨架，而逻辑的组成是一些相应的抽象操作，它们都推迟到子类实现

ConcreteClass，实现父类所定义的一个或多个抽象方法。每一个AbstractClass都可以有任意多个ConcreteClass与之对应，而每一个ConcreteClass都可以给出这些抽象方法（也就是顶级逻辑的组成步骤）的不同实现，从而使得顶级逻辑的实现各不相同。

```java
//模板方法具体类A
class ConcreteClassA extends AbstractClass {
    public void primitiveOperation1(){
        System.out.println("具体类A方法1实现");
    }
    public void primitiveOperation2(){
        System.out.println("具体类A方法2实现");
    }
}
```

```java
//模板方法具体类B
class ConcreteClassB extends AbstractClass {
    public void primitiveOperation1(){
        System.out.println("具体类B方法1实现");
    }
    public void primitiveOperation2(){
        System.out.println("具体类B方法2实现");
    }
}
```

10.5 模板方法模式的特点

"大鸟，是不是可以这么说，模板方法模式是通过把不变行为搬移到超类，去除子类中的重复代码来体现它的优势。"

"对的，模板方法模式就是提供了一个很好的代码复用平台。因为有时候，我们会遇到由一系列步骤构成的过程需要执行。这个过程从高层次上看是相同的，但有些步骤的实现可能不同。这时候，我们通常就应该考虑用模板方法模式了。"

"你的意思是说，碰到这个情况，当不变的和可变的行为在方法的子类实现中混合在一起的时候，不变的行为就会在子类中重复出现。我们通过模板方法模式把这些行为搬移到单一的地方，这样就帮助子类摆脱重复的不变行为的纠缠。"

"总结得好。看来这省心的事你总是学得最快。"

"哪里哪里，这还不是大鸟教得好呀。"小菜也不忘谦虚两句，"不过老实讲，这模板方法实在不算难，我早就用过了，只不过以前不知道这也算是一个设计模式。"

"是呀，模板方法模式是很常用的模式，对继承和多态玩得好的人几乎都会在继承体系中多多少少用到它。比如在Java类库的设计中，通常都会利用模板方法模式提取类库中的公共行为到抽象类中。"

10.6 主观题，看你怎么蒙

此时，小菜手机响了。

"请问是蔡遥先生吗？"手机那边一女士的声音。

"我是，请问您是？"小菜不认识这个手机号。

"我是您今天面试的XX公司的人事经理。您今天在我们公司做的面试题，我们公司开发部非常满意，希望您能明天再到我们公司复试。"

"复试？还做选择题？"小菜有点心虚。

"哦，不是的，复试会是一些主观编程的题目，应该不是大问题的。地址您也知道，明天上午10点到吧，明天见。拜拜……嘟……嘟……"

"喂！喂！喂！"小菜喂了几声，知道对方已挂了电话，不得不放下手机，对大鸟说道，"大鸟，刚才还说选择题好，容易蒙，这下不好使了，人家要复试，还是做题，而且是主观编程题，要实实在在写代码了，不能靠猜选择题蒙了。"

"哈，看来模板方法玩不起来了。你就见招拆招吧，不就是做题吗，拿出我教你的'伎俩'，好好表现。"

"嗯，主观题，难道我就不能蒙了？等我的好消息吧。"

第11章 无熟人难办事？——迪米特法则

11.1 第一天上班

时间：4月2日19点　　　地点：小菜、大鸟住所的客厅　　　人物：小菜、大鸟

"回来啦！怎么样？第一天上班感受多吧？"大鸟关心地问道。

"感受真是多哦！！！"小菜一脸的不屑。

"怎么了？受委屈了吗？说说看怎么回事。"

"委屈谈不上，就感觉公司氛围不是很好。我一大早就到他们公司，正好我的主管出去办事了。人事处的小杨让我填了表后，就带我到IT部领取电脑，她向我介绍了一个叫'小张'的同事认识，说我跟他办领取电脑的手续就可以了。小张还蛮客气，正打算要装电脑的时候，来了个电话，叫他马上去一个客户那里处理PC故障，他说要我等等，回来帮我弄。我坐了一上午，都没有见他回来，但我发现IT部其实还有两个人，他们都在电脑前，一个刷手机，一个好像在看新闻。我去问人事处的小杨，可不可以请其他人帮我办理领取手续，她说她现在也在忙，让我自己去找一下IT部的小李，他或许有空。我又返回IT部办公室，请小李帮忙，小李忙着回了两条微信后才接过我领取电脑的单子，看到上面写着'张凡芒'负责电脑领取安装工作，于是说这个事是小张负责的，他不管，叫我还是等小张回来再说吧。我就这样又像皮球一样被踢到桌边继续等待，还好我带着一本《重构》在看，不然真要郁闷死。小张快到下班的时候才回来，开始帮我装系统，加域，设置密码等，其实也就Ghost恢复再设置一下，差不多半小时就弄好了。"小菜感叹地说道，"就这样，我这人生一个最重要的第一次就这么度过了。"

"哈哈，就业、结婚、生子，人生三大事，你这第一件大事的开头是够郁闷的。"大鸟同情道，"不过现实社会就是这样的，他们又不认识你，不给你面子，也是很正常的。上班可不是上学，复杂着呢。罢了，罢了，谁叫你运气不好，你的主管在公司，事情就会好办多了。"

11.2 无熟人难办事

"不过，这家公司让你感觉不好的原因在于管理上存在一些问题。"大鸟接着说，"这倒是让我想起来我们设计模式的一个原则，你的这个经历完全可以体现这个原则观点。"

"哦，是什么原则？"小菜的情绪被调动了起来，"你怎么什么事都可以和软件设计模式搭界呢？"

"大鸟我显然不是吹出来的……"大鸟洋洋得意道。

"啧啧，行了行了，大鸟你强！！！不是吹的，是天生的！快点说说，什么原则？"小菜对大鸟的吹鸟腔调颇为不满，希望快些进入正题。

"你到了公司，通过人事处小杨，认识了IT部小张，这时，你已认识了两个人。但因没人介绍你并不认识IT部小李。而既然小张、小李都属于IT部，本应该都可以给你装系统配账号的，但却因小张有事，而你又不认识小李，而造成你的人生第一次大大损失，你说我分析得对吧？"

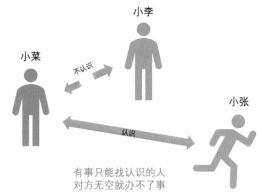

有事只能找认识的人
对方无空就办不了事

"你这都是废话，都是我告诉你的事情，哪有什么分析？"小菜失望道。

"如果你同时认识小张和小李，那么任何一人有空都可以帮你搞定了，你说对吧？"

"还是废话。"

"这就说明，你得把人际关系搞好，所谓'无熟人难办事'，如果你在IT部'有人'，不就万事不愁了吗？"大鸟一脸坏笑。

"大鸟，你到底想说什么？我要是有关系，对公司所有人都熟悉，还用得着你说呀。"

"小菜，瞧你急的，其实我想说的是，如果IT部有一个主管，负责分配任务，不管任何需要IT部配合的工作都让主管安排，不就没有问题了吗？"大鸟开始正经起来。

"你的意思是说，如果小杨找到的是IT部的主管，那么就算小张没空，还可以通过主管安排小李去做，是吗？"

"对头（四川方言发音）。"大鸟笑着鼓励道。

"我明白了，关键在于公司里可能没有IT主管，他们都是找到谁，就请谁去工作，如果都熟悉，有事可以协调着办，如果不熟悉，那么就会出现我碰到的情况了，有人忙死，有人闲着，而我在等待。"

"没有管理，单靠人际关系协调是很难办成事的。如果公司IT部就一个小张，那什么问题也没有，只不过效率低些。后来再来个小李，那工作是叫谁去做呢？外人又不知道他们两人谁忙谁闲的，于是抱怨、推诿、批评就随风而至。要是三个人在IT部还没有管理人员，则更加麻烦了。正所谓一个和尚挑水吃，两个和尚抬水吃，三个和尚没水吃。"

"看来哪怕两个人，也应该有管理才好。我知道你的意思了，不过这是管理问题，和设计模式有关系吗？"

"急什么，还没讲完呢。就算有IT主管，如果主管正好不在办公室怎么办呢？公司几十个人用电脑，时时刻刻都有可能出故障，电话过来找主管，人不在，难道就不解决问题了？"

"这个，看来需要规章制度，不管主管在不在，谁有空就先去处理，过后汇报给主管，再来进行工作协调。"小菜也学着分析起来。

"是呀，就像有人在路上被车撞了，送到医院，难道还要问清楚有没有钱才给治疗吗，'人命大于天'呀。同样地，在现在的高科技企业，特别是软件公司，'电脑命大于天'，开发人员工资平均算下来每天是按数千计的，耽误一天半天，实在是公司的大损失呀——所以你想过应该怎么办没有？"

"我觉得，不管认不认识IT部的人，我只要电话或亲自找到IT部，他们都应该想办法帮我解决问题。"

"好，说得没错，那你打电话时，怎么说呢？是说'经理在吗？……小张在吗？……'，还是'IT部是吧，我是小菜，电脑已坏，再不修理，软件歇菜。'"

"哼，你这家伙，就会拿我开心！当然是问IT部要比问具体某个人来得更好！"

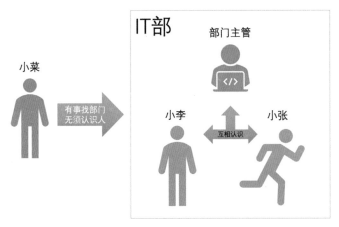

"这样一来，不管公司任何人，找IT部就可以了，无论认不认识人，反正他们会想办法找人来解决。"

"哦，我明白了，我真的明白了。你的意思是说，IT部代表的是抽象类或接口，小张、小李代表的是具体类，之前你在分析会修电脑不会修收音机里讲的依赖倒转原则，即面向接口编程，不要面向实现编程就是这个意思？"小菜突然有顿悟的感觉，兴奋异常。

11.3 迪米特法则

"当然，这个原则也是满足的，不过我今天想讲的是一个设计原则：'迪米特法则（LoD）'也叫最少知识原则。[J&DP]"

迪米特法则（LoD）：如果两个类不必彼此直接通信，那么这两个类就不应当发生直接的相互作用。如果其中一个类需要调用另一个类的某一个方法的话，可以通过第三者转发这个调用。[J&DP]

"迪米特法则首先强调的前提是**在类的结构设计上，每一个类都应当尽量降低成员的访问权限**[J&DP]，也就是说，一个类包装好自己的private状态，不需要让别的类知道的字段或行为就不要公开。"

"哦，是的，需要公开的字段，通常就用属性来体现了。这不是封装的思想吗？"

"当然，面向对象的设计原则和面向对象的三大特性本就不是矛盾的。**迪米特法则其根本思想，是强调了类之间的松耦合**。就拿你今天碰到的这件事来做例子，你第一天去公司，怎么会认识IT部的人呢？如果公司有很好的管理，那么应该是人事的小杨打个电话到IT部，告诉主管安排人给小菜你装电脑，就算开始是小张负责，他临时有急事，主管也可以再安排小李来处理。同样的道理，我们在程序设计时，**类之间的耦合越弱，越有利于复用，一个处在弱耦合的类被修改，不会对有关系的类造成波及**。也就是说，信息的隐藏促进了软件的复用。"

"明白，由于IT部是抽象的，哪怕里面的人都离职换了新人，我的电脑出问题也还是可以找IT部解决，而不需要认识其中的同事，纯靠关系帮忙了。就算需要认识，我也只要认识IT部的主管就可以了，由他来安排工作。"

"小菜动机不纯嘛！你不会是希望那个没帮你做事的小李快些被炒鱿鱼吧？哈！"大鸟瞧着小菜笑道。

"去！！！我是那样的人嘛？"小菜笑骂道。

第12章

牛市股票还会亏钱？ ——外观模式

12.1 牛市股票还会亏钱？

时间：4月9日19点　　地点：小菜、大鸟住所的客厅　　人物：小菜、大鸟

"大鸟，你炒股票吗？"小菜问道。

"炒过，那是好几年前了，可惜碰到熊市，亏得一塌糊涂。"大鸟坦诚地回答，"你怎么会问起股票来了？"

"我们公司的人现在都在炒股票，其实大部分人都不太懂，就是因为现在股市行情很火，于是都在跟风呢！"

"那他们做得如何？"

"有一个好像还可以，赚了不少钱，具体不太清楚，但另外几个人都是刚入市的，什么都不懂，特别是一个叫顾韵梅的同事，她说得蛮搞笑的，'今天看好了一只快涨停的股票，买进去，第二天马上就跌了。明天再去换另一只好的股票，几天都不涨，等一卖出，马上就涨停。'于是乎，在大好的牛市行情里，她却连连亏损，天天在我们面前抱怨呀。"

"哈，典型的新股民特征嘛。其实不会炒股票的话，买一只好股票放在那里所谓的'捂股'是最好的做股票策略了。"

"自己的钱买了股票，天天都在变化，谁能不关心，特别是刚开始，都希望能涨涨涨。尽管不现实，不过赚钱的人还是有的是。不过一打开股票软件，一千多只股票，红红绿绿，又是指数大盘，又是个股K线指标，一下说基本面如何如何重要，一下又说什么有题材才可以赚大钱，头晕眼花，迷茫困惑呀。"

"小菜是不是也在做股票了？刚才提到的顾韵梅的经历，不会是说你自己的吧？"大鸟笑言道。

"哈，是真人真事，不是我。不过我也有点动心，但不知道如何炒，所以最近也下了一个软件，并小研究了一下。发现很复杂呀。"

"就算是你，也没什么不好意思的。其实股民，特别是新股民在没有足够了解证券知识的情况下去做股票，是很容易亏钱的。毕竟，需要学习的知识实在太多了，不

具备这些知识就很难做好，再有就是心态也非常重要，刚开始接触股票的人一般都盼涨怕跌，于是心态很不稳定，这反而做不好股票。听说现在心理医生问病人的第一句话就是，'你炒股票吗？'"

"要是有懂行的人帮帮忙就好了。"

"哈，基金就是你的帮手呀。它将投资者分散的资金集中起来，交由专业的经理人进行管理，投资于股票、债券、外汇等领域，而基金投资的收益归持有投资者所有，管理机构收取一定比例的托管管理费用。想想看，这样做有什么好处？"

"我感觉，由于基金会买几十支好的股票，不会因为某个股票的大跌而影响收益，尽管每个人的钱不多，但大家放在一起，反而容易达到好的投资效果。"

"说得不错，那如果是你自己做股票，为什么风险反而大了？"

"因为我需要了解股票的各种信息，需要预测它的未来，还要买入和卖出的时机合适，这其实是很难做到的。专业的基金经理人相对专业，所以就不容易像散户那么盲目。"

"尽管我们在谈股票，我还是想问问你，投资者买股票，做不好的原因和软件开发当中的什么类似？而投资者买基金，基金经理人用这些钱去做投资，然后大家获利，这其实又体现了什么？"

"我知道了，你的意思是说，由于众多投资者对众多股票的联系太多，反而不利于操作，这在软件中是不是就称为**耦合性过高**。而有了基金以后，变成众多用户只和基金打交道，关心基金的上涨和下跌就可以了，而实际上的操作却是基金经理人在与上千支股票和其他投资产品打交道。"

"小菜越来越不简单了嘛，这段话说得非常好，由于投资者要面对这么多的股票，又不专业，所以很难做好，但要投资者买一支好的基金，这应该是不难的，更直接点说，如果你连投资基金都不能赚到钱，那说明投资股票就更加难赚到钱，投资的目的还不是为了赚钱，那为什么不稳妥一些呢？这里其实提到了一个在面向对象开发当中用得非常多的设计模式——外观模式，又叫门面模式。不过为了讲清楚它，你先试着把股民炒股票的代码写写看。"

"这有何难？"

12.2 股民炒股代码

小菜写出股民投资的炒股版：

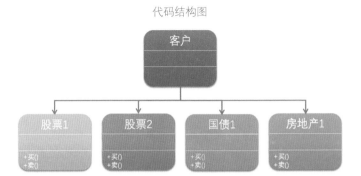

代码结构图

具体股票、国债、房产类：

```
//股票1
class Stock1{
    //卖股票
    public void sell(){
        System.out.println("股票1卖出");
    }
    //买股票
    public void buy(){
        System.out.println("股票1买入");
    }
}
//股票2
class Stock2{
    //卖股票
    public void sell(){
        System.out.println("股票2卖出");
    }
    //买股票
    public void buy(){
        System.out.println("股票2买入");
    }
}
```

```
//国债1
class NationalDebt1{
    //卖国债
    public void sell(){
        System.out.println("国债1卖出");
    }
    //买国债
    public void buy(){
        System.out.println("国债1买入");
    }
}
//房地产1
class Realty1{
    //卖房地产
    public void sell(){
        System.out.println("房地产1卖出");
    }
    //买房地产
    public void buy(){
        System.out.println("房地产1买入");
    }
}
```

客户端调用：

```
    Stock1 stock1 = new Stock1();
    Stock2 stock2 = new Stock2();
    NationalDebt1 nd1 = new NationalDebt1();
    Realty1 rt1 = new Realty1();

    stock1.buy();
    stock2.buy();
    nd1.buy();
    rt1.buy();

    stock1.sell();
    stock2.sell();
    nd1.sell();
    rt1.sell();
```

用户需要了解股票、国债、房产情况，需要
参与这些项目的具体买和卖，耦合性很高

12.3 投资基金代码

"很好，如果我们现在增加基金类，将如何做？"

"那就应该是这个样子了。"

小菜写出股民投资的基金版

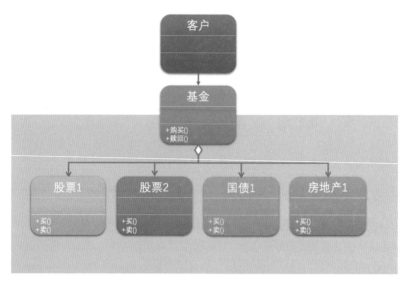

代码结构图

基金类如下：

```
//基金类
class Fund{
    Stock1 stock1;
    Stock2 stock2;
    NationalDebt1 nd1;
    Realty1 rt1;
    public Fund(){
        stock1 = new Stock1();
        stock2 = new Stock2();
        nd1 = new NationalDebt1();
        rt1 = new Realty1();
    }

    public void buyFund(){
        stock1.buy();
        stock2.buy();
        nd1.buy();
        rt1.buy();
    }

    public void sellFund(){
        stock1.sell();
        stock2.sell();
        nd1.sell();
        rt1.sell();
    }

    //基金很多买入卖出操作，持仓比例等，
    //无须提前告知客户
}
```

> 基金类，它需要了解所有的股票或其他投资方式的方法或属性，进行组合，以备外界调用

客户端如下：

```
Fund fund1 = new Fund();
//基金购买
fund1.buyFund();
//基金赎回
fund1.sellFund();
```

● 客户可以并不了解股票、国债、房地产等投资信息，甚至可以对它们一无所知。买了基金后就做自己的工作过自己的生活，一段时间后再赎回就可以了。理财交给专业的人打理，更加稳妥和保险

"很好很好，你这样的写法，基本就是外观模式的基本代码结构了。现在我们来看看什么叫外观模式吧。"

12.4 外观模式

外观模式（Facade），为子系统中的一组接口提供一个一致的界面，此模式定义了一个高层接口，这个接口使得这一子系统更加容易使用。[DP]

外观模式（Facade）结构图

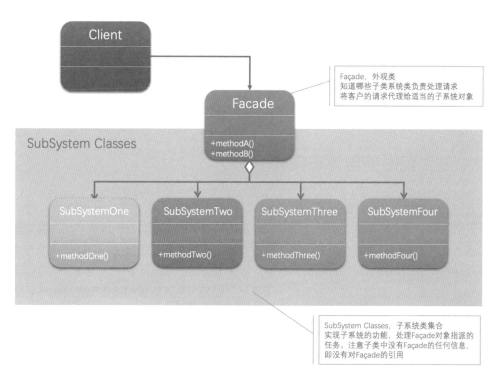

Façade，外观类
知道哪些子类系统类负责处理请求
将客户的请求代理给适当的子系统对象

SubSystem Classes，子系统类集合
实现子系统的功能，处理Façade对象指派的
任务。注意子类中没有Façade的任何信息，
即没有对Façade的引用

四个子系统的类：

```java
//子系统1
class SubSystemOne{
    public void methodOne(){
        System.out.println("子系统方法一");
    }
}
//子系统2
class SubSystemTwo{
    public void methodTwo(){
        System.out.println("子系统方法二");
    }
}
//子系统3
class SubSystemThree{
    public void methodThree(){
        System.out.println("子系统方法三");
    }
}
//子系统4
class SubSystemFour{
    public void methodFour(){
        System.out.println("子系统方法四");
    }
}
```

外观类：

```java
//外观类
//它需要了解所有子系统的方法或属性，进行组合以备外界调用
class Facade{
    SubSystemOne one;
    SubSystemTwo two;
    SubSystemThree three;
    SubSystemFour four;

    public Facade(){
        one = new SubSystemOne();
        two = new SubSystemTwo();
        three = new SubSystemThree();
        four = new SubSystemFour();
    }

    public void methodA(){
        one.methodOne();
        two.methodTwo();
        three.methodThree();
        four.methodFour();
    }

    public void methodB(){
        two.methodTwo();
        three.methodThree();
    }
}
```

客户端调用：

```java
Facade facade = new Facade();

facade.methodA();
facade.methodB();
```

> 由于Facade的作用，客户端可以根本不知三个子系统类的存在

"对于面向对象有一定基础的朋友，即使没有听说过外观模式，也完全有可能在很多时候使用它，因为它完美地体现了依赖倒转原则和迪米特法则的思想，所以是非常常用的模式之一。"

12.5 何时使用外观模式

"那外观模式在什么时候使用最好呢？"小菜问道。

"这要分三个阶段来说。首先，在设计初期阶段，应该要有意识地将不同的两个层分离，比如经典的三层架构，就需要考虑在数据访问层和业务逻辑层、业务逻辑层和表示层的层与层之间建立外观Facade，这样可以为复杂的子系统提供一个简单的接口，使得耦合大大降低。其次，在开发阶段，子系统往往因为不断的重构演化而变得越来越复杂，大多数的模式使用时也都会产生很多很小的类，这本是好事，但也给外部调用它们的用户程序带来了使用上的困难，增加外观Facade可以提供一个简单的接口，减少它们之间的依赖。第三，在维护一个遗留的大型系统时，可能这个系统已经非常难以维护和扩展了，但因为它包含非常重要的功能，新的需求开发必须要依赖于它。此时用外观模

式Facade也是非常合适的。你可以为新系统开发一个外观Facade类，来提供设计粗糙或高度复杂的遗留代码的比较清晰简单的接口，让新系统与Facade对象交互，Facade与遗留代码交互所有复杂的工作。[R2P]"

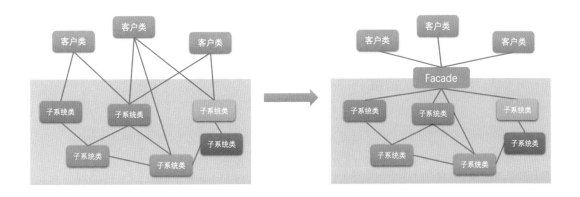

"嗯，对的，对于复杂难以维护的老系统，直接去改或去扩展都可能产生很多问题，分两个小组，一个开发Facade与老系统的交互，另一个只要了解Facade的接口，直接开发新系统调用这些接口即可，确实可以减少很多不必要的麻烦。"

"OK，我明白了，明天把股票卖了，改去买基金。"小菜感觉找到了方向。

"不不不，你首先应该要好好学习。基金也有很多种，选择不好，也会亏钱的。总的来说，如果你没有学习就购买了股票或基金，并且赚钱了，千万别开心太早，这只不过是像中了彩票一样完全是运气。运气，那只能让你赚上一两次钱或避免逃过一两次劫，后面靠运气怎么赚来的，就怎么亏出去，甚至亏得更加多。**只有你真正有了自己的投资体系或框架，能够经过实践验证有效，并且还可能需要不断修正，这才能真正获得超额的收益。**"大鸟微笑地看着小菜，"哈，小菜呀小菜，话说回来，该不是你自己炒股票亏钱了吧？"

"嘿嘿，"小菜脸通红，"我当然也是参与了一点点。谁叫你不教我外观模式，害得我好容易攒了点钱却白白亏了不少。"

"啊，赖我呀？"大鸟一脸无辜。

第13章

第**13**章

好菜每回味不同——建造者模式

13.1 炒面没放盐

时间：4月9日22点　　地点：小菜、大鸟住所的客厅　　人物：小菜、大鸟

"小菜，讲了半天，肚子饿得厉害，走，去吃夜宵去。"大鸟摸着肚子说道。

"你请客？！"

"我教了你这么多，你也不打算报答一下，还要我请客？搞没搞错。"

"啊，说得也是，这样吧，我请客，你埋单，嘻嘻！"小菜傻笑道，"我身上没带钱。"

"你这个菜穷酸，行了，我来埋单吧。"大鸟等不及了，拿起外套就往外走。

"等等我，我把电脑关一下……"

时间：4月9日22：30　　地点：小区外大排档　　人物：小菜、大鸟

小区门口大排档前。

"老板，来两份炒饭。"大鸟对大排档的老板说。

"大鸟太小气，就请吃炒饭呀，"小菜埋怨道，"我要吃炒面。"

"再说废话，你请客了哦！"大鸟瞪了小菜一眼，接着对老板说，"那就一份炒饭一份炒面吧。"

十分钟后。

"这炒饭炒得什么玩意儿，味道不够，鸡蛋那么少，估计只放了半个。"大鸟吃得很不爽，抱怨道。

"炒面好好吃哦，真香。"小菜故意嘟囔着，把面吸得嗦嗦直响。

"让我尝尝，"大鸟强拉过小菜的盘子，吃了一口，"好像味道是不错，你小子运气好。老板，再给我来盘炒面！"

五分钟后。

"炒面来了，客官请慢用。"老板仿佛古时的小二一般来了一句。

"啊，老板，这炒面没放盐……"大鸟叫道。

......

时间：4月9日23：15　　　地点：回小区的路上　　　人物：小菜、大鸟

在回去的路上，大鸟感慨道："小菜，你知道为什么麦当劳、肯德基这些不过百年的洋快餐能在有千年饮食文化的中国发展得这么好吗？"

"他们比较规范吧，味道好吃，而且还不出错，不会出现像你今天这样，蛋炒饭不好吃，炒面干脆不放盐的情况。"

"你说得没错，麦当劳、肯德基的汉堡，不管在哪家店里吃，什么时间去吃，至少在中国，味道基本都是一样的。而我们国家，比如那道'鱼香肉丝'，几乎是所有大小中餐饭店都有的一道菜，但却可以吃出上万种口味来，这是为什么？"

"厨师不一样呀，每个人做法不同的。"

"是的，因为厨师不同，他们学习厨艺方法不同，有人是科班出身，有人是师傅带徒弟，有人是照书下料，还有人是自我原创，哈，这样你说同样的菜名'鱼香肉丝'，味道会一样吗？"

"还不只是这些，同一个厨师，不同时间烧出来同样的菜也不一样的，盐多盐少，炒的火候时间的长短，都是不一样的。"

"说得好，那你仔细想想，麦当劳、肯德基比我们很多中式快餐成功的原因是什么？"

"就感觉他们比较规范，具体原因也说不上来。"

"为什么你的炒面好吃，而我再要的炒面却没有放盐？这好吃不好吃由谁决定？"

"当然是烧菜的人，他感觉好，就是一盘好面，要是心情不好，或者粗心大意，就是一盘垃圾。"小菜肯定地说。

"哈，说得没错，今天我就吃了两盘垃圾，其实这里面最关键的就在于我们是吃得爽还是吃得难受都要依赖于厨师。你再想想我们设计模式的原则？"

"啊，你的意思是**依赖倒转原则？抽象不应该依赖细节，细节应该依赖于抽象**，由于我们要吃的菜都依赖于厨师这样的细节，所以我们就很被动。"

"好，那再想想，老麦老肯他们的产品，味道是由什么决定的？"

"我知道，那是由他们的工作流程决定的，由于他们制定了非常规范的工作流程，原料放多少，加热几分钟，都有严格规定，估计放多少盐都是用克来计量的。而这个工作流程是在所有的门店都必须要遵照执行的，所以我们吃到的东西不管在哪在什么时候味道都一样。这里我们要吃的食物都依赖工作流程。不过工作流程好像还是细节呀。"

"对，工作流程也是细节，我们去快餐店消费，我们用不用关心他们的工作流程？当然是不用，我们更关心的是是否好吃。你想如果老肯发现鸡翅烤得有些焦，他

们会调整具体的工作流程中的烧烤时间，如果新加一种汉堡，做法都相同，只是配料不相同，工作流程是不变的，只是加了一种具体产品而已，这里工作流程怎么样？"

"对，这里工作流程可以是一种抽象的流程，具体放什么配料、烤多长时间等细节依赖于这个抽象。"

13.2 建造小人一

"给你出个题目，看看你能不能真正体会到流程的抽象。我的要求是你用程序画一个小人，这在游戏程序里非常常见，现在简单一点，要求是小人要有头、身体、两手、两脚就可以了。"

"废话，人还会有多手多脚呀，那不成了蜈蚣或螃蟹。这程序不难呀，我回去就写给你看。"

时间：4月9日23：30   地点：小菜大鸟住所的客厅   人物：小菜、大鸟

"大鸟，程序写出来了，我建立一个窗口JFrame，在上面画了一个小人，简单了点，但功能实现了。"

```java
import java.awt.Graphics;
import javax.swing.JFrame;

class Test extends JFrame {

    public Test() {
        setSize(400, 400);
        setDefaultCloseOperation(EXIT_ON_CLOSE);
        setLocationRelativeTo(null);
    }

    public void paint(Graphics g) {

        //瘦小人
        g.drawOval(150, 120, 30, 30);    //头
        g.drawRect(160, 150, 10, 50);    //身体
        g.drawLine(160, 150, 140, 200);  //左手
        g.drawLine(170, 150, 190, 200);  //右手
        g.drawLine(160, 200, 145, 250);  //左脚
        g.drawLine(170, 200, 185, 250);  //右脚

    }

    public static void main(String[] args) {
        new Test().setVisible(true);
    }
}
```

"写得很快，那么我现在要你再画一个身体比较胖的小人呢。"

"那不难呀，我马上做好。"

```
//胖小人
g.drawOval(250, 120, 30, 30);    //头
g.drawOval(245, 150, 40, 50);    //身体
g.drawLine(250, 150, 230, 200); //左手
g.drawLine(280, 150, 300, 200); //右手
g.drawLine(260, 200, 245, 250); //左脚
```

"啊，等等，我少画了一条腿。"

```
g.drawLine(270, 200, 285, 250); //右脚
```

"哈，这就和我们刚才去吃炒面一样，老板忘记了放盐，让本是美味的夜宵变得无趣。如果是让你开发一个游戏程序，里面的人物却少了一条腿，那怎么能行？"

"是呀，画人的时候，头身手脚是必不可少的，开发时也是不能少的。"

"你现在的代码全写在Test.java里，我要是需要在别的地方用这些画小人的程序怎么办？"

13.3 建造小人二

"嘿，你的意思是分离，这不难办，我建两个类，一个是瘦人的类，一个是胖人的类，不管谁都可以调用它了。"

```java
//瘦小人建造者
class PersonThinBuilder {
    private Graphics g;

    public PersonThinBuilder(Graphics g){
        this.g=g;
    }

    public void build(){
        g.drawOval(150, 120, 30, 30);    //头
        g.drawRect(160, 150, 10, 50);    //身体
        g.drawLine(160, 150, 140, 200); //左手
        g.drawLine(170, 150, 190, 200); //右手
        g.drawLine(160, 200, 145, 250); //左脚
        g.drawLine(170, 200, 185, 250); //右脚
    }
}
```

"胖人的类也是相似的。然后我在客户端里就只需这样写就可以了。"

```java
public void paint(Graphics g) {

    //初始化瘦小人建造者类
    PersonThinBuilder gThin = new PersonThinBuilder(g);
    gThin.build();//画瘦小人

    //初始化胖小人建造者类
    PersonFatBuilder gFat = new PersonFatBuilder(g);
    gFat.build();//画胖小人
}
```

"你这样写的确达到了可以复用这两个画小人程序的目的。"大鸟说，"但炒面忘记放盐的问题依然没有解决。比如我现在需要你加一个高个的小人，你会不会因为编程不注意，又让他缺胳膊少腿呢？"

"是呀，最好的办法是规定，凡是建造小人，都必须要有头和身体，以及两手两脚。"

13.4 建造者模式

"你仔细分析会发现，这里建造小人的'过程'是稳定的，都需要头身手脚，而具体建造的'细节'是不同的，有胖有瘦有高有矮。但对于用户来讲，我才不管这些，我只想告诉你，我需要一个胖小人来游戏，于是你就建造一个给我就行了。如果**你需要将一个复杂对象的构建与它的表示分离，使得同样的构建过程可以创建不同的表示的意图时**，我们需要应用于一个设计模式，'**建造者模式（Builder）**'，又叫生成器模式。建造者模式可以将一个产品的内部表象与产品的生成过程分割开来，从而可以使一个建造过程生成具有不同的内部表象的产品对象。**如果我们用了建造者模式，那么用户就只需指定需要建造的类型就可以得到它们，而具体建造的过程和细节就不需要知道了。**"

> 建造者模式（Builder），将一个复杂对象的构建与它的表示分离，使得同样的构建过程可以创建不同的表示。[DP]

"那怎么用建造者模式呢？"

"一步一步来，首先我们要画小人，都需要画什么？"

"头、身体、左手、右手、左脚、右脚。"

"对的，所以我们先定义一个抽象的建造人的类，来把这个过程给稳定住，不让任何人遗忘当中的任何一步。"

```java
//抽象的建造者类
abstract class PersonBuilder {
    protected Graphics g;

    public PersonBuilder(Graphics g){
        this.g = g;
    }

    public abstract void buildHead();      //头
    public abstract void buildBody();      //身体
    public abstract void buildArmLeft();   //左手
    public abstract void buildArmRight();  //右手
    public abstract void buildLegLeft();   //左脚
    public abstract void buildLegRight();  //右脚
}
```

"然后，我们需要建造一个瘦的小人，则让这个瘦子类去继承这个抽象类，那就必须去重写这些抽象方法了。否则编译器也不让你通过。"

```java
//瘦小人建造者
class PersonThinBuilder extends PersonBuilder {

    public PersonThinBuilder(Graphics g){
        super(g);
    }

    public void buildHead(){
        g.drawOval(150, 120, 30, 30);    //头
    }
    public void buildBody(){
        g.drawRect(160, 150, 10, 50);    //身体
    }
    public void buildArmLeft(){
        g.drawLine(160, 150, 140, 200); //左手
    }
    public void buildArmRight(){
        g.drawLine(170, 150, 190, 200); //右手
    }
    public void buildLegLeft(){
        g.drawLine(160, 200, 145, 250); //左脚
    }
    public void buildLegRight(){
        g.drawLine(170, 200, 185, 250); //右脚
    }
}
```

如果遗漏实现任意一个父类的抽象方法，会导致编译时报未覆盖 PersonBuilder 中的抽象方法 buildLegRight() 的错

"当然，胖人或高个子其实都是用类似的代码去实现这个类就可以了。"

"这样，我在客户端要调用时，还是需要知道头身手脚这些方法呀？没有解决问题。"小菜不解地问。

"别急，我们还缺建造者模式中一个很重要的类，指挥者（Director），用它来控制建造过程，也用它来隔离用户与建造过程的关联。"

```java
//指挥者
class PersonDirector{

    private PersonBuilder pb;
    //初始化时指定需要建造什么样的小人
    public PersonDirector(PersonBuilder pb){
        this.pb=pb;
    }

    //根据用户的需要建造小人
    public void CreatePerson(){
        pb.buildHead();      //头
        pb.buildBody();      //身体
        pb.buildArmLeft();   //左手
        pb.buildArmRight();  //右手
        pb.buildLegLeft();   //左脚
        pb.buildLegRight();  //右脚
    }
}
```

"你看到没有，PersonDirector类的目的就是根据用户的选择来一步一步建造小人，而建造的过程在指挥者这里完成了，用户就不需要知道了，而且，由于这个过程每一步都是一定要做的，那就不会让少画了一只手，少画一条腿的问题出现了。"

"代码结构图如下。"

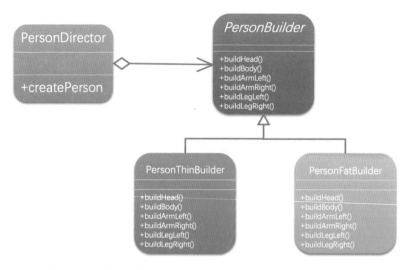

"哈，我明白了，那客户端的代码我来写吧。应该也不难实现了。"

```java
class Test extends JFrame {

    public Test() {
        setSize(400, 400);
        setDefaultCloseOperation(EXIT_ON_CLOSE);
        setLocationRelativeTo(null);
    }

    public void paint(Graphics g) {

        PersonBuilder gThin = new PersonThinBuilder(g);
        PersonDirector pdThin = new PersonDirector(gThin);
        pdThin.CreatePerson();

        PersonBuilder gFat = new PersonFatBuilder(g);
        PersonDirector pdFat = new PersonDirector(gFat);
        pdFat.CreatePerson();

    }

    public static void main(String[] args) {
        new Test().setVisible(true);
    }
}
```

"试想一下，我如果需要增加一个高个子和矮个子的小人，我们应该怎么做？"

"加两个类，一个高个子类和一个矮个子类，让它们都去继承PersonBuilder，然后客户端调用就可以了。但我有个问题，如果我需要细化一些，比如人的五官，手的上臂、前臂和手掌，大腿小腿这些，如何办呢？"

"问得好，这就需要权衡，如果这些细节是每个具体的小人都需要构建的，那就应该要加进去，反之就没必要。其实建造者模式是逐步建造产品的，所以建造者的Builder类里的那些建造方法必须要足够普遍，以便为各种类型的具体建造者构造。"

13.5 建造者模式解析

"来，我们看看建造者模式的结构。"

建造者模式（Builder）结构图

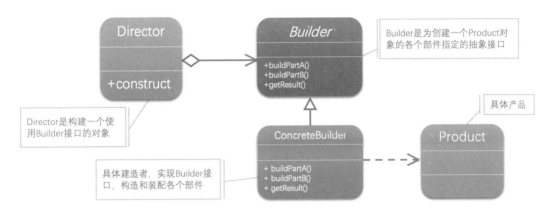

"现在你看这张图就不会感觉陌生了。来总结一下，Builder是什么？"

"是一个建造小人各个部分的抽象类。"

"概括地说，是为创建一个Product对象的各个部件指定的抽象接口。ConcreteBuilder是什么呢？"

"具体的小人建造者，具体实现如何画出小人的头身手脚各个部分。"

"对的，它是具体建造者，实现Builder接口，构造和装配各个部件。Product当然就是那些具体的小人，产品角色了，Director是什么？"

"**指挥者**，用来根据用户的需求构建小人对象。"

"嗯，它是构建一个使用Builder接口的对象。"

"那都是什么时候需要使用建造者模式呢？"

"它主要用于创建一些复杂的对象，这些对象内部子对象的建造顺序通常是稳定的，但每个子对象本身的构建通常面临着复杂的变化。"

"哦，是不是建造者模式的好处就是使得建造代码与表示代码分离，由于建造者隐藏了该产品是如何组装的，所以若需要改变一个产品的内部表示，只需要再定义一个具体的建造者就可以了。"

"来来来，我们来试着把建造者模式的基本代码推演一下，以便有一个更宏观的认识。"

13.6 建造者模式基本代码

Product类——产品类，由多个部件组成。

```java
//产品类
class Product{
    ArrayList<String> parts = new ArrayList<String>();

    //添加新的产品部件
    public void add(String part){
        parts.add(part);
    }
    //列举所有产品部件
    public void show(){
        for(String part : parts){
            System.out.println(part);
        }
    }
}
```

Builder类——抽象建造者类，确定产品由两个部件PartA和PartB组成，并声明一个得到产品建造后结果的方法GetResult。

```java
//抽象的建造者类
abstract class Builder {
    public abstract void buildPartA();      //建造部件A
    public abstract void buildPartB();      //建造部件B
    public abstract Product getResult();    //得到产品
}
```

ConcreteBuilder1类——具体建造者类。

```java
//具体建造者1
class ConcreteBuilder1 extends Builder {
    private Product product = new Product();

    public void buildPartA(){
        product.add("部件A");
    }
    public void buildPartB(){
        product.add("部件B");
    }
    public Product getResult(){
        return product;
    }
}
```

ConcreteBuilder2类——具体建造者类。

```java
//具体建造者2
class ConcreteBuilder2 extends Builder {
    private Product product = new Product();
    public void buildPartA(){
        product.add("部件X");
    }
    public void buildPartB(){
        product.add("部件Y");
    }
    public Product getResult(){
        return product;
    }
}
```

Director类——指挥者类。

```
//指挥者
class Director{
    public void construct(Builder builder){
        builder.buildPartA();
        builder.buildPartB();
    }
}
```

客户端代码，客户不需要知道具体的建造过程。

```
Director director = new Director();
Builder b1 = new ConcreteBuilder1();
Builder b2 = new ConcreteBuilder2();

//指挥者用ConcreteBuilder1的方法来建造产品
director.construct(b1); //创建的是产品A和产品B
Product p1 = b1.getResult();
p1.show();

//指挥者用ConcreteBuilder2的方法来建造产品
director.construct(b2); //创建的是产品X和产品Y
Product p2 = b2.getResult();
p2.show();
```

"所以说，建造者模式是在当创建复杂对象的算法应该独立于该对象的组成部分以及它们的装配方式时适用的模式。"

"如果今天大排档做炒面的老板知道建造者模式，他就明白，盐是一定要放的，不然，编译就通不过。"

"什么呀，不然，钱就赚不到了，而且还大大丧失我们对他厨艺的信任。看来，各行各业都应该要懂模式呀。"

第14章 老板回来，我不知道——观察者模式

14.1 老板回来？我不知道！

时间：4月12日21点　　　地点：小菜、大鸟住所的客厅　　　人物：小菜、大鸟

小菜对大鸟说："今天白天真的笑死人了，我们一同事在上班期间看股票行情，被老板当场看到，老板很生气，后果很严重呀。"

"最近股市这么火，也应该可以理解的，你们老板说不定也炒股。"

"其实最近项目计划排得紧，是比较忙的。而最近的股市又特别的火，所以很多人都在偷偷地通过网页看行情。老板时常会出门办事，于是大家就可以轻松一些，看看行情，几个人聊聊买卖股票的心得什么的，但是一不小心，老板就会回来，让老板看到工作当中做这些总是不太好，你猜他们想到怎么办？"

"只能小心点，那能怎么办？"

"我们公司前台是一个小美眉，她的名字叫童子喆，因为平时同事们买个饮料或零食什么的，都拿一份孝敬于她，所以关系比较好，现在他们就请小子喆帮忙，如果老板出门后回来，就一定要打个电话进来，大家也好马上各就各位，这样就不会被老板发现问题了。"

"哈，好主意，老板被人卧了底，这下你们那些人就不怕被发现了。"

"是呀，只要老板进门，子喆拨个电话给同事中的一个，所有人就都知道老板回来了。这种做法屡试不爽。"

"那怎么还会有今天被发现的事？"

"今天是这样的，老板出门后，大家开始个个都打开股票行情查看软件，然后还聚在一起讨论着'大盘现在如何''你的股票抛了没有'等事。这时老板回来后，并没有直接走进去，而是对子喆交待了几句，可能是要她打印些东西，并叫她跟老板去拿材料，这样子喆就根本没有任何时间去打电话了。"

"哈，这下完了。"

"是呀，老板带着子喆走进了办公室的时候，办公室一下子从热闹转向了安静，好几个同事本是聚在一起聊天的，赶快不说话了，回到自己的座位上，最可怜的是那个背对大门的同事——魏关姹，他显然不知道老板回来了，竟然还叫了一句'我的股票涨停了哦。'，声音很大，就当他兴奋地转过身想表达一下激动的心情时，却看到了老板愤

怒的面孔和其他同事同情的眼神。"

"幸运却又倒霉的人,谁叫他没看到老板来呢。"

"但我们老板很快恢复了笑容,平静地说道:'魏关姹,恭喜发财呀,你是不是考虑请我们大家吃饭哦。'魏关姹面红耳赤地说,'老板,实在对不起!以后不会了。''以后工作时还是好好工作吧。大家都继续工作吧。'老板没再说什么,就去忙事情去了。"

"啊,就这样结束了?我还当他会拿魏关姹作典型,好好批评一顿呢。不过回过头来想想看,你们老板其实很厉害,这比直接批评来得更有效,大家都是明白人,给个面子或许都能下得了台,如果真的当面批评,或许魏关姹就干不下去了。"

"是的,生气却不发作,很牛。"

14.2 双向耦合的代码

"你说的这件事的情形,是一个典型的观察者模式。"大鸟说,"你不妨把其间发生的事写成程序看看。"

"哦,好的,我想想看。"小菜开始在纸上画起来。

半分钟后,小菜给了大鸟程序。

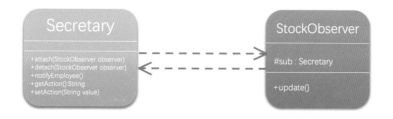

```java
//前台秘书类
class Secretary{
    protected String name;
    public Secretary(String name){
        this.name = name;
    }

    //同事列表
    private ArrayList<StockObserver> list = new ArrayList<StockObserver>();
    private String action;

    //增加同事（有几个同事需要前台通知，就增加几个对象）
    public void attach(StockObserver observer){
        list.add(observer);
    }

    //通知
    public void notifyEmployee(){
        //待老板来了，就给所有登记过的同事发通知
        for(StockObserver item : list){
            item.update();
        }
    }

    //得到状态
    public String getAction(){
        return this.action;
    }
    //设置状态（就是设置具体通知的话）
    public void setAction(String value){
        this.action = value;
    }
}


//看股票同事类
class StockObserver{
    private String name;
    private Secretary sub;
    public StockObserver(String name,Secretary sub){
        this.name = name;
        this.sub = sub;
    }

    public void update(){
        System.out.println(this.sub.name+": "+this.sub.getAction()+"! "+this.name+", 请关闭股票行情, 赶紧工作。");
    }
}
```

客户端代码：

```java
//前台小姐童子喆
Secretary secretary1 = new Secretary("童子喆");
//看股票的同事
StockObserver employee1 = new StockObserver("魏关姹",secretary1);
StockObserver employee2 = new StockObserver("易管查",secretary1);

//前台登记下两个同事
secretary1.attach(employee1);
secretary1.attach(employee2);

//当发现老板回来时
secretary1.setAction("老板回来了");
//通知两个同事
secretary1.notifyEmployee();
```

结果显示：

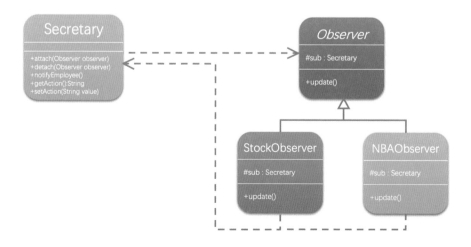

> 童子喆：老板回来了！魏关姹，请关闭股票行情，赶紧工作。
> 童子喆：老板回来了！易管查，请关闭股票行情，赶紧工作。

"写得不错，把整个事情都包括了。现在的问题是，你有没有发现，这个'前台秘书'类和这个'看股票者'类之间怎么样？"

"嗯，你是不是指互相耦合？我写的时候就感觉到了，前台秘书类要增加观察者，观察者类需要前台秘书的状态。"

"对呀，你想想看，如果观察者当中还有人是想看NBA的网上直播（由于时差关系，美国NBA篮球比赛通常都是在北京时间的上午开始），你的'前台秘书'类代码怎么办？"

"那就得改动了。"

"你都发现这个问题了，你说该怎么办？想想我们的设计原则？"

"我就知道，你又要提醒我了。首先开放-封闭原则，修改原有代码就说明设计不够好。其次是依赖倒转原则，我们应该让程序都依赖抽象，而不是相互依赖。OK，我去改改，应该不难的。"

14.3 解耦实践一

半小时后，小菜给出了第二版。

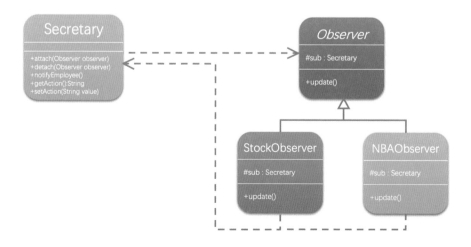

增加了抽象的观察者：

```java
//抽象观察者
abstract class Observer{
    protected String name;
    protected Secretary sub;
    public Observer(String name,Secretary sub){
        this.name = name;
        this.sub = sub;
    }
    public abstract void update();
}
```

增加了两个具体观察者：

```java
//看股票同事类
class StockObserver extends Observer{
    public StockObserver(String name,Secretary sub){
        super(name,sub);
    }

    public void update(){
        System.out.println(super.sub.name+": "+super.sub.getAction()+"! "+super.name+", 请关闭股票行情，赶紧工作。");
    }
}
```

```java
//看NBA同事类
class NBAObserver extends Observer{
    public NBAObserver(String name,Secretary sub){
        super(name,sub);
    }

    public void update(){
        System.out.println(super.sub.name+": "+super.sub.getAction()+"! "+super.name+", 请关闭NBA直播，赶紧工作。");
    }
}
```

"这里让两个观察者去继承'抽象观察者'，对于'update（更新）'的方法做重写操作。"

"下面是前台秘书类的编写，把所有的与具体观察者耦合的地方都改成了'抽象观察者'。"

```java
//前台类
class Secretary{
    protected String name;
    public Secretary(String name){
        this.name = name;
    }
    //同事列表
    private ArrayList<Observer> list = new ArrayList<Observer>();//针对抽象的Observer编程
    private String action;

    //增加同事（有几个同事需要前台通知，就增加几个对象）
    public void attach(Observer observer){
        list.add(observer);
    }
    //减少同事
    public void detach(Observer observer){
        list.remove(observer);
    }
    //通知
    public void notifyEmployee(){
        //待老板来了，就给所有登记过的同事发通知
        for(Observer item : list){
            item.update();
        }
    }
    //得到前台状态
    public String getAction(){
        return this.action;
    }
}
```

```
//设置前台状态(就是设置具体通知的话)
public void setAction(String value){
    this.action = value;
}
}
```

客户端代码同前面一样。

"小菜,你这样写只完成一半呀。"

"为什么,我不是已经增加了一个'抽象观察者'了吗?"

"你小子,考虑问题为什么就不能全面点呢?你仔细看看,在具体观察者中,有没有与具体的类耦合的?"

"嗯?这里有什么?哦!我明白了,你的意思是'前台秘书'是一个具体的类,也应该抽象出来。"

"对呀,你想想看,你们公司最后一次,你们的老板回来,前台秘书来不及电话了,于是通知大家的任务变成谁来做?"

"是老板,对的,其实老板也好,前台秘书也好,都是具体的通知者,这里观察者也不应该依赖具体的实现,而是一个抽象的通知者。"

"另外,就算是你们的前台秘书,如果某一个同事和她有矛盾,她生气了,于是不再通知这位同事,此时,她是否应该把这个对象从她加入的观察者列表中删除?"

"这个容易,调用'detach'方法将其减去就可以了。"

"好的,再去写写看。"

14.4 解耦实践二

又过了半小时后,小菜给出了第三版。

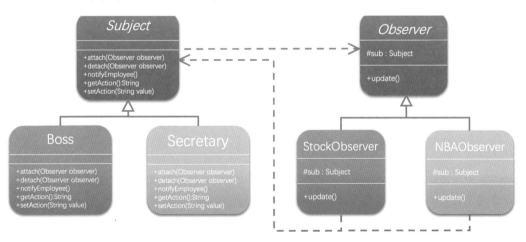

增加了抽象通知者，可以是接口，也可以是抽象类。

```java
//通知者接口
abstract class Subject{
    protected String name;
    public Subject(String name){
        this.name = name;
    }
    //同事列表
    private ArrayList<Observer> list = new ArrayList<Observer>();//针对抽象的Observer编程
    private String action;
    //增加同事（有几个同事需要秘书通知，就增加几个对象）
    public void attach(Observer observer){
        list.add(observer);
    }
    //减少同事
    public void detach(Observer observer){
        list.remove(observer);
    }
    //通知
    public void notifyEmployee(){
        //给所有登记过的同事发通知
        for(Observer item : list){
            item.update();
        }
    }
    //得到状态
    public String getAction(){
        return this.action;
    }
    //设置状态（就是设置具体通知的话）
    public void setAction(String value){
        this.action = value;
    }
}
```

具体的通知者类可能是前台秘书，也可能是老板，它们也许有各自的一些方法，但对于通知者来说，它们是一样的，所以它们都去继承这个抽象类Subject。

```java
//老板
class Boss extends Subject{
    public Boss(String name){
        super(name);
    }

    //拥有自己的方法和属性
}

//前台类
class Secretary extends Subject{
    public Secretary(String name){
        super(name);
    }

    //拥有自己的方法和属性
}
```

对于具体的观察者，需更改的地方就是把与"前台秘书"耦合的地方都改成针对抽象通知者。

```
//抽象观察者
abstract class Observer{
    protected String name;
    protected Subject sub;
    public Observer(String name,Subject sub){
        this.name = name;
        this.sub = sub;            ┌─────────────────────────────────────┐
    }                              │ 原来是Secretary，现在是抽象类Subject │
    public abstract void update(); └─────────────────────────────────────┘
}

//看股票同事类
class StockObserver extends Observer{
    public StockObserver(String name,Subject sub){
        super(name,sub);
    }

    public void update(){
        System.out.println(super.sub.name+": "+super.sub.getAction()+"! "+super.name+", 请关闭股票行情, 赶紧工作。");
    }
}

//看NBA同事类
class NBAObserver extends Observer{
    public NBAObserver(String name,Subject sub){
        super(name,sub);
    }

    public void update(){
        System.out.println(super.sub.name+": "+super.sub.getAction()+"! "+super.name+", 请关闭NBA直播, 赶紧工作。");
    }
}
```

客户端代码：

```
//老板胡汉三
Subject boss1 = new Boss("胡汉三");

//看股票的同事
Observer employee1 = new StockObserver("魏关姹",boss1);
Observer employee2 = new StockObserver("易管查",boss1);
//看NBA的同事
Observer employee3 = new NBAObserver("兰秋幂",boss1);

//老板登记下三个同事
boss1.attach(employee1);
boss1.attach(employee2);
boss1.attach(employee3);

boss1.detach(employee1); //魏关姹其实没有被通知到, 所以减去

//老板回来
boss1.setAction("我胡汉三回来了");
//通知两个同事
boss1.notifyEmployee();
```

结果显示：

> 胡汉三：我胡汉三回来了！易管查，请
> 关闭股票行情，赶紧工作。
> 胡汉三：我胡汉三回来了！兰秋幂，请
> 关闭NBA直播，赶紧工作。

"由于'魏关姹'没有被通知到，所以他被当场'抓获'，下场很惨。"小菜说道，"现在我做到了两者都不耦合了。"

"写得好。你已经把观察者模式的精华都写出来了，现在我们来看看什么叫观察者模式。"

14.5 观察者模式

观察者模式又叫作发布-订阅（Publish/Subscribe）模式。

> 观察者模式定义了一种一对多的依赖关系，让多个观察者对象同时监听某一个主题对象。这个主题对象在状态发生变化时，会通知所有观察者对象，使它们能够自动更新自己。[DP]

观察者模式（Observer）结构图

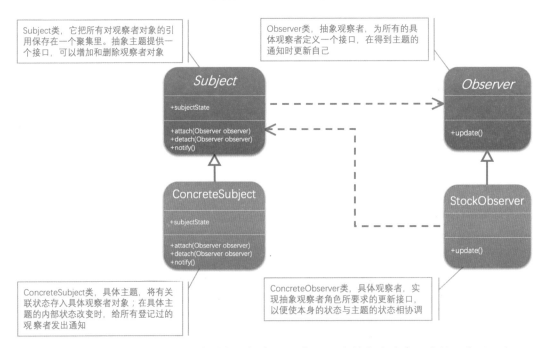

Subject类，它把所有对观察者对象的引用保存在一个聚集里。抽象主题提供一个接口，可以增加和删除观察者对象

Observer类，抽象观察者，为所有的具体观察者定义一个接口，在得到主题的通知时更新自己

ConcreteSubject类，具体主题，将有关联状态存入具体观察者对象；在具体主题的内部状态改变时，给所有登记过的观察者发出通知

ConcreteObserver类，具体观察者，实现抽象观察者角色所要求的更新接口，以便使本身的状态与主题的状态相协调

Subject类，可翻译为主题或抽象通知者，一般用一个抽象类或者一个接口实现。它把所有对观察者对象的引用保存在一个聚集里，每个主题都可以有任何数量的观察者。抽象主题提供一个接口，可以增加和删除观察者对象。

```java
//通知者抽象类
abstract class Subject{
    private ArrayList<Observer> list = new ArrayList<Observer>();//针对抽象的Observer编程

    //增加观察者
    public void attach(Observer observer){
        list.add(observer);
    }
    //减少观察者
    public void detach(Observer observer){
        list.remove(observer);
    }
    //通知观察者
    public void notifyObserver(){
        for(Observer item : list){
            item.update();
        }
    }
    protected String subjectState;
    public String getSubjectState(){
        return this.subjectState;
    }
    public void setSubjectState(String value){
        this.subjectState = value;
    }
}
```

Observer类，抽象观察者，为所有的具体观察者定义一个接口，在得到主题的通知时更新自己。这个接口叫作更新接口。抽象观察者一般用一个抽象类或者一个接口实现。更新接口通常包含一个update()方法，这个方法叫作更新方法。

```java
//抽象观察者
abstract class Observer{
    public abstract void update();
}
```

ConcreteSubject类，叫作具体主题或具体通知者，将有关状态存入具体观察者对象；在具体主题的内部状态改变时，给所有登记过的观察者发出通知。具体主题角色通常用一个具体子类实现。

```java
//具体通知者
class ConcreteSubject extends Subject{
    //具体通知者的方法
}
```

ConcreteObserver类，具体观察者，实现抽象观察者角色所要求的更新接口，以便使本身的状态与主题的状态相协调。具体观察者角色可以保存一个指向具体主题对象的引用。具体观察者角色通常用一个具体子类实现。

```java
//具体观察者类
class ConcreteObserver extends Observer{
    private String name;
    private Subject sub;
    public ConcreteObserver(String name,Subject sub){
        this.name = name;
        this.sub = sub;
    }
    public void update(){
        System.out.println("观察者"+this.name+"的新状态是"+this.sub.getSubjectState());
    }
}
```

客户端代码：

```
Subject subject = new ConcreteSubject();
subject.attach(new ConcreteObserver("NameX",subject));
subject.attach(new ConcreteObserver("NameY",subject));
subject.attach(new ConcreteObserver("NameZ",subject));
subject.setSubjectState("ABC");

subject.notifyObserver();
```

结果显示：

观察者NameX的新状态是ABC

观察者NameY的新状态是ABC

观察者NameZ的新状态是ABC

14.6 观察者模式的特点

"用观察者模式的动机是什么呢？"小菜问道。

"问得好，将一个系统分割成一系列相互协作的类有一个很不好的副作用，那就是需要维护相关对象间的一致性。我们不希望为了维持一致性而使各类紧密耦合，这样会给维护、扩展和重用都带来不便[DP]。而观察者模式的关键对象是主题Subject和观察者Observer，一个Subject可以有任意数目的依赖它的Observer，一旦Subject的状态发生了改变，所有的Observer都可以得到通知。Subject发出通知时并不需要知道谁是它的观察者，也就是说，具体观察者是谁，它根本不需要知道。而任何一个具体观察者不知道也不需要知道其他观察者的存在。"

"什么时候考虑使用观察者模式呢？"

"你说什么时候应该使用？"大鸟反问道。

"当一个对象的改变需要同时改变其他对象的时候。"

"补充一下，而且它不知道具体有多少对象有待改变时，应该考虑使用观察者模式。还有吗？"

"我感觉当一个抽象模型有两个方面，其中一方面依赖于另一方面，这时用观察者模式可以将这两者封装在独立的对象中使它们各自独立地改变和复用。"

"非常好，总的来讲，观察者模式所做的工作其实就是在解除耦合。让耦合的双方都依赖于抽象，而不是依赖于具体。从而使得各自的变化都不会影响另一边的变化。"

"啊，这实在是依赖倒转原则的最佳体现呀。"小菜感慨道。

"我问你，在抽象观察者时，你的代码里用的是抽象类，为什么不用接口？"

"因为我觉得两个具体观察者，看股票观察者和看NBA观察者是相似的，所以用了抽象类，这样可以共用一些代码，用接口只是方法上的实现，没太大意义。"

"那么抽象观察者可不可以用接口来定义？"

"用接口？我不知道，应该没必要吧。"

"哈，那是因为你不知道观察者模式的应用都是怎么样的。现实编程中，具体的观察者完全有可能是风马牛不相及的类，但它们都需要根据通知者的通知来做出update()的操作，所以让它们都实现下面这样的一个接口就可以实现这个想法了。"

```
interface Observer{
    public void update();
}
```

"嘿，大鸟说得好，这时用接口比较好。"小菜傻笑问道，"那具体怎么使用呢？"

14.7 Java内置接口实现

"事实上，Java已经为观察者模式准备好了相关的接口和抽象类了。"大鸟说道，"观察者接口java.util.Observer和通知者类java.util. Observable。有了这些Java内置代码的支持，你只需要扩展或继承Observable，并告诉它什么时候应该通知观察者，就OK了，剩下的事Java会帮你做。JDK中的原生代码你可以自己去查看，我们来看如何用它们来实现刚才的代码结构。"

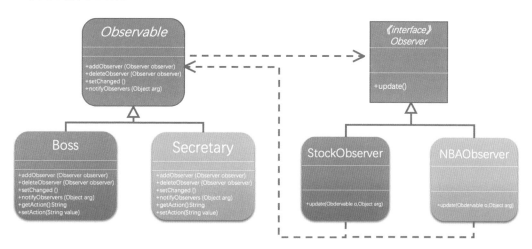

"由于已经有了Observable实现的各种方法，比如加观察者（addObserver）、减观察者（deleteObserver）、通知观察者（notifyObservers）等。所以Boss类继承了Observable，已经无须再实现这些代码了。Boss继承Observable类，当addObserver添加一些观察者后，它在setAction里是这样工作的：调用setChanged方法，标记状态已经改变，然后调用notifyObservers方法来通知观察者。"

```java
//老板
class Boss extends Observable{
    protected String name;
    private String action;

    public Boss(String name){
        this.name = name;
    }
    //无需增加观察者和减少观察者代码，也少了通知观察者的代码。
    //得到状态
    public String getAction(){
        return this.action;
    }
    //设置状态（就是设置具体通知的话）
    public void setAction(String value){
        this.action = value;

        super.setChanged();          //改变通知者的状态

        super.notifyObservers();     //调用父类Observable方法，通知所有观察者
    }
}
```

"StockObserver实现了JDK中的Observer接口，但update有两个固定参数，其中Observable对象可以让观察者知道是哪个主题通知它的。NBAObserver与此类类似，就不写了。看代码。"

```java
//看股票同事类
class StockObserver implements Observer{

    protected String name;
    public StockObserver(String name){
        this.name = name;
    }

    public void update(Observable o, Object arg){  //两个参数是原生接口要求的参数

        Boss b=(Boss)o;  //需要拆箱将Observable对象转成Boss

        System.out.println(b.name+": "+b.getAction()+"! "+this.name+"，请关闭股票行情，赶紧工作。");
    }
}
```

"客户端代码如下。"

```java
//老板胡汉三
Boss boss1 = new Boss("胡汉三");

//看股票的同事
Observer employee1 = new StockObserver("魏关姹");
Observer employee2 = new StockObserver("易管查");
Observer employee3 = new NBAObserver("兰秋幂");
```

```
//老板登记下三个同事
boss1.addObserver(employee1);
boss1.addObserver(employee2);
boss1.addObserver(employee3);

boss1.deleteObserver(employee1); //魏关姹其实没有被通知到，所有减去


//老板回来
boss1.setAction("我胡汉三回来了");
```

"与小菜你原来的写法差不多，addObserver与attach，deleteObserver与detach都是同一个意思。"

小菜："这样看来，代码省下了很多了。"

大鸟："你有发现问题吗？比如如果增加前台秘书类，会不会有问题。"

小菜："在StockObserver类中，竟然出现了Boss，具体类中耦合了具体类了，这就没有针对接口编程了。"

```
//看股票同事类
class StockObserver implements Observer{
    protected String name;
    public StockObserver(String name){
        this.name = name;
    }

    public void update(Observable o, Object arg){ //两个参数是原生接口要求的参数

        Boss b=(Boss)o;  //需要拆箱将Observable对象转成Boss

        System.out.println(b.name+": "+b.getAction()+"! "+this.name+", 请关闭股票行情，赶紧工作。");
    }
}
```

大鸟："所以我们可以像下面这样改。"

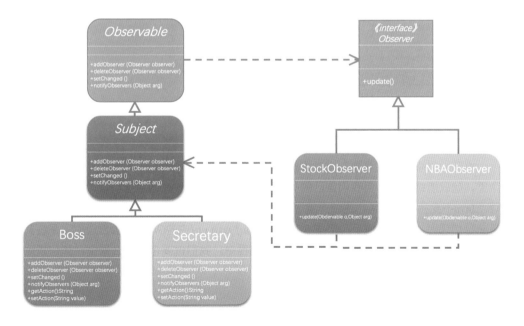

大鸟："上面这样的设计，可以充分复用Java内置类和接口，达到针对接口编程的目的，又保证了我们的代码不会因为紧耦合而不能复用的问题。"

```java
//Subject
class Subject extends Observable{
    protected String name;
    private String action;

    public Subject(String name){
        this.name = name;
    }

    //得到状态
    public String getAction(){
        return this.action;
    }
    //设置状态（就是设置具体通知的话）
    public void setAction(String value){
        this.action = value;
        setChanged();
        notifyObservers();
    }
}

//老板
class Boss extends Subject{
    public Boss(String name){
        super(name);
    }
}
```

此时StockObserver并不知道Boss的存在，而只是知道Subject，达到了我们松耦合的目的。

```java
//看股票同事类
class StockObserver implements Observer{
    protected String name;
    public StockObserver(String name){
        this.name = name;
    }

    public void update(Observable o, Object arg){

        Subject b=(Subject)o;

        System.out.println(b.name+": "+b.getAction()+"! "+this.name+"，请关闭股票行情，赶紧工作。");
    }
}
```

大鸟："事实上，这里Java内置的Observable是一个类，这样设计是有问题的。一个类，就只能继承它，但我们自己的类可能本身就需要继承其他抽象类，这就产生了麻烦。Java不支持多重继承，这就严重限制了Observable的复用潜力。所以，当你这段代码用javac编译时，会给出提示：*警告：[deprecation] java.util中的Observable已过时*。系统其实是建议你不要复用这样的方法。所以真实编程中，我们也要考虑怎么取舍，如何修改的问题。"

14.8 观察者模式的应用

小菜问道："那在现实中，观察者模式主要用在哪里呢？"

大鸟微笑着说道："举个例子。我们所用的几乎所有的应用软件，内部窗体相互通信就都是利用观察者模式的原理在工作的。比如，使用Word时，当你单击右上角的'样式窗格'之前的时候，整个界面是下面这样的。"

"当'样式窗格'之后，右侧会弹出一个样式编辑的窗体。也就是说，一个开关按钮给一个样式编辑窗体的观察者发了通知，让它显示出来。"

"所有的控件，事实上都是有实现'Observer'的接口（实际编程比较复杂，这里不展开），它们都是在等通知中，单击某个开关按钮后，就向这些控件——观察者发了通知，于是产生了窗体上的变化。这其实就是观察者模式的实际应用。具体细节可以去了解Android或Swing编程。"

14.9 石守吉失手机后

突然小菜的手机响了。

"小菜，我是石守吉，昨天我手机丢了，没办法，只得重买一个。原来的那个号也没法办回来，还好我记得你的手机，所以用这个新号打给你了。你能不能把我们班级同学的号码抄一份发邮件给我？"

"哦，这个好办，不过班级这么多人，我要是抄起来，也容易错。而且，如果现在同学有急事要找你，不就找不到了吗？我们这样办吧……用观察者模式。"

"你说什么？我听不懂呀。什么观察者模式？"

"哈，其实就是我在这里给我们班级所有同学群发一条短消息，通知他们，你石守吉已换新号，请大家更新号码，有事可及时与石守吉联系。"

"好办法，你可记得一定要给李MM、张MM、王MM发哦。"

"你小子，首先想着的就是MM。放心吧，我才不管谁呢，凡是在我手机里存的班级同学，我都会循环遍历一遍，群发给他们的。"

"小菜怎么张口闭口都是术语呀，好的，你就循环遍历一下吧。这事就委托给你了，谢谢哦！"

第15章 就不能不换DB吗？——抽象工厂模式

15.1 就不能不换DB吗？

时间：4月17日23点 　　　地点：小菜、大鸟住所的客厅　　　人物：小菜、大鸟

"这么晚才回来，都11点了。"大鸟看着刚推门而入的小菜问道。

"唉，没办法呀，工作忙。"小菜叹气说道。

"怎么会这么忙，加班有点过头了呀。"

"都是换数据库惹的祸呗。"

"怎么了？"

"我们团队前段时间用.net的C#来开发好一个项目，是给一家企业做的电子商务网站，是用SQL Server作为数据库的，应该说上线后除了开始有些小问题，基本都还可以。而后，公司接到另外一家公司类似需求的项目，但这家公司想省钱，租用了一个空间，只能用Access，不能用SQL Server，于是就要求我今天改造原来那个项目的代码。"

"小菜会C#语言了？"

"C#与Java差不多，这不是重点，但换数据库远远没有我想得那么简单。"

"哈哈，你的麻烦来了。"

"是呀，那是相当的麻烦。但开始我觉得很简单呀，因为SQL Server和Access在ADO.NET上的使用是不同的，在SQL Server上用的是System.Data.SqlClient命名空间下的SqlConnection、SqlCommand、SqlParameter、SqlDataReader、SqlDataAdapter，而Access则要用System.Data.OleDb命名空间下的相应对象，我以为只要做一个全体替换就可以了，哪知道，替换后，错误百出。"

秦老板，这个数据库可以不要更换吗？

这事没得商量！

注：以上为.net框架上的术语，不了解并不影响阅读，只要知道数据库之间调用代码相差很大即可

"那是一定的，两者有不少不同的地方。你都找到了些什么问题？"

"实在是多呀。在插入数据时Access必须要insert into而SQL Server可以不用into的；SQL Server中的GetDate()在Access中没有，需要改成Now()；SQL Server中有字符串函数Substring，而Access中根本不能用，我找了很久才知道，可以用Mid，这好像是VB中的函数。"

"小菜还真犯了不少错呀，insert into这是标准语法，你干吗不加into，这是自找的麻烦。"

"这些问题也就罢了，最气人的是程序的登录代码，老是报错，我怎么也找不到出了什么问题，搞了几个小时。最后才知道，原来Access对一些关键字，例如password是不能作为数据库的字段的，如果密码的字段名是password，SQL Server中什么问题都没有，运行正常，在Access中就是报错，而且报得让人莫名其妙。"

"'关键字'应该要用'['和']'包起来，不然当然是容易出错的。"

"就这样，今天加班到这时候才回来。"

"以后你还有的是班要加了。"

"为什么？"

"只要网站要维护，比如修改或增加一些功能，你就得改两个项目吧，至少在数据库中做改动，相应的程序代码都要改，甚至和数据库不相干的代码也要改，你既然有两个不同的版本，两倍的工作量也是必然的。"

"是呀，如果哪一天要用MySQL或者Oracle数据库，估计我要改动的地方更多了。"

"那是当然，MySQL、Oracle的SQL语法与SQL Server的差别更大。你的改动将是空前的。"

"大鸟只会夸张，哪有这么严重，大不了再加两天班就什么都搞定了。"

"哼"，大鸟笑着摇了摇头，很不屑一顾，"菜鸟程序员碰到问题，只会用时间来摆平，所以即使整天加班，老板也不想给菜鸟加工资，原因就在于此。"

"你什么意思嘛！"小菜气道，"我是菜鸟我怕谁。"接着又拉了拉大鸟，"那你说怎么搞定才好呢？"

"知道求我啦，"大鸟端起架子，"教你可以，这一周的碗你洗。"

"行，"小菜很爽快地答应道，"在家洗碗也比加班熬夜强。"

15.2 最基本的数据访问程序

"你先写一段你原来的数据访问的做法给我看看。"

"那就用'新增用户'和'得到用户'为例吧。"

用户类，假设只有ID和Name两个字段，其余省略。

```
//用户类
public class User {

    //用户ID
    private int _id;
    public int getId(){
        return this._id;
    }
    public void setId(int value){
        this._id=value;
    }

    //用户姓名
    private String _name;
    public String getName(){
        return this._name;
    }
    public void setName(String value){
        this._name=value;
    }

}
```

SqlserverUser类——用于操作User表，假设只有"新增用户"和"得到用户"方法，其余方法以及具体的SQL语句省略。

```
public class SqlserverUser {
    //新增一个用户
    public void insert(User user){
        System.out.println("在SQL Server中给User表增加一条记录");
    }

    //获取一个用户信息
    public User getUser(int id){
        System.out.println("在SQL Server中根据用户ID得到User表一条记录");
        return null;
    }
}
```

客户端代码：

```
User user = new User();

SqlserverUser su = new SqlserverUser();    ·与Sqlserver耦合

su.insert(user);      //新增一个用户
su.getUser(1);        //得到用户ID为1的用户信息
```

"我最开始就是这样写的，非常简单。"

"这里之所以不能换数据库，原因就在于SqlserverUser su = new SqlserverUser()使得su这个对象被框死在SQL Server上了。你可能会说，是因为取名叫SqlserverUser，但即使没有Sqlserver名称，它本质上也是在使用SQL Server的SQL语句代码，确实存在耦合。如果这里是灵活的，专业点的说法，是多态的，那么在执行'su.insert(user);'和'su.getUser(1);'时就不用考虑是在用SQL Server还是在用Access。"

"我明白你的意思了，你是希望我用'工厂方法模式'来封装new SqlserverUser()所造成的变化？"

"小菜到了半夜，还是很清醒嘛，不错不错。"大鸟表扬道，"工厂方法模式是定义一个用于创建对象的接口，让子类决定实例化哪一个类。"接着说，"来试试看吧。"

15.3 用了工厂方法模式的数据访问程序

小菜很快给出了工厂方法实现的代码。

代码结构图

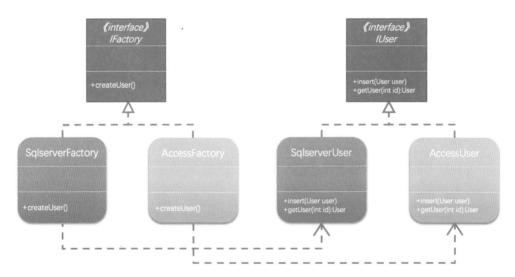

IUser接口：用于客户端访问，解除与具体数据库访问的耦合。

```
//用户类接口
public interface IUser {

    public void insert(User user);

    public User getUser(int id);
}
```

SqlserverUser类：用于访问SQL Server的User。

```
public class SqlserverUser implements IUser {

    //新增一个用户
    public void insert(User user){
        System.out.println("在SQL Server中给User表增加一条记录");
    }

    //获取一个用户信息
    public User getUser(int id){
        System.out.println("在SQL Server中根据用户ID得到User表一条记录");
        return null;
    }

}
```

AccessUser类：用于访问Access的User。

```
public class AccessUser implements IUser {

    //新增一个用户
    public void insert(User user){
        System.out.println("在Access中给User表增加一条记录");
    }

    //获取一个用户信息
    public User getUser(int id){
        System.out.println("在Access中根据用户ID得到User表一条记录");
        return null;
    }

}
```

IFactory接口：定义一个创建访问User表对象的抽象的工厂接口。

```
//工厂接口
public interface IFactory {

    public IUser createUser();

}
```

SqlServerFactory类：实现IFactory接口，实例化SqlserverUser。

```
//Sqlserver工厂
public class SqlserverFactory implements IFactory {

    public IUser createUser(){
        return new SqlserverUser();
    }

}
```

AccessFactory类：实现IFactory接口，实例化AccessUser。

```
//Access工厂
public class AccessFactory implements IFactory {

    public IUser createUser(){
        return new AccessUser();
    }

}
```

客户端代码：

```
User user = new User();

IFactory factory = new SqlserverFactory();

IUser iu = factory.createUser();

iu.insert(user);      //新增一个用户
iu.getUser(1);        //得到用户ID为1的用户信息
```

> * 若要更改成 Access 数据库，只需要将本句改成
> IFactory factory = new AccessFactory();即可

"大鸟，来看看这样写对不对？"

"非常好。现在如果要换数据库，只需要把new SqlServerFactory()改成new AccessFactory()，此时由于多态的关系，使得声明IUser接口的对象iu事先根本不知道是在访问哪个数据库，却可以在运行时很好地完成工作，这就是所谓的业务逻辑与数据访问的解耦。"

"但是，大鸟，这样写，代码里还是有指明'new SqlServerFactory()'呀，我要改的地方，依然很多。"

"这个先不急，待会再说，问题没有完全解决，你的数据库里不可能只有一个User表吧，很可能有其他表，比如增加部门表（Department表），此时如何办呢？"

```
//部门类
public class Department {

    //部门ID
    private int _id;
    public int getId(){
        return this._id;
    }
    public void setId(int value){
        this._id=value;
    }

    //部门名称
    private String _name;
    public String getName(){
        return this._name;
    }
    public void setName(String value){
        this._name=value;
    }

}
```

"啊，我觉得那要增加好多类了，我来试试看。"

"多写些类有什么关系，只要能增加灵活性，以后就不用加班了。加油。"

15.4 用了抽象工厂模式的数据访问程序

小菜再次修改代码，增加了关于部门表的处理。

代码结构图

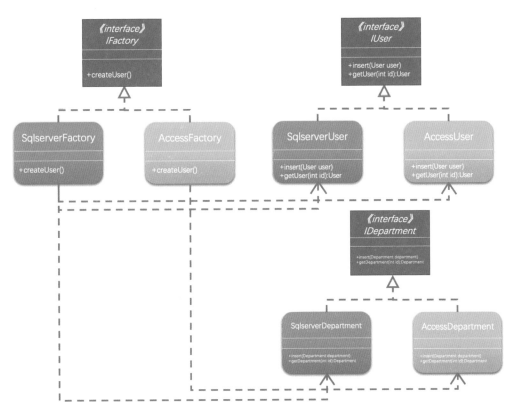

IDepartment接口：用于客户端访问，解除与具体数据库访问的耦合。

```
//部门类接口
public interface IDepartment {

    public void insert(Department department);

    public Department getDepartment(int id);
}
```

SqlserverDepartment类：用于访问SQL Server的Department。

```java
public class SqlserverDepartment implements IDepartment {

    //新增一个部门
    public void insert(Department department){
        System.out.println("在SQL Server中给Department表增加一条记录");
    }

    //获取一个部门信息
    public Department getDepartment(int id){
        System.out.println("在SQL Server中根据部门ID得到Department表一条记录");
        return null;
    }
}
```

AccessDepartment类：用于访问Access的Department。

```java
public class AccessDepartment implements IDepartment {

    //新增一个部门
    public void insert(Department department){
        System.out.println("在Access中给Department表增加一条记录");
    }

    //获取一个部门信息
    public Department getDepartment(int id){
        System.out.println("在Access中根据部门ID得到Department表一条记录");
        return null;
    }

}
```

IFactory接口：定义一个创建访问Department表对象的抽象的工厂接口。

```java
//工厂接口
public interface IFactory {

    public IUser createUser();

    public IDepartment createDepartment();    ·增加的接口方法

}
```

SqlServerFactory类：实现IFactory接口，并实例化SqlserverUser和SqlserverDepartment。

```java
//Sqlserver工厂
public class SqlserverFactory implements IFactory {

    public IUser createUser(){
        return new SqlserverUser();
    }

    public IDepartment createDepartment(){
        return new SqlserverDepartment();
    }

}
```

AccessFactory类：实现IFactory接口，实例化AccessUser和AccessDepartment。

```
//Access工厂
public class AccessFactory implements IFactory {

    public IUser createUser(){
        return new AccessUser();
    }

    public IDepartment createDepartment(){
        return new AccessDepartment();
    }

}
```

客户端代码：

```
User user = new User();
Department department = new Department();

IFactory factory = new SqlserverFactory();    ·只需确定实例化哪一个数据库访问对象给factory
//IFactory factory = new AccessFactory();

IUser iu = factory.createUser();    ·则此时已与具体的数据库访问解除了依赖
iu.insert(user);        //新增一个用户
iu.getUser(1);          //得到用户ID为1的用户信息

IDepartment idept = factory.createDepartment();   ·则此时已与具体的数据库访问解除了依赖
idept.insert(department);    //新增一个部门
idept.getDepartment(2);      //得到部门ID为2的用户信息
```

结果显示：

在SQL Server中给User表增加一条记录
在SQL Server中根据用户ID得到User表一条记录
在SQL Server中给Department表增加一条记录
在SQL Server中根据部门ID得到Department表一条记录

"大鸟，这样就可以做到，只需更改IFactory factory = new SqlServerFactory()为IFactory factory = new AccessFactory()，就实现了数据库访问的切换了。"

"很好，实际上，在不知不觉间，你已经通过需求的不断演化，重构出了一个非常重要的设计模式。"

"刚才不就是工厂方法模式吗？"

"只有一个User类和User操作类的时候，是只需要工厂方法模式的，但现在显然你数据库中有很多的表，而SQL Server与Access又是两大不同的分类，所以解决这种涉及多个产品系列的问题，有一个专门的工厂模式叫抽象工厂模式。"

15.5 抽象工厂模式

抽象工厂模式（Abstract Factory），提供一个创建一系列相关或相互依赖对象的接口，而无须指定它们具体的类。[DP]

抽象工厂模式（Abstract Factory）结构图

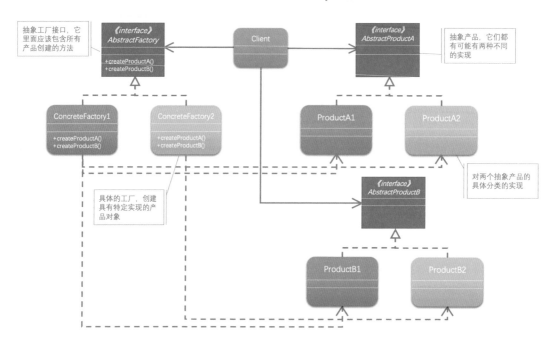

"AbstractProductA和AbstractProductB是两个抽象产品，之所以为抽象，是因为它们都有可能有两种不同的实现，就刚才的例子来说就是User和Department，而ProductA1、ProductA2和ProductB1、ProductB2就是对两个抽象产品的具体分类的实现，比如ProductA1可以理解为是SqlserverUser，而ProductB1是SqlserverDepartment。"

"这么说，IFactory是一个抽象工厂接口，它里面应该包含所有的产品创建的抽象方法。而ConcreteFactory1和ConcreteFactory2就是具体的工厂了。就像SqlserverFactory和AccessFactory一样。"

"理解得非常正确。通常是在运行时刻再创建一个ConcreteFactory类的实例，这个具体的工厂再创建具有特定实现的产品对象，也就是说，为创建不同的产品对象，客户端应使用不同的具体工厂。"

15.6 抽象工厂模式的优点与缺点

"这样做的好处是什么呢？"

"最大的好处便是易于交换产品系列，由于具体工厂类，例如IFactory factory = new AccessFactory()，在一个应用中只需要在初始化的时候出现一次，这就使得改变一个应用的具体工厂变得非常容易，它只需要改变具体工厂即可使用不同的产品配置。我们的设计不能去防止需求的更改，那么我们的理想便是让改动变得最小，现在如果你要更改数据库访问，我们只需要更改具体工厂就可以做到。第二大好处是，它让具体的创建实例过程与客户端分离，客户端是通过它们的抽象接口操纵实例，产品的具体类名也被具体工厂的实现分离，不会出现在客户代码中。事实上，你刚才写的例子，客户端所认识的只有IUser和IDepartment，至于它是用SQL Server来实现还是Access来实现就不知道了。"

"啊，我感觉这个模式把开放-封闭原则、依赖倒转原则发挥到极致了。"小菜说。

"没这么夸张，应该说就是这些设计原则的良好运用。抽象工厂模式也有缺点。你想得出来吗？"

"想不出来，我觉得它已经很好用了，哪有什么缺点？"

"是个模式都是会有缺点的，都有不适用的时候，要辩证地看待问题哦。抽象工厂模式可以很方便地切换两个数据库访问的代码，但是如果你的需求来自增加功能，比如我们现在要增加项目表Project，你需要改动哪些地方？"

"啊，那就至少要增加三个类，IProject、SqlserverProject、AccessProject，还需要更改IFactory、SqlserverFactory和AccessFactory才可以完全实现。啊，要改三个类，这太糟糕了。"

"是的，这非常糟糕。"

"还有就是刚才问你的，我的客户端程序类显然不会是只有一个，有很多地方都在使用IUser或IDepartment，而这样的设计，其实在每一个类的开始都需要声明IFactory factory = new SqlserverFactory()，如果我有100个调用数据库访问的类，是不是就要更改100次IFactory factory = new AccessFactory()这样的代码才行？这不能解决我要更改数据库访问时，改动一处就完全更改的要求呀！"

"改就改啰，公司花这么多钱养你干吗？不就是要你努力工作吗。100个改动，不算难的，加个班，什么都搞定了。"大鸟一脸坏笑地说道。

"不可能，你讲过，编程是门艺术，这样大批量的改动，显然是非常丑陋的做法。一定有更好的办法。"小菜非常肯定地答道，"我来想想办法改进一下这个抽象工厂。"

"好，小伙子，有立场，有想法，不向丑陋代码低头，那就等你的好消息。"大鸟点头肯定。

15.7 用简单工厂来改进抽象工厂

十分钟后，小菜给出了一个改进方案。去除IFactory、SqlserverFactory和AccessFactory三个工厂类，取而代之的是DataAccess类，用一个简单工厂模式来实现。

代码结构图

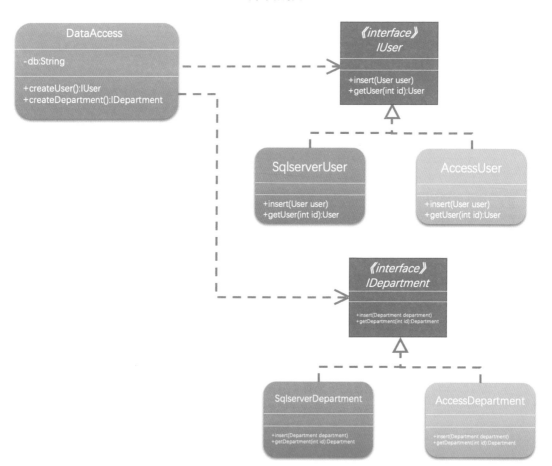

```java
public class DataAccess {

    private static String db = "Sqlserver";//数据库名称，可替换成Access
                                    可替换数据库
    //创建用户对象工厂
    public static IUser createUser(){
        IUser result = null;
        switch(db){
            case "Sqlserver":
                result = new SqlserverUser();
                break;                    由于db的事先设置，所以此处可以根据选择实例化出相应的对象
            case "Access":
                result = new AccessUser();
                break;
        }
        return result;
    }

    //创建部门对象工厂
    public static IDepartment createDepartment(){
        IDepartment result = null;
        switch(db){
            case "Sqlserver":
                result = new SqlserverDepartment();
                break;
            case "Access":                         由于db的事先设置，所以此处可以根据选择实例化出相应的对象
                result = new AccessDepartment();
                break;
        }
        return result;
    }

}
```

客户端代码：

```java
User user = new User();
Department department = new Department();

IUser iu = DataAccess.createUser();   直接得到实际的数据库访问实例，而不存在任何依赖

iu.insert(user);                //新增一个用户
iu.getUser(1);                  //得到用户ID为1的用户信息

IDepartment idept = DataAccess.createDepartment();   直接得到实际的数据库访问实例，而不存在任何依赖

idept.insert(department);       //新增一个部门
idept.getDepartment(2);        //得到部门ID为2的用户信息
```

"大鸟，来看看我的设计，我觉得这里与其用那么多工厂类，不如直接用一个简单工厂来实现，我抛弃了IFactory、SqlserverFactory和AccessFactory三个工厂类，取而代之的是DataAccess类，由于事先设置了db的值（Sqlserver或Access），所以简单工厂的方法都不需要输入参数，这样在客户端就只需要DataAccess.createUser()和DataAccess.createDepartment()来生成具体的数据库访问类实例，客户端没有出现任何一个SQL Server或Access的字样，达到了解耦的目的。"

"哈，小菜，厉害厉害，你的改进确实是比之前的代码要更进一步了，客户端已经不再受改动数据库访问的影响了。可以打95分。"大鸟拍了拍小菜，鼓励地说，"为什么不能得满分？原因是如果我需要增加Oracle数据库访问，本来抽象工厂只增加一个

OracleFactory工厂类就可以了，现在就比较麻烦了。"

"是的，没办法，这样就需要在DataAccess类中每个方法的switch中加case了。"

15.8 用反射+抽象工厂的数据访问程序

"我们要考虑的就是可不可以不在程序里写明'如果是Sqlserver就去实例化SQL Server数据库相关类，如果是Access就去实例化Access相关类'这样的语句，而是根据字符串db的值去某个地方找应该要实例化的类是哪一个。这样，我们的switch就可以对它说再见了。"

"听不太懂哦，什么叫'去某个地方找应该要实例化的类是哪一个'？"小菜糊涂地问。

"我要说的就是一种编程方式：依赖注入（Dependency Injection），从字面上不太好理解，我们也不去管它。关键在于如何去用这种方法来解决我们的switch问题。本来依赖注入是需要专门的IoC容器提供，比如Spring，显然当前这个程序不需要这么麻烦，你只需要再了解一个简单的Java技术'反射'就可以了。"

"大鸟，你一下子说出又是'依赖注入'又是'反射'这些莫名其妙的名词，很晕。"小菜有些犯困，"我就想知道，如何向switch说bye-bye！至于那些什么概念我不想了解。"

"心急讨不了好媳妇！你急什么？"大鸟嘲笑道，"反射技术看起来很玄乎，其实实际用起来不算难。它的格式是：

```
Object result = Class.forName("包名.类名").getDeclaredConstructor().newInstance();
```

这样使用反射来帮我们克服抽象工厂模式的先天不足。"

"具体怎么做呢？快说快说。"小菜有些着急。

"有了反射，我们获得实例可以用下面两种写法。"

```
//常规的写法
IUser result = new SqlserverUser();

//反射的写法
IUser result = (IUser)Class.forName("code.chapter15.abstractfactory5.SqlserverUser")
                .getDeclaredConstructor().newInstance();
```

"实例化的效果是一样的，但这两种方法的区别在哪里？"大鸟问道。

"常规方法是写明了要实例化SqlserverUser对象。反射的写法，其实也是指明了要实例化SqlserverUser对象呀。"

"常规方法你可以灵活更换为AccessUser吗？"

"不可以，这都是事先编译好的代码。"

"那你看看，在反射中'Class.forName("code.chapter15.abstractfactory5.

SqlserverUser").getDeclaredConstructor().newInstance()；'，可以灵活更换'SqlserverUser'为'AccessUser'吗？"

"还不是一样，写死在代码……等等，哦！！！我明白了。"小菜一下子顿悟过来，兴奋起来。"因为这里是字符串，可以用变量来处理，也就可以根据需要更换。哦，My God！太妙了！"

```
//反射的写法
IUser result = (IUser)Class.forName("code.chapter15.abstractfactory5.SqlserverUser")
               .getDeclaredConstructor().newInstance();
```
随时可以更换这个字符串为Access、MySql、Oracle等其他数据库

"哈哈，我以前对你讲四大发明之活字印刷时，曾说过'体会到面向对象带来的好处，那种感觉应该就如同是一中国酒鬼第一次喝到了茅台，西洋酒鬼第一次喝到了XO一样，怎个爽字可形容呀'，你有没有这种感觉了？"

"嗯，我一下子知道这里的差别主要在原来的实例化是写死在程序里的，而现在用了反射就可以利用字符串来实例化对象，而变量是可以更换的。"小菜说道。

"写死在程序里，太难听了。准确地说，是将程序由编译时转为运行时。由于'Class.forName("包名.类名").getDeclaredConstructor().newInstance()；'中的字符串是可以写成变量的，而变量的值到底是Sqlserver，还是Access，完全可以由事先的那个db变量来决定。所以就去除了switch判断的麻烦。"

DataAccess类，用反射技术，取代IFactory、SqlserverFactory和AccessFactory。

```java
import java.lang.reflect.InvocationTargetException;
public class DataAccess {
    private static String assemblyName = "code.chapter15.abstractfactory5.";
    private static String db ="Sqlserver";//数据库名称，可替换成Access

    //创建用户对象工厂
    public static IUser createUser() {
        return (IUser)getInstance(assemblyName + db + "User");
    }                                                              根据db的不同，生成不同的类实例对象，使得更加灵活应变
    //创建部门对象工厂
    public static IDepartment createDepartment(){
        return (IDepartment)getInstance(assemblyName + db + "Department");
    }
    private static Object getInstance(String className){
        Object result = null;
        try{
            result = Class.forName(className).getDeclaredConstructor().newInstance();
        }
        catch (InvocationTargetException e) {
            e.printStackTrace();
        }
        catch (NoSuchMethodException e) {
            e.printStackTrace();
        }
        catch (InstantiationException e) {
            e.printStackTrace();
        }
        catch (IllegalAccessException e) {
            e.printStackTrace();
        }
        catch (ClassNotFoundException e) {
            e.printStackTrace();
        }
        return result;
    }
}
```

"现在如果我们增加了Oracle数据访问，相关的类的增加是不可避免的，这点无论我们用任何办法都解决不了，不过这叫扩展，开放-封闭原则性告诉我们，对于扩展，我们开放。但对于修改，我们应该要尽量关闭，就目前而言，我们只需要更改private static String db ="Sqlserver"；为private static String db = "Oracle"；也就意味着"

```
return (IUser)getInstance("code.chapter15.abstractfactory5." + "Sqlserver" + "User");

                                                            ↓

return (IUser)getInstance("code.chapter15.abstractfactory5." + "Oracle" + "User");
```

"这样的结果就是DataAccess.createUser()本来得到的是SqlserverUser的实例，而现在变成了OracleUser的实例了。"

"那么如果我们需要增加Project产品时，如何做呢？"

"只需要增加三个与Project相关的类，再修改DataAccesss，在其中增加一个public static IProject createProject()方法就可以了。"

"怎么样，编程的艺术感是不是出来了？"

"哈，比以前，这代码是漂亮多了。但是，总感觉还是有点缺憾，因为在更换数据库访问时，我还是需要去改程序（改db这个字符串的值）重编译，如果可以不改程序，那才是真正地符合开放-封闭原则。"

15.9 用反射+配置文件实现数据访问程序

"小菜很追求完美嘛！我们还可以利用配置文件来解决更改DataAccess的问题。"

"哦，对的，对的，我可以读文件来给DB字符串赋值，在配置文件中写明是Sqlserver还是Access，这样就连DataAccess类也不用更改了。"

添加一个db.properties文件，内容如下。

```
db=Sqlserver
```

再更改DataAccess类，添加与读取文件内容相关的包。

```
//与读文件内容相关的包
import java.io.BufferedReader;
import java.io.FileReader;
import java.io.IOException;
import java.util.Properties;
```

```
public class DataAccess {
```

```
private static String assemblyName = "code.chapter15.abstractfactory6.";

public static String getDb() {
    String result="";
    try{
        Properties properties = new Properties();
        //编译后，请将db.properties文件复制到要编译的class目录中,并确保下面path路径与
        //实际db.properties文件路径一致。否则会报No such file or directory错误
        String path=System.getProperty("user.dir")+"/code/chapter15/abstractfactory6/db.properties";
        System.out.println("path:"+path);
        BufferedReader bufferedReader = new BufferedReader(new FileReader(path));
        properties.load(bufferedReader);
        result = properties.getProperty("db");        这个函数目的就是读取db.properties配置文件中db的内容
    }
    catch(IOException e){
        e.printStackTrace();
    }
    return result;
}

//创建用户对象工厂
public static IUser createUser() {
    String db=getDb();      调用这个函数，就把数据库的具体名称获得了
    return (IUser)getInstance(assemblyName + db + "User");
}
```

"将来要更换数据库，根本无须重新编译任何代码，只需要更改配置文件就好了。这下基本可以算是满分了，现在我们应用了反射+抽象工厂模式解决了数据库访问时的可维护、可扩展的问题。"

db=Sqlserver

db=Access

"从这个角度上说，所有在用简单工厂的地方，都可以考虑用反射技术来去除switch或if，解除分支判断带来的耦合。"

"说得没错，switch或者if是程序里的好东西，但在应对变化上，却显得老态龙钟。反射技术的确可以很好地解决它们难以应对变化，难以维护和扩展的诟病。"

15.10 商场收银程序再再再升级

"小菜，还记得我们在策略模式、装饰模式、工厂方法模式都学习过的商场收银程序吗？"

"我记得，当时做了很多次的重构升级，感觉代码的可维护、可扩展能力都提高很多很多。"

"今天我们学习了反射，你想想看，那个代码，还有重构的可能性吗？"

"呃！我想想看。原来的CashContext是有一个长长的switch，这是可以用反射来解决的。"

```
public class CashContext {
    private ISale cs;       //声明一个ISale接口对象
    //通过构造方法，传入具体的收费策略
    public CashContext(int cashType){
        IFactory fs=null;
        switch(cashType) {
            case 1://原价
                fs = new CashRebateReturnFactory(1d,0d,0d);
                break;
            case 2://打8折
                fs = new CashRebateReturnFactory(0.8d,0d,0d);
                break;
            case 3://打7折
                fs = new CashRebateReturnFactory(0.7d,0d,0d);
                break;
            case 4://满300返100
                fs = new CashRebateReturnFactory(1,300d,100d);
                break;
            case 5://先打8折,再满300返100
                fs = new CashRebateReturnFactory(0.8d,300d,100d);
                break;
            case 6://先满200返50, 再打7折
                fs = new CashReturnRebateFactory(0.7d,200d,50d);
                break;
        }
        this.cs = fs.createSalesModel();
    }

    public double getResult(double price,int num){
        //根据收费策略的不同，获得计算结果
        return this.cs.acceptCash(price,num);
    }
}
```

小菜经过一定时间的思考，对代码改进如下：

首先要制作一个可以很容易修改的文本配置文件data.properties，将它放在编译的.class同一目录下。

```
strategy1=CashRebateReturnFactory,1d,0d,0d
strategy2=CashRebateReturnFactory,0.8d,0d,0d
strategy3=CashRebateReturnFactory,0.7d,0d,0d
strategy4=CashRebateReturnFactory,1d,300d,100d
strategy5=CashRebateReturnFactory,0.8d,300d,100d
strategy6=CashReturnRebateFactory,0.7d,200d,50d
```

修改CashContext类。

先修改构造方法，此时已经没有了长长的switch，直接读文件配置即可。

```
import java.lang.reflect.InvocationTargetException;
//与读文件内容相关的包
import java.io.BufferedReader;                          新增的内容
import java.io.FileReader;
import java.io.IOException;
import java.util.Properties;
```

```
public class CashContext {

    private static String assemblyName = "code.chapter15.abstractfactory7.";

    private ISale cs;      //声明一个ISale接口对象
```

```
//通过构造方法，传入具体的收费策略
public CashContext(int cashType){

    String[] config = getConfig(cashType).split(",");     •根据参数获得对应的配置信息

    IFactory fs=getInstance(config[0],
                            Double.parseDouble(config[1]),
                            Double.parseDouble(config[2]),    •根据配置信息获得对应的销售策略对象实例
                            Double.parseDouble(config[3]));

    this.cs = fs.createSalesModel();
}
```

增加两个函数，一个用来读配置文件，一个通过反射生成实例。

```
//通过文件得到销售策略的配置文件
private String getConfig(int number) {
    String result="";
    try{
        Properties properties = new Properties();
        String path=System.getProperty("user.dir")+"/code/chapter15/abstractfactory7/data.properties";
        System.out.println("path:"+path);
        BufferedReader bufferedReader = new BufferedReader(new FileReader(path));
        properties.load(bufferedReader);
        result = properties.getProperty("strategy"+number);
    }
    catch(IOException e){
        e.printStackTrace();
    }
    return result;
}
```

```
//根据配置文件获得相关的对象实例
private IFactory getInstance(String className,double a,double b,double c){
    IFactory result = null;
    try{
        result = (IFactory)Class.forName(assemblyName+className)
                          .getDeclaredConstructor(new Class[]{double.class,double.class,double.class})
                          .newInstance(new Object[]{a,b,c});
    }
    catch (InvocationTargetException e) {
        e.printStackTrace();
    }
    catch (NoSuchMethodException e) {
        e.printStackTrace();
    }
    catch (InstantiationException e) {
        e.printStackTrace();
    }
    catch (IllegalAccessException e) {
        e.printStackTrace();
    }
    catch (ClassNotFoundException e) {
        e.printStackTrace();
    }
    return result;
}
```

小菜："此时，我们如果需要更改销售策略，不再需要去修改代码了，只需要去改data.properties文件即可。我们的每个代码都尽量做到了'向修改关闭，向扩展开放'。"

大鸟："赞！"

15.11 无痴迷，不成功

"设计模式真的很神奇哦，如果早先这样设计，我今天就用不着加班加点了。"

"好了，都快1点了，你还要不要睡觉呢？"

"啊，今天都加了一晚上的班，但学起设计模式来，我把时间都给忘记了，什么劳累都没了。"

"这就说明你是做程序员的料，一个程序员如果从来没有熬夜写程序的经历，不能算是一个好程序员，因为他没有痴迷过，所以他不会有大成就。"

"是的，无痴迷，不成功。我一定会成为优秀的程序员。我坚信。"小菜非常自信地说道。

第16章 无尽加班何时休——状态模式

16.1 加班，又是加班！

时间：4月19日23点　　地点：小菜、大鸟住所的客厅　　人物：小菜、大鸟

"小菜，你们的加班没完没了了？"大鸟为晚上十点才到家的小菜打开了房门。

"唉，没办法，公司的项目很急，所以要求要加班。"

"有这么急吗？这星期四天来你都在加班，有加班费吗？难道周末也要继续？"

"哪来什么加班费，周末估计是逃不了了。"小菜显然很疲惫，"经理把每个人每天的工作都排得满满的，说做完就可以回家，但是没有任何一个人可以在下班前完成的，基本都得加班，这就等于是自愿加班。我走时还有哥们在加班呢。"

"再急也不能这样呀，长时间加班，没有加班费，士气低落，效率大打折扣。"

"可不是咋地！上午刚上班的时候，效率很高，可以写不少代码，到了中午，午饭一吃完，就犯困，可能是最近太累了，但还不敢休息，因为没有人趴着睡觉的，都说项目急，要抓紧。所以我就这么迷迷糊糊的，到了下午三点多才略微精神点，本想着今天任务还算可以，希望能早点完成，争取不要再加班了。哪知快下班时才发现有一个功能是我理解有误，其实比想象的要复杂得多。唉！苦呀，又多花了三个多钟头，九点多才从公司出来。"

"哈，那你自己也有问题，对工作量的判断有偏差。在公司还可以通过加班来补偿，要是在高考考场上，哪可能加时间，做不完直接就是玩完。"

"你说这老板对加班是如何想的呢？难道真的认为加班可以解决问题？我感觉这样赶进度，对代码质量没任何好处。"

"老板的想法当然是和员工不一样了。员工加班，实际上分为几种，第一种，极有可能是员工为了下班能多上会网，聊聊天，打打游戏，或者是为了学习点新东西，所以这其实根本就不能算是加班，只能算下班时坐在办公座位上。第二种，可能这个员工能力相对差，技术或业务能力不过关，或者动作慢，效

率低，那当然应该要加班，而且老板也不会打算给这种菜鸟补偿。"

"大鸟，讽刺我呀。"小菜有些不满。

"我又没说是指你，除非你真的觉得自己能力差、效率低，是菜鸟。"

"不过也不得不承认，我现在经验不足确实在效率上是会受些影响的，公司里的一些骨灰级程序员，也不觉得水平特别厉害，但是总是能在下班前后就完成当天任务，而且错误很少。"

"慢慢来吧，编程水平也不是几天就可以升上去的。虽然今天你很累了，但是通过加班这件事，你也可以学到设计模式。"

"哦，听到设计模式，我就不感觉累了。来，说说看。"

"你刚才曾讲到，上午状态好，中午想睡觉，下午渐恢复，加班苦煎熬。其实是一种状态的变化，不同的时间，会有不同的状态。你现在用代码来实现一下。"

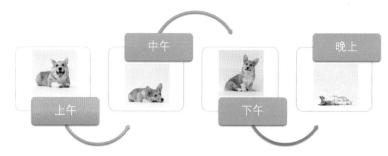

"其实就是根据时间的不同，做出判断来实现，是吧？这不是大问题。"

16.2 工作状态 —— 函数版

半小时后，小菜的第一版程序。

```java
static int hour = 0;
static boolean workFinished = false; //工作是否完成的标记

public static void writeProgram()          {
    if (hour < 12)
        System.out.println("当前时间: "+hour+"点 上午工作, 精神百倍");
    else if (hour < 13)
        System.out.println("当前时间: "+hour+"点 饿了, 午饭; 犯困, 午休。");
    else if (hour < 17)
        System.out.println("当前时间: "+hour+"点 下午状态还不错, 继续努力");
    else {
        if (workFinished)
            System.out.println("当前时间: "+hour+"点 下班回家了");
        else {
            if (hour < 21)
                System.out.println("当前时间: "+hour+"点 加班哦, 疲累之极");
            else
                System.out.println("当前时间: "+hour+"点 不行了, 睡着了。");
        }
    }
}
```

主程序如下。

```
hour = 9;
writeProgram();
hour = 10;
writeProgram();
hour = 12;
writeProgram();
hour = 13;
writeProgram();
hour = 14;
writeProgram();
hour = 17;

//workFinished = true;    //任务完成，下班
workFinished = false;     //任务未完成，继续加班

writeProgram();
hour = 19;
writeProgram();
hour = 22;
writeProgram();
```

"小菜，都学了这么长时间的面向对象开发，你怎么还在写面向过程的代码呀？"

"啊，我习惯性思维了，你意思是说要分一个类出来。"

"这是起码的面向对象思维呀，至少应该有个'工作'类，你的'写程序'方法是类方法，而'钟点''工作任务完成'其实就是类的什么？"

"应该是对外属性，是吧？"

"问什么问，还不快去重写。"大鸟不答反而催促道。

16.3 工作状态 —— 分类版

十分钟后小菜写出了第二版程序。

工作类：

```
//工作类
class Work{
    //时间钟点
    private int hour;
    public int getHour(){
        return this.hour;
    }
    public void setHour(int value){
        this.hour = value;
    }
    //是否完成工作任务
    private boolean workFinished = false;
    public boolean getWorkFinished(){
        return this.workFinished;
    }
    public void setWorkFinished(boolean value){
        this.workFinished = value;
    }
```

```java
public void writeProgram()          {
    if (hour < 12)
        System.out.println("当前时间: "+hour+"点 上午工作，精神百倍");
    else if (hour < 13)
        System.out.println("当前时间: "+hour+"点 饿了，午饭；犯困，午休。");
    else if (hour < 17)
        System.out.println("当前时间: "+hour+"点 下午状态还不错，继续努力");
    else {
        if (workFinished)
            System.out.println("当前时间: "+hour+"点 下班回家了");
        else {
            if (hour < 21)
                System.out.println("当前时间: "+hour+"点 加班哦，疲累之极");
            else
                System.out.println("当前时间: "+hour+"点 不行了，睡着了。");
        }
    }
}
```

客户端代码：

```java
//紧急项目
Work emergencyProjects = new Work();
emergencyProjects.setHour(9);
emergencyProjects.writeProgram();
emergencyProjects.setHour(10);
emergencyProjects.writeProgram();
emergencyProjects.setHour(12);
emergencyProjects.writeProgram();
emergencyProjects.setHour(13);
emergencyProjects.writeProgram();
emergencyProjects.setHour(14);
emergencyProjects.writeProgram();
emergencyProjects.setHour(17);

emergencyProjects.setWorkFinished(false);
//emergencyProjects.setWorkFinished(true);

emergencyProjects.writeProgram();
emergencyProjects.setHour(19);
emergencyProjects.writeProgram();
emergencyProjects.setHour(22);
emergencyProjects.writeProgram();
```

结果显示：

16.4 方法过长是坏味道

"若是'任务完成'，则17点、19点、22点都是'下班回家了'的状态了。"

"好，现在我来问你，这样的代码有什么问题？"大鸟问道。

"我觉得没什么问题呀，不然我早改了。"

"仔细看看，MartinFowler曾在《重构》中写过一个很重要的代码坏味道，叫作'Long Method'，方法如果过长其实极有可能是有坏味道了。"

"你的意思是'Work（工作）'类的'writeProgram（写程序）'方法过长了？不过这里面太多的判断，好像是不太好。但我也想不出来有什么办法解决它。"

"你要知道，你这个方法很长，而且有很多的判断分支，这也就意味着它的责任过大。无论是任何状态，都需要通过它来改变，这实际上是很糟糕的。"

"哦，对的，面向对象设计其实就是希望做到代码的责任分解。这个类违背了'单一职责原则'。但如何做呢？"

"说得不错，由于'writeProgram（写程序）'的方法里有这么多判断，使得任何需求的改动或增加，都需要去更改这个方法了，比如，你们老板也感觉加班有些过分，对于公司的办公室管理以及员工的安全都不利，于是发了一个通知，不管任务再多，员工必须在20点之前离开公司。这样的需求很合常理，所以要满足需求你就得更改这个方法，但真正要更改的地方只涉及17~22点的状态，但目前的代码却是对整个方法做改动，维护出错的风险很大。"

"你解释了这么多，我的理解其实就是这样写方法违背了'开放-封闭原则'。"

"哈，小菜总结得好，对这几个原则理解得很透嘛。那么我们应该如何做？"

"把这些分支想办法变成一个又一个的类，增加时不会影响其他类。然后状态的变化在各自的类中完成。"小菜说道，"理论讲讲很容易，但实际如何做，我想不出来。"

"当然，这需要丰富的经验积累，但实际上你是用不着再去重复发明'轮子'了，因为GoF已经为我们针对这类问题提供了解决方案，那就是'状态模式'。"

16.5 状态模式

> 状态模式（State），当一个对象的内在状态改变时允许改变其行为，这个对象看起来像是改变了其类。[DP]

"状态模式主要解决的是当控制一个对象状态转换的条件表达式过于复杂时的情况。把状态的判断逻辑转移到表示不同状态的一系列类当中，可以把复杂的判断逻辑简化。当然，如果这个状态判断很简单，那就没必要用'状态模式'了。"

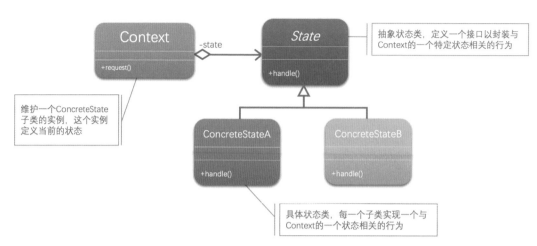

状态模式（State）结构图

State类，抽象状态类，定义一个接口以封装与Context的一个特定状态相关的行为。

```java
//抽象状态类
abstract class State {

    public abstract void handle(Context context);

}
```

ConcreteState类，具体状态，每一个子类实现一个与Context的一个状态相关的行为。

```java
//具体状态类A
class ConcreteStateA extends State
{
    public void handle(Context context) {
        context.setState(new ConcreteStateB());
    }
}
```
设置 ConcreteStateA 的下一状态是 ConcreteStateB

```java
//具体状态类B
class ConcreteStateB extends State
{
    public void handle(Context context) {
        context.setState(new ConcreteStateA());
    }
}
```
设置 ConcreteStateB 的下一状态是 ConcreteStateA

Context类，维护一个ConcreteState子类的实例，这个实例定义当前的状态。

```java
//上下文
class Context {
    private State state;
    public Context(State state)
    {
        this.state = state;
    }
```
初始化状态

```java
    //可读写的状态属性，用于读取当前状态和设置新状态
    public State getState(){
        return this.state;
    }
```

```java
public void setState(State value){
    this.state = value;
    System.out.println("当前状态:" + this.state.getClass().getName());
}

public void request()
{
    this.state.handle(this);
}
```
`对请求做处理，并设置下一状态`

客户端代码：

```java
Context c = new Context(new ConcreteStateA());

c.request();
c.request();
c.request();
c.request();
```
`设置Context的初始状态为ConcreteStateA`

`不断请求，不断更改状态`

16.6 状态模式的好处与用处

"状态模式的好处是将与特定状态相关的行为局部化，并且将不同状态的行为分割开来[DP]。"

"是不是就是将特定的状态相关的行为都放入一个对象中，由于所有与状态相关的代码都存在于某个ConcreteState中，所以通过定义新的子类可以很容易地增加新的状态和转换[DP]。"

"说白了，这样做的目的就是为了消除庞大的条件分支语句，大的分支判断会使得它们难以修改和扩展，就像我们最早说的刻版印刷一样，任何改动和变化都是致命的。状态模式通过把各种状态转移逻辑分布到State的子类之间，来减少相互间的依赖，好比把整个版面改成了一个又一个的活字，此时就容易维护和扩展了。"

"什么时候应该考虑使用状态模式呢？"

"当一个对象的行为取决于它的状态，并且它必须在运行时刻根据状态改变它的行为时，就可以考虑使用状态模式了。另外，如果业务需求某项业务有多个状态，通常都是一些枚举常量，状态的变化都是依靠大量的多分支判断语句来实现，此时应该考虑将每一种业务状态定义为一个State的子类。于是这些对象就可以不依赖于其他对象而独立变化了，某一天客户需要更改需求，增加或减少业务状态或改变状态流程，对你来说都是不困难的事。"

"哦，明白了，这种需求还是非常常见的。"

"现在再回过头来看你的代码，那个'Long Method'你现在会改了吗？"

"哦，学了状态模式，有点感觉了，我试试看。"

16.7 工作状态 —— 状态模式版

半小时后，小菜写出了第三版程序。

代码结构图

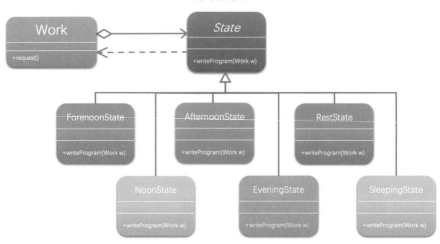

抽象状态类，定义一个抽象方法"写程序"。

```java
//抽象状态类
abstract class State {

    public abstract void writeProgram(Work w);

}
```

上午和中午工作状态类：

```java
//上午工作状态
class ForenoonState extends State {
    public void writeProgram (Work w) {
        if (w.getHour() < 12) {
            System.out.println("当前时间: "+ w.getHour() +"点 上午工作，精神百倍");
        }
        else {
            w.setState(new NoonState());

            w.writeProgram();          //超过12点，就转入中午状态
        }
    }
}
```

```java
//中午工作状态
class NoonState extends State {
    public void writeProgram (Work w) {
        if (w.getHour() < 13) {
            System.out.println("当前时间: "+ w.getHour() +"点 饿了，午饭；犯困，午休。");
        }
        else {
            w.setState(new AfternoonState());
            w.writeProgram();          //超过13点，则转入下午工作状态
        }
    }
}
```

下午和晚间工作状态类：

```java
//下午工作状态
class AfternoonState extends State {
    public void writeProgram (Work w) {
        if (w.getHour() < 17) {
            System.out.println("当前时间: "+ w.getHour() +"点 下午状态还不错，继续努力");
        }
        else {
            w.setState(new EveningState());

            w.writeProgram();              //超过17点，就转入傍晚间工作状态
        }
    }
}
```

```java
//晚间工作状态
class EveningState extends State {
    public void writeProgram(Work w)
    {
        if (w.getWorkFinished())
        {
            w.setState(new RestState());
            w.writeProgram();             //如果完成任务，则转入下班状态
        }
        else
        {
            if (w.getHour() < 21) {
                System.out.println("当前时间: "+ w.getHour() +"点 加班哦，疲累之极");
            }
            else {
                w.setState(new SleepingState());
                w.writeProgram();         //超过21点，则转入睡眠工作状态
            }
        }
    }
}
```

睡眠状态和下班休息状态类：

```java
//睡眠状态
class SleepingState extends State {
    public void writeProgram(Work w) {
        System.out.println("当前时间: "+ w.getHour() +"点 不行了，睡着了。");
    }
}
```

```java
//下班休息状态
class RestState extends State {
    public void writeProgram(Work w) {
        System.out.println("当前时间: "+ w.getHour() +"点 下班回家了");
    }
}
```

工作类，此时没有了过长的分支判断语句。

```java
//工作类
class Work {

    private State current;

    public Work(){
        current = new ForenoonState();
    }                                    //初始化状态
    //设置状态
    public void setState(State value) {
        this.current = value;
    }
```

```
//写代码的状态
public void writeProgram() {
    this.current.writeProgram(this);
}
```

> 显示当前状态，并切换下一个状态

```
//当前的钟点
private int hour;
public int getHour(){
    return this.hour;
}
public void setHour(int value){
    this.hour = value;
}
```

> "钟点"属性，状态转换的依据

```
//当前工作是否完成
private boolean workFinished = false;
public boolean getWorkFinished(){
    return this.workFinished;
}
public void setWorkFinished(boolean value){
    this.workFinished = value;
}
}
```

> "工作完成与否"属性，是否能下班的依据

客户端代码，没有任何改动。但我们的程序却更加灵活易变了。

```
//紧急项目
Work emergencyProjects = new Work();
emergencyProjects.setHour(9);
emergencyProjects.writeProgram();
emergencyProjects.setHour(10);
emergencyProjects.writeProgram();
emergencyProjects.setHour(12);
emergencyProjects.writeProgram();
emergencyProjects.setHour(13);
emergencyProjects.writeProgram();
emergencyProjects.setHour(14);
emergencyProjects.writeProgram();
emergencyProjects.setHour(17);

emergencyProjects.setWorkFinished(false);
//emergencyProjects.setWorkFinished(true);

emergencyProjects.writeProgram();
emergencyProjects.setHour(19);
emergencyProjects.writeProgram();
emergencyProjects.setHour(22);
emergencyProjects.writeProgram();
```

"此时的代码，如果要完成我所说的'员工必须在20点之前离开公司'，我们只需要怎么样？"

"增加一个'强制下班状态'，并改动一下'晚间工作状态'类的判断就可以了。而这是不影响其他状态的代码的。这样做的确是非常好。"

"哟，都半夜12点多了，快点睡觉吧。"大鸟提醒道。

"学会了状态模式，我的状态好着呢，让我再体会体会状态模式的美妙。"

"行了吧你，估计明上午的工作状态，就是睡觉打呼噜了。"

"唉，这也是公司造成的呀。明天估计还得加班，无尽加班何时休，却道天凉好个秋！"

第17章 在NBA我需要翻译——适配器模式

17.1 在NBA我需要翻译!

时间：4月22日13点　　地点：小区外餐馆　　人物：小菜、大鸟

周日，小菜与大鸟上午在家刚看完NBA季后赛第一场比赛，出去吃饭时。

"大鸟，现在的NBA打得热闹，可咱球迷总是没有'主队'的归属感。"小菜感慨万分。

"是呀，当年中国球迷都把火箭当主队了。"大鸟肯定说。

"你说姚明去了几年，英语练出来了哦，我看教练在那里布置战术，他旁边也没有翻译的，不住点头，瞧样子听懂没什么问题了。"

"要知道，最开始，有记者问姚明说：'在CBA和NBA最大的区别是什么？'，姚明的答案是'在NBA我需要翻译，而在CBA我不需要。'经过几年的锤炼，他的确是在NBA中成长了。不但球技大涨，英语也学得非常棒，用英文答记者问一点问题都没有。不得不佩服呀。"

"钞票也大大地增加了，他可是中国最富有的体育明星。大鸟呀，你比他还大几岁吧，混得不行呀。"

"哪能和他比，两米二七的身高，你给我长一个试试。再说，单有身高也是不行的。在NBA现役中锋中，姚明也算是个天才吧。"

"你说当时他刚去美国时，怎么打球呀，什么都听不懂。"

"之前专门为他配备了翻译的，那个翻译一直在姚明身边，特别是比赛场上，教练、队员与他的对话全部都通过翻译来沟通。"

"想想看也是，不管多么高球技的球员，如果不懂外语，又没有翻译，球技再高，估计也是不可能在国外待很长时间的。"

"哦，你等等，你的这个说法，倒让我想起一个设计模式，非常符合你现在提到的这个场景。"

"是吗，听大鸟说设计模式已经成为习惯了，听不到都难受。快点说说看。"

17.2 适配器模式

"这个模式叫作适配器模式。"

> 适配器模式（Adapter），将一个类的接口转换成客户希望的另外一个接口。Adapter模式使得原本由于接口不兼容而不能一起工作的那些类可以一起工作。[DP]

"适配器模式主要解决什么问题呢？"

"简单地说，就是需要的东西就在面前，但却不能使用，而短时间又无法改造它，于是我们就想办法适配它。"

"前面的听懂了，有东西不能用，又不能改造它。但想办法'适配'是什么意思？"

"其实这个词应该是最早出现在电工学里。我举个例子，电源插座和插头根据国家所在地区的不同，在外形、等级、尺寸和种类方面都有所不同，各个国家都有政府制定的标准。我们出国旅行，自己的手机电脑等充电器与酒店的插座不匹配怎么办？用一个插座转换的适配器就可以了。适配器的意思就是使得一个东西适合另一个东西的东西。"

"这个我明白，但和适配器模式有什么关系？"

"哈，NBA篮球运动员都会打篮球，姚明也会打篮球……"

"废话。"

"你小子，别打岔。但是姚明却不会英语，要在美国NBA打球，不会英语如何交流？没有交流如何理解教练和同伴的意图？又如何让他们理解自己的想法？不能沟通就打不好球了。于是就有三个办法，第一，让姚明学会英语，你看如何？"

"这不符合实际呀，姚明刚到NBA打球，之前又没有时间在学校里认真学好英语，马上学到可以听懂会说的地步是很困难的。"

"说得不错，第二种方法，让教练和球员学会中文？"

"哈，大鸟又在搞笑了。"

"不可能，那你说怎么办？"

"给姚明找个翻译。哦，我明白了，你的意思是翻译就是适配器？"

"对的，在我们不能更改球队的教练、球员和姚明的前提下，我们能做的就是想办法找个适配器。在软件开发中，也就是系统的数据和行为都正确，但接口不符时，我们应该考虑用适配器，目的是使控制范围之外的一个原有对象与某个接口匹配。适配器模式主要应用于希望复用一些现存的类，但是接口又与复用环境要求不一致的情况，比如在需要对早期代码复用一些功能等应用上很有实际价值。"

"在GoF的设计模式中，对适配器模式讲了两种类型，**类适配器模式和对象适配器模式**，由于类适配器模式通过多重继承对一个接口与另一个接口进行匹配，而Java、C#、VB.NET等语言都不支持多重继承（C++支持），也就是一个类只有一个父类，所以我们这里主要讲的是对象适配器。"

适配器模式（Adapter）结构图

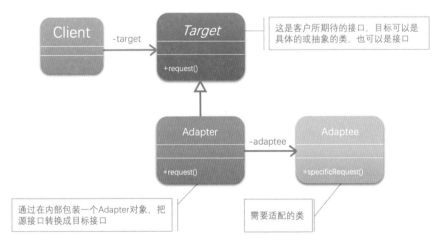

Target（这是客户所期待的接口。目标可以是具体的或抽象的类，也可以是接口）代码如下。

```
//客户期待的接口
class Target {
    public void request(){
        System.out.println("普通请求！");
    }
}
```

Adaptee（需要适配的类）代码如下。

```
//需要适配的类
class Adaptee {
    public void specificRequest(){
        System.out.println("特殊请求！");
    }
}
```

Adapter（通过在内部包装一个Adaptee对象，把源接口转换成目标接口）代码如下。

```
//适配器类
class Adapter extends Target {

    private Adaptee adaptee = new Adaptee(); //建立一个私有的Adaptee对象

    public void request(){                   //这样就可以把表面上调用request()方法
        adaptee.specificRequest();           //变成实际调用specificRequest()
    }
}
```

客户端代码：

```
Target target = new Adapter();

target.request();        对客户端来说，调用的就是Target的request()
```

17.3 何时使用适配器模式

"你的意思是不是说，在想使用一个已经存在的类，但如果它的接口，也就是它的方法和你的要求不相同时，就应该考虑用适配器模式？"

"对的，**两个类所做的事情相同或相似，但是具有不同的接口时要使用它**。而且由于类都共享同一个接口，使得客户代码如何？"

"**客户代码可以统一调用同一接口就行了，这样应该可以更简单、更直接、更紧凑。**"

"很好，其实用适配器模式也是无奈之举，很有点'亡羊补牢'的感觉，没办法呀，是软件就有维护的一天，维护就有可能会因不同的开发人员、不同的产品、不同的厂家而造成功能类似而接口不同的情况，此时就是适配器模式大展拳脚的时候了。"

"你的意思是说，我们通常是在软件开发后期或维护期再考虑使用它？"

"如果是在设计阶段，你有必要把类似的功能类的接口设计得不同吗？"

"话是这么说，但不同的程序员定义方法的名称可能不同呀。"

"首先，公司内部，类和方法的命名应该有规范，最好前期就设计好，然后如果真的如你所说，接口不相同时，首先不应该考虑用适配器，而是应该考虑通过重构统一接口。"

"明白了，就是要在双方都不太容易修改的时候再使用适配器模式适配，而不是一有不同时就使用它。那有没有设计之初就需要考虑用适配器模式的时候？"

"当然有，比如公司设计一系统时考虑使用第三方开发组件，而这个组件的接口与我们自己的系统接口是不相同的，而我们也完全没有必要为了迎合它而改动自己的接口，此时尽管是在开发的设计阶段，也是可以考虑用适配器模式来解决接口不同的问题。"大鸟解释道，"好了，说了这么多，你都没有练习一下，来来来，试着把火箭队的比赛，教练叫暂停时给后卫、中锋、前锋分配进攻和防守任务的代码模拟出来。"

17.4 篮球翻译适配器

　　"哈，这有何难。后卫、中锋、前锋都是球员，所以应该有一个球员抽象类，有进攻和防守的方法。"

　　球员类：

```java
//球员
abstract class Player {
    protected String name;
    public Player(String name){
        this.name = name;
    }

    public abstract void attack();   //进攻
    public abstract void defense();  //防守
}
```

　　前锋、中锋、后卫类：

```java
//前锋
class Forwards extends Player {
    public Forwards(String name){
        super(name);
    }

    public void attack(){
        System.out.println("前锋 "+this.name+" 进攻");
    }

    public void defense(){
        System.out.println("前锋 "+this.name+" 防守");
    }
}

//中锋
class Center extends Player {
    public Center(String name){
        super(name);
    }

    public void attack(){
        System.out.println("中锋 "+this.name+" 进攻");
    }

    public void defense(){
        System.out.println("中锋 "+this.name+" 防守");
    }
}
```

```
//后卫
class Guards extends Player {
    public Guards(String name){
        super(name);
    }

    public void attack(){
        System.out.println("后卫 "+this.name+" 进攻");
    }

    public void defense(){
        System.out.println("后卫 "+this.name+" 防守");
    }
}
```

客户端代码：

```
Player forwards = new Forwards("巴蒂尔");
forwards.attack();

Player guards = new Guards("麦克格雷迪");
guards.attack();

Player center = new Center("姚明");

center.attack();
center.defense();
```
> 姚明问："attack和defense是什么意思呢？"

结果显示：

前锋 巴蒂尔 进攻
后卫 麦克格雷迪 进攻
中锋 姚明 进攻
中锋 姚明 防守

"注意，姚明刚来到NBA，他身高够高，球技够好，但是，他那时还不懂英语，也就是说，他听不懂教练的战术安排，attack和defense是什么意思不知道。你这样的写法就是有问题的。事实上，当时是如何解决这个矛盾的？"

"姚明说'我需要翻译。'我知道你的意思了，姚明是外籍中锋，需要有翻译者类来'适配'。"

外籍中锋：

```
//外籍中锋
class ForeignCenter {
    private String name;
    public String getName(){
        return this.name;
    }
    public void setName(String value){
        this.name = value;
    }
}
```
> 外籍中锋类球员的姓名故意用属性而不是构造方法来区别与前三个球员类的不同

```
    public void 进攻(){    ┤ 表明"外籍中锋"只懂得中文"进攻"
        System.out.println("外籍中锋 "+this.name+" 进攻");
    }
    public void 防守(){    ┤ 表明"外籍中锋"只懂得中文"防守"
        System.out.println("外籍中锋 "+this.name+" 防守");
    }
}
```

翻译者类:

```
//翻译者
class Translator extends Player {

    private ForeignCenter foreignCenter = new ForeignCenter();
                                        ┤ 声明并实例化一个内部'外籍中锋'对象,
                                          表明翻译者与外籍球员有关联
    public Translator(String name){
        super(name);
        foreignCenter.setName(name);
    }

    public void attack(){
        foreignCenter.进攻();  ┤ 翻译者将"attack"翻译为"进攻"告诉外籍中锋
    }

    public void defense(){
        foreignCenter.防守();  ┤ 翻译者将"defence"翻译为"防守"告诉外籍中锋
    }
}
```

客户端代码:

```
    Player forwards = new Forwards("巴蒂尔");
    forwards.attack();

    Player guards = new Guards("麦克格雷迪");
    guards.attack();

    Player center = new Translator("姚明");

    center.attack();      ┤ 翻译者告诉姚明, 教练要求你既要"进攻"又要"防守"
    center.defense();
```

结果显示:

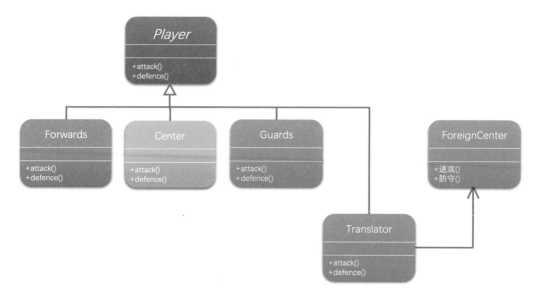

"这下好了，尽管姚明曾经是不太懂英文，尽管火箭教练和球员也不会学中文，但因为有了翻译者，团队沟通合作成为可能，非常好。"大鸟鼓励道。

17.5 适配器模式的.NET应用

"这模式很好用，我想在现实中也很常用的吧。"

"当然，比如在.NET中有一个类库已经实现的、非常重要的适配器，那就是DataAdapter。DataAdapter 用作DataSet和数据源之间的适配器以便检索和保存数据。DataAdapter通过映射Fill（这更改了DataSet 中的数据以便与数据源中的数据相匹配）和Update（这更改了数据源中的数据以便与DataSet中的数据相匹配）来提供这一适配器[MSDN]。由于数据源可能是来自SQL Server，可能来自Oracle，也可能来自Access、DB2，这些数据在组织上可能有不同之处，但我们希望得到统一的DataSet（实质是XML数据），此时用DataAdapter就是非常好的手段，我们不必关注不同数据库的数据细节，就可以灵活地使用数据。"

"啊，DataAdapter我都用了无数次了，原来它就是适配器模式的应用呀，太棒了。我喜欢这个模式，我要经常性地使用它。再比如像Java中的Hibernate开源框架，也是用了类似的方法。"

"NO！模式乱用不如不用。我给你讲个小故事吧，希望你能理解其深意。"

17.6 扁鹊的医术

大鸟："当年，魏文王问名医扁鹊说：'你们家兄弟三人，都精于医术，到底哪一位最好呢？'扁鹊答：'长兄最好，中兄次之，我最差。'文王再问：'那么为什么你最出名呢？'扁鹊答：'长兄治病，是治病于病情发作之前。由于一般人不知道他事先能铲除病因，所以他的名气无法传出去；中兄治病，是治病于病情初起时。一般人以为他只能治轻微的小病，所以他的名气只及本乡里。而我是治病于病情严重之时。一般人都看到我在经脉上穿针管放血、在皮肤上敷药等大手术，所以大家都以为我的医术高明，名气因此响遍全国。'这个故事说明什么？"

"啊，你的意思是如果能事先预防接口不同的问题，不匹配问题就不会发生；在有小的接口不统一问题发生时，及时重构，问题不至于扩大；只有碰到无法改变原有设计和代码的情况时，才考虑适配。事后控制不如事中控制，事中控制不如事前控制。"小菜总结说。

"对呀，如果能事前控制，又何必要事后再去弥补呢？"大鸟肯定说，"适配器模式当然是好模式，但如果无视它的应用场合而盲目使用，其实是本末倒置了。"

"嗯，我相信，小菜我能把适配器模式应用到扁鹊的境界。哦，不对，是他们三兄弟共同的境界。我一定能！"

"相信你一定能。"

第18章 如果再回到从前——备忘录模式

18.1 如果再给我一次机会……

时间：5月6日18点　　　地点：小菜、大鸟住所的客厅　　　人物：小菜、大鸟

"小菜，今天上午看NBA了吗？"大鸟问道。

"没有，不过结果倒是在网上第一时间就知道了。"

"是呀，最后一分钟的失误，就等于输掉了整个赛季。"

"如果任何一人能抓到两个篮板中的一个，结果可能完全不是这样。真是遗憾呀。"小菜感慨道。

"很多时候我们做了件事后，却又后悔。这就是人类内心软弱的一面。时间不能倒流，不管怎么样人生是无法回到从前的，但是软件就不一样了。还记得玩一些单机的PC游戏的时候吗，通常我都是在打大Boss之前，先保存一个进度，然后如果通关失败了，我可以再返回刚才那个进度来恢复原来的状态，从头来过。从这点上说，我们比姚明强。"

"哈，这其中的原理是不是就是把当前的游戏状态的各种参数存储，以便恢复时读取呢？"

"是的，通常这种保存都是存在磁盘上了，以便日后读取。但对于一些更为常规的应用，比如我们下棋时通常悔棋、编写文档时需要撤销、查看网页时需要后退，这些相对频繁而简单的恢复并不需要存在磁盘中，只要将保存在内存中的状态恢复一下即可。"

"嗯，这是更普通的应用，很多开发中都会用到。"

"那我简单说个场景，你想想看怎么用代码实现。游戏的某个场景，一游戏角色有生命力、攻击力、防御力等数据，在打Boss前和后一定会不一样的，我们允许玩家如果感觉与Boss决斗的效果不理想可以让游戏恢复到决斗前。"

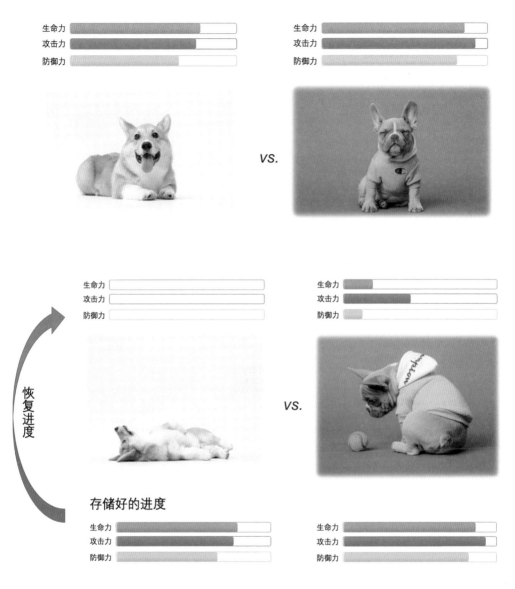

"好的，我试试看。"

18.2 游戏存进度

游戏角色类，用来存储角色的生命力、攻击力、防御力的数据。

```
//游戏角色
class GameRole {
    //生命力
    private int vitality;
    public int getVitality(){
        return this.vitality;
    }
    public void setVitality(int value){
        this.vitality = value;
    }

    //攻击力
    private int attack;
    public int getAttack(){
        return this.attack;
    }
    public void setAttack(int value){
        this.attack = value;
    }

    //防御力
    private int defense;
    public int getDefense(){
        return this.defense;
    }
    public void setDefense(int value){
        this.defense = value;
    }


    //状态显示
    public void displayState(){
        System.out.println("角色当前状态: ");
        System.out.println("体力: "+this.vitality);
        System.out.println("攻击力: "+this.attack);
        System.out.println("防御力: "+this.defense);
        System.out.println();
    }

    //获得初始状态(数据通常来自本机磁盘或远程数据接口)
    public void getInitState(){
        this.vitality = 100;
        this.attack = 100;
        this.defense = 100;
    }

    //战斗(在与Boss大战后游戏数据损耗为0)
    public void fight(){
        this.vitality = 0;
        this.attack = 0;
        this.defense = 0;
    }

}
```

客户端调用时：

```
    //大战Boss前
    GameRole role = new GameRole();
    role.getInitState();        ·◄ 获得初始角色状态（生命力、攻击力、防御力）
    role.displayState();

    //保存进度
    GameRole backup = new GameRole();
    backup.setVitality(role.getVitality());
    backup.setAttack(role.getAttack());      ·◄ 通过"游戏角色"的新实例来保存进度
    backup.setDefense(role.getDefense());
```

```
//大战Boss时，损耗严重
role.fight();  ← 所有游戏数据归零
//显示状态
role.displayState();

//游戏进度恢复
role.setVitality(backup.getVitality());
role.setAttack(backup.getAttack());   ← Game Over不甘心，恢复之前进度，重新来玩
role.setDefense(backup.getDefense());

//显示状态
role.displayState();
```

"小菜，这样的写法，确实是实现了我的要求，但是问题也确实多多。"

"哈，你的经典理论，**代码无错未必优**。说吧，我有心理准备。"

"问题主要在于这客户端的调用。下面这一段有问题，因为这样写就把整个游戏角色的细节暴露给了客户端，你的客户端的职责就太大了，需要知道游戏角色的生命力、攻击力、防御力这些细节，还要对它进行'备份'。以后需要增加新的数据，例如增加'魔法力'或修改现有的某种力，例如'生命力'改为'经验值'，这部分就一定要修改了。同样的道理也存在于恢复时的代码。"

```
//大战Boss前
GameRole role = new GameRole();
role.getInitState();
role.displayState();

//保存进度
GameRole backup = new GameRole();
backup.setVitality(role.getVitality());
backup.setAttack(role.getAttack());      ← 暴露了游戏中各种参数的实现细节，不足取
backup.setDefense(role.getDefense());

//大战Boss时，损耗严重
role.fight();
//显示状态
role.displayState();

//游戏进度恢复
role.setVitality(backup.getVitality());
role.setAttack(backup.getAttack());      ← 同样暴露了实现细节，不妥当
role.setDefense(backup.getDefense());

//显示状态
role.displayState();
```

"显然，我们希望的是把这些'游戏角色'的存取状态细节封装起来，而且最好是封装在外部的类当中。以体现职责分离。"

18.3 备忘录模式

"所以我们需要学习一个新的设计模式——备忘录模式。"

备忘录（Memento）：在不破坏封装性的前提下，捕获一个对象的内部状态，并在该对象之外保存这个状态。这样以后就可将该对象恢复到原先保存的状态。[DP]

备忘录模式（Memento）结构图

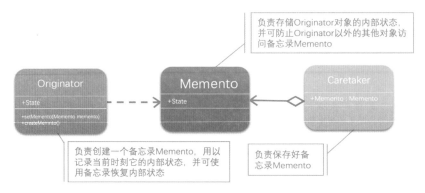

- Originator（发起人）：负责创建一个备忘录Memento，用以记录当前时刻它的内部状态，并可使用备忘录恢复内部状态。Originator可根据需要决定Memento存储Originator的哪些内部状态。
- Memento（备忘录）：负责存储Originator对象的内部状态，并可防止Originator以外的其他对象访问备忘录Memento。备忘录有两个接口，Caretaker只能看到备忘录的窄接口，它只能将备忘录传递给其他对象。Originator能够看到一个宽接口，允许它访问返回到先前状态所需的所有数据。
- Caretaker（管理者）：负责保存好备忘录Memento，不能对备忘录的内容进行操作或检查。

"就刚才的例子，'游戏角色'类其实就是一个Originator，而你用了同样的'游戏角色'实例'备份'来做备忘录，这在当需要保存全部信息时，是可以考虑的，而用clone的方式来实现Memento的状态保存可能是更好的办法，但是如果是这样的话，使得我们相当于对上层应用开放了Originator的全部（public）接口，这对于保存备份有时候是不合适的。"

"那如果我们不需要保存全部的信息以备使用时，怎么办？"

"哈，对的，这或许是更多可能发生的情况，我们需要保存的并不是全部信息，而只是部分，那么就应该有一个独立的备忘录类Memento，它只拥有需要保存的信息的属性。"

18.4 备忘录模式基本代码

发起人（Originator）类：

```
//发起人
class Originator {
```

```
    //状态
    private String state;
    public String getState(){
        return this.state;
    }
    public void setState(String value){
        this.state = value;
    }
```
• 需要保存的属于，可能有多个

```
    //显示数据
    public void show(){
        System.out.println("State:"+this.state);
    }
```

```
    //创建备忘录
    public Memento createMemento(){
        return new Memento(this.state);
    }
```
• 创建备忘录，将当前需要保存的信息导入并实例化出一个 Memento 对象

```
    //恢复备忘录
    public void recoveryMemento(Memento memento){
        this.setState(memento.getState());
    }
```
• 恢复备忘录，将 Memento 导入并将相关数据恢复

```
}
```

备忘录（Memento）类：

```
//备忘录
class Memento {

    private String state;

    public Memento (String state){
        this.state = state;
    }
```

```
    public String getState(){
        return this.state;
    }
    public void setState(String value){
        this.state = value;
    }
```
• 需要保存的数据属性，可以是多个

```
}
```

管理者（Caretaker）类：

```
//管理者
class Caretaker{

    private Memento memento;
    public Memento getMemento(){
        return this.memento;
    }
    public void setMemento(Memento value){
        this.memento = value;
    }
}
```
• 得到或设置备忘录

客户端程序：

```
    //Originator初始状态，状态属性为"On"
    Originator o = new Originator();
    o.setState("On");
    o.show();
```

```
Caretaker c = new Caretaker();
//保存状态时，由于有了很好的封装，可以隐藏Originator的实现细节
c.setMemento(o.createMemento());

//Originator改变了状态属性为"Off"
o.setState("Off");
o.show();

//恢复原初始状态
o.recoveryMemento(c.getMemento());
o.show();
```

"哈，我明白了，这当中就是把要保存的细节给封装在了Memento中了，哪一天要更改保存的细节也不用影响客户端了。那么这个备忘录模式都用在一些什么场合呢？"

"Memento模式比较适用于功能比较复杂的，但需要维护或记录属性历史的类，或者需要保存的属性只是众多属性中的一小部分时，Originator可以根据保存的Memento信息还原到前一状态。"

"我记得好像命令模式也有实现类似撤销的作用？"

"哈，小子记性不错，如果在某个系统中使用命令模式时，需要实现命令的撤销功能，那么命令模式可以使用备忘录模式来存储可撤销操作的状态[DP]。有时一些对象的内部信息必须保存在对象以外的地方，但是必须要由对象自己读取，这时，使用备忘录可以把复杂的对象内部信息对其他的对象屏蔽起来[DP]，从而可以恰当地保持封装的边界。"

"我感觉可能最大的作用还是在当角色的状态改变的时候，有可能这个状态无效，这时候就可以使用暂时存储起来的备忘录将状态复原[DP]这个作用吧？"

"说得好，这当然是最重要的作用了。"

"明白，我学会了。"

"别急，你还没有把你刚才的代码改成备忘录模式的。"

"啊，你就不打算饶过我。等着，看我来拿满分。"

18.5 游戏进度备忘

代码结构图

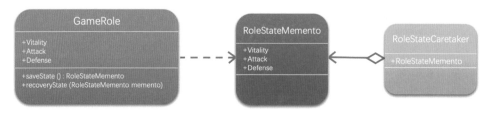

游戏角色类：

```
//游戏角色
class GameRole {

    ...

    //保存角色状态
    public RoleStateMemento saveState(){
        return new RoleStateMemento(this.vitality,this.attack,this.defense);
    }
```
> 将游戏角色的三个游戏状态值通过实例化"角色状态存储箱"返回对象

```
    //恢复角色状态
    public void recoveryState(RoleStateMemento memento){
        this.setVitality(memento.getVitality());
        this.setAttack(memento.getAttack());
        this.setDefense(memento.getDefense());
    }
}
```
> 可将外部的"角色状态存储箱"中的状态数值恢复给游戏角色

角色状态存储箱类:

```
//角色状态存储箱
class RoleStateMemento {
    private int vitality;
    private int attack;
    private int defense;

    //将生命力、攻击力、防御力存入状态存储箱对象中
    public RoleStateMemento (int vitality,int attack,int defense){
        this.vitality = vitality;
        this.attack = attack;
        this.defense = defense;
    }

    //生命力
    public int getVitality(){
        return this.vitality;
    }
    public void setVitality(int value){
        this.vitality = value;
    }
    //攻击力
    public int getAttack(){
        return this.attack;
    }
    public void setAttack(int value){
        this.attack = value;
    }
    //防御力
    public int getDefense(){
        return this.defense;
    }
    public void setDefense(int value){
        this.defense = value;
    }
}
```

角色状态管理者类:

```
//角色状态管理者
class RoleStateCaretaker{

    private RoleStateMemento memento;
    public RoleStateMemento getRoleStateMemento(){
        return this.memento;
    }
    public void setRoleStateMemento(RoleStateMemento value){
        this.memento = value;
    }
}
```

客户端代码:

```
//大战Boss前
GameRole role = new GameRole();
role.getInitState();
role.displayState();

//保存进度
RoleStateCaretaker stateAdmin = new RoleStateCaretaker();
stateAdmin.setRoleStateMemento(role.saveState());

//大战Boss时，损耗严重
role.fight();
//显示状态
role.displayState();

//游戏进度恢复
role.recoveryState(stateAdmin.getRoleStateMemento());

//显示状态
role.displayState();
```

保存进度时，由于封装在Memento中，因此我们并不知道保存了哪些具体的角色数据，角色数据修改不影响当前客户端的代码

进度恢复时，亦是同理

"看看，能不能得满分？我查了好几遍了。"

"不错，写得还行。你要注意，备忘录模式也是有缺点的，角色状态需要完整存储到备忘录对象中，如果状态数据很大很多，那么在资源消耗上，备忘录对象会非常耗内存。"

"嗯，明白。所以也不是用得越多越好。"

"小子，以后打游戏要记着用备忘录哦。"大鸟不忘提醒一句。

"哈，我一定会这样。"小菜开始装着深沉地说，"曾经有一个精彩的游戏摆在我的面前，但是我没有好好珍惜。等到死于Boss手下的时候才后悔莫及，尘世间最痛苦的事莫过于此。如果上天可以给我一个机会再来一次的话，我会对你说三个字，'存进度'。如果非要把这个进度加上一个保险，我希望是刻成光盘，流传万年！"

第19章 分公司=一部门——组合模式

19.1 分公司不就是一部门吗？

时间：5月10日19点　　地点：小菜、大鸟住所的客厅　　人物：小菜、大鸟

"大鸟，请教你一个问题？快点帮帮我。"

"今天轮到你做饭，你可别忘记了。"

"做饭？好说好说！先帮我解决问题吧。再弄不出来，我要失业了。"

"有这么严重吗？什么问题呀？"

"我们公司最近接了一个项目，是为一家在全国许多城市都有分销机构的大公司做办公管理系统，总部有人力资源、财务、运营等部门。"

"这是很常见的OA系统，需求分析好的话，应该不难开发的。"

"是呀，我开始也这么想，这家公司试用了我们开发的系统后感觉不错，他们希望可以在他们的全部分公司推广，一起使用。他们在北京有总部，在全国几大城市设有分公司，比如上海设有华东区分部，然后在一些省会城市还设有办事处，比如南京办事处、杭州办事处。现在有个问题是，总公司的人力资源部、财务部等办公管理功能在所有的分公司或办事处都需要有。你说怎么办？"

"你打算怎么办呢？"大鸟不答反问道。

"因为你之前讲过简单复制是最糟糕的设计，所以我的想法是共享功能到各个分公司，也就是让总部、分公司、办事处用同一套代码，只是根据ID的不同来区分。"

"要糟了。"

"你怎么知道？的确是不行，因为他们的要求，总部、分部和办事处是成树状结构的，也就是有组织结构的，不可以简单地平行管理。这下我就比较痛苦了，因为实际开发时就得一个一个地判断它是总部，还是分公司的财务，然后再执行其相应的方法。"

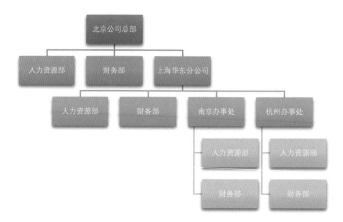

"你有没有发现，类似的这种部分与整体情况很多见，例如卖电脑的商家，可以卖单独配件，也可以卖组装整机，又如复制文件，可以一个一个文件复制粘贴，还可以整个文件夹进行复制，再比如文本编辑，可以给单个字加粗、变色、改字体，当然也可以给整段文字做同样的操作。其本质都是同样的问题。"

"你的意思是，分公司或办事处与总公司的关系，就是部分与整体的关系？"

"对的，你希望总公司的组织结构，比如人力资源部、财务部的管理功能可以复用于分公司。这其实就是**整体与部分可以被一致对待**的问题。"

"哈，我明白了，就像你举的例子，对于Word文档里的文字，对单个字的处理和对多个字甚至整个文档的处理，其实是一样的，用户希望一致对待，程序开发者也希望一致处理。但具体怎么做呢？"

"首先，我们来分析一下你刚才讲到的这个项目，如果把北京总公司当作一棵大树的根部的话，它的下属分公司其实就是这棵树的什么？"

"是树的分枝，哦，至于各办事处是更小的分支，而它们的相关的职能部门由于没有分枝了，所以可以理解为树叶。"

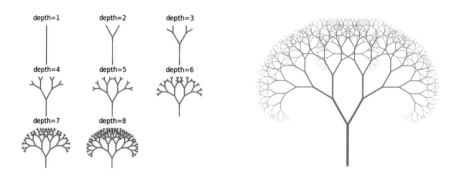

"小菜理解得很快，尽管天下没有两片相同的树叶，但同一棵树上长出来的树叶样子也不会相差到哪去。也就是说，你所希望的总部的财务部管理功能也最好是能复用到子公司，那么最好的办法就是，我们在处理总公司的财务管理功能和处理子公司的财务管理功能的方法都是一样的。"

"有点晕了，别绕弯子了，你是不是想讲一个新的设计模式给我。"

19.2 组合模式

"哈，小菜够直接。这个设计模式叫作'组合模式'。"

组合模式（Composite），将对象组合成树形结构以表示'部分-整体'的层次结构。组合模式使得用户对单个对象和组合对象的使用具有一致性。[DP]

组合模式（Composite）结构图

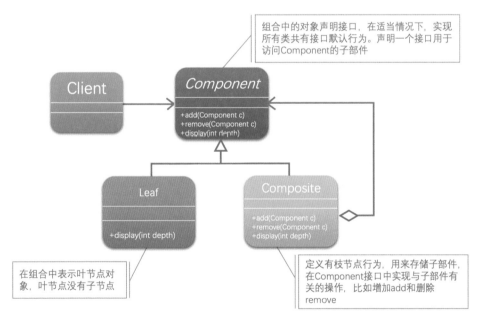

Component为组合中的对象声明接口，在适当情况下，实现所有类共有接口的默认行为。声明一个接口用于访问和管理Component的子部件。

```
abstract class Component{
    protected String name;
    public Component(String name){
        this.name = name;
    }
}
```

```java
    public abstract void add(Component component);
    public abstract void remove(Component component);
    public abstract void display(int depth);
}
```

通常都用add和remove方法来提供增加或移除树叶或树枝的功能

Leaf在组合中表示叶节点对象，叶节点没有子节点。

```java
class Leaf extends Component{
    public Leaf(String name){
        super(name);
    }

    public void add(Component component){
        System.out.println("Cannot add to a leaf.");
    }

    public void remove(Component component){
        System.out.println("Cannot remove from a leaf.");
    }

    public void display(int depth){
        //叶节点的具体显示方法，此处是显示其名称和级别
        for(var i=0;i<depth;i++)
            System.out.print("-");
        System.out.println(name);
    }
}
```

由于叶子没有再增加分枝和树叶，所以Add和Remove方法实现它没有意义，但这样做可以消除叶节点和枝节点对象在抽象层次的区别，它们具备完全一致的接口

Composite 定义有枝节点行为，用来存储子部件，在Component接口中实现与子部件有关的操作，比如增加add和删除remove。

```java
class Composite extends Component{
    private ArrayList<Component> children = new ArrayList<Component>();//一个子对象集合用来存储其下属的枝节点和叶节点

    public Composite(String name){
        super(name);
    }

    public void add(Component component){
        children.add(component);
    }
    public void remove(Component component){
        children.remove(component);
    }
    public void display(int depth){
        //显示其枝节点名称
        for(var i=0;i<depth;i++)
            System.out.print("-");
        System.out.println(name);
        //对其下级进行遍历
        for(Component item : children){
            item.display(depth+2);
        }
    }
}
```

客户端代码，能通过Component接口操作组合部件的对象。

```java
Composite root = new Composite("root");
root.add(new Leaf("Leaf A"));
root.add(new Leaf("Leaf B"));

Composite comp = new Composite("Composite X");
comp.add(new Leaf("Leaf XA"));
comp.add(new Leaf("Leaf XB"));
root.add(comp);
```

生成树根root，根上长出两叶LeafA和LeafB

根上长出分枝CompositeX，分枝上也有两叶LeafXA和LeafXB

```
Composite comp2 = new Composite("Composite XY");
comp2.add(new Leaf("Leaf XYA"));
comp2.add(new Leaf("Leaf XYB"));
comp.add(comp2);

Leaf leaf = new Leaf("Leaf C");
root.add(leaf);

Leaf leaf2 = new Leaf("Leaf D");
root.add(leaf2);
root.remove(leaf2);

root.display(1);
```

在CompositeX上再长出分枝CompositeXY,分枝上也有两叶LeafXYA和LeafXYB

根部又长出两叶LeafC和LeafD,可惜LeafD没长牢,被风吹走了

显示树的样子

结果显示:

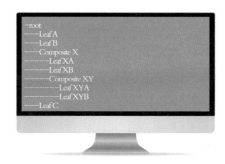

19.3 透明方式与安全方式

"树可能有无数的分枝，但只需要反复用Composite就可以实现树状结构了。小菜感觉如何？"

"有点懂，但还是有点疑问，为什么Leaf类当中也有add和remove，树叶不是不可以再长分枝吗？"

"是的，这种方式叫作透明方式，也就是说，在Component中声明所有用来管理子对象的方法，其中包括add、remove等。这样实现Component接口的所有子类都具备了add和remove。这样做的好处就是叶节点和枝节点对于外界没有区别，它们具备完全一致的行为接口。但问题也很明显，因为Leaf类本身不具备add()、remove()方法的功能，所以实现它是没有意义的。"

"哦，那么如果我不希望做这样的无用功呢？也就是Leaf类当中不用add和remove方法，可以吗？"

"当然是可以，那么就需要安全方式，也就是在Component接口中不去声明add和remove方法，那么子类的Leaf也就不需要去实现它，而是在Composite中声明所有用来管理子类对象的方法，这样做就不会出现刚才提到的问题，不过由于不够透明，所以树"

叶和树枝类将不具有相同的接口，客户端的调用需要做相应的判断，带来了不便。"

"我喜欢透明式，那样就不用做任何判断了。"

"开发怎么能随便有倾向性？两者各有好处，视情况而定吧。"

19.4 何时使用组合模式

"什么地方用组合模式比较好呢？"

"当你发现需求中是体现部分与整体层次的结构时，以及你希望用户可以忽略组合对象与单个对象的不同，统一地使用组合结构中的所有对象时，就应该考虑用组合模式了。"

"哦，我想起来了。Java开发窗体用的容器控件java.awt.Container，它继承于java.awt.Component，就有add方法和remove方法，所以在它上面增加控件，比如Button、Label、Checkbox等控件，就变成很自然的事情，这就是典型的组合模式的应用。"

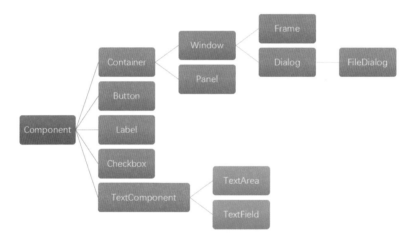

方法摘要

变量和类型	方法	描述
Component	add(Component comp)	将指定的组件追加到此容器的末尾。
Component	add(Component comp, int index)	将指定的组件添加到指定位置的此容器中。
void	add(Component comp, Object constraints)	将指定的组件添加到此容器的末尾。
void	remove(int index)	从此容器中删除由 index 指定的组件。
void	remove(Component comp)	从此容器中删除指定的组件。
void	removeAll()	从此容器中删除所有组件。
void	removeContainerListener(ContainerListener l)	删除指定的容器侦听器，以便它不再从此容器接收容器事件。
void	removeNotify()	通过删除与其本机屏幕资源的连接，使此 Container 不可显示。

"哦，对的对的，这就是部分与整体的关系。"

"好了，你是不是可以把你提到的公司管理系统的例子练习一下了？"

"OK，现在感觉不是很困难了。"

19.5 公司管理系统

半小时后，小菜写出了代码。

代码结构图

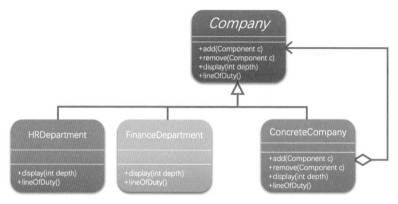

公司类：抽象类或接口。

```
//公司抽象类
abstract class Company{
    protected String name;
    public Company(String name){
        this.name = name;
    }

    public abstract void add(Company company);      //增加
    public abstract void remove(Company company);   //移除
    public abstract void display(int depth);        //显示

    public abstract void lineOfDuty();   //履行职责
}
```

增加一"履行职责"方法，不同的部门需履行不同的职责

具体公司类：实现接口，树枝节点。

```
//具体分公司类，树枝节点
class ConcreteCompany extends Company{
    protected ArrayList<Company> children = new ArrayList<Company>();

    public ConcreteCompany(String name){
        super(name);
    }

    public void add(Company company){
        children.add(company);
    }
    public void remove(Company company){
        children.remove(company);
    }
```

```java
    public void display(int depth) {
        for(var i=0;i<depth;i++)
            System.out.print("-");
        System.out.println(name);
        for(Company item : children){
            item.display(depth+2);
        }
    }

    //履行职责
    public void lineOfDuty(){
        for(Company item : children){
            item.lineOfDuty();
        }
    }
}
```

人力资源部与财务部类：树叶节点。

```java
//人力资源部，树叶节点
class HRDepartment extends Company{
    public HRDepartment(String name){
        super(name);
    }

    public void add(Company company){
    }
    public void remove(Company company){
    }
    public void display(int depth) {
        for(var i=0;i<depth;i++)
            System.out.print("-");
        System.out.println(name);
    }
    //履行职责
    public void lineOfDuty(){
        System.out.println(name+" 员工招聘培训管理");
    }
}
```

```java
//财务部，树叶节点
class FinanceDepartment extends Company{
    public FinanceDepartment(String name){
        super(name);
    }

    public void add(Company company){
    }
    public void remove(Company company){
    }
    public void display(int depth) {
        for(var i=0;i<depth;i++)
            System.out.print("-");
        System.out.println(name);
    }
    //履行职责
    public void lineOfDuty(){
        System.out.println(name+" 公司财务收支管理");
    }
}
```

客户端代码：

```java
ConcreteCompany root = new ConcreteCompany("北京总公司");
root.add(new HRDepartment("总公司人力资源部"));
root.add(new FinanceDepartment("总公司财务部"));
```

```java
ConcreteCompany comp = new ConcreteCompany("上海华东分公司");
comp.add(new HRDepartment("华东分公司人力资源部"));
comp.add(new FinanceDepartment("华东分公司财务部"));
root.add(comp);

ConcreteCompany comp2 = new ConcreteCompany("南京办事处");
comp2.add(new HRDepartment("南京办事处人力资源部"));
comp2.add(new FinanceDepartment("南京办事处财务部"));
comp.add(comp2);

ConcreteCompany comp3 = new ConcreteCompany("杭州办事处");
comp3.add(new HRDepartment("杭州办事处人力资源部"));
comp3.add(new FinanceDepartment("杭州办事处财务部"));
comp.add(comp3);

System.out.println("结构图: ");
root.display(1);
System.out.println("职责: ");
root.lineOfDuty();
```

结果显示：

19.6 组合模式好处

"小菜写得不错，你想想看，这样写的好处有哪些？"

"组合模式这样就定义了包含人力资源部和财务部这些基本对象和分公司、办事处等组合对象的类层次结构。基本对象可以被组合成更复杂的组合对象，而这个组合对象又可以被组合，这样不断地递归下去，客户代码中，任何用到基本对象的地方都可以使用组合对象了。"

"非常好，还有没有？"

"我感觉用户是不用关心到底是处理一个叶节点还是处理一个组合组件，也就用不着为定义组合而写一些选择判断语句了。"

"简单点说，就是组合模式让客户可以一致地使用组合结构和单个对象。"

"这也就是说，那家公司开多少个以及多少级办事处都没问题了。"小菜开始兴奋起来，"哪怕开到地级市、县级市、镇、乡、村、户……"

"喂，发什么神经了。"大鸟提醒道，"开办事处到户？你有毛病呀。"

"不过理论上，用了组合模式，在每家每户设置一个人力资源部和财务部也是很正常的。"小菜得意地说，"哪家不需要婚丧嫁娶、增丁添口等家务事，哪家不需要柴米油盐、衣食住行等流水账。"

"你小子，刚才还在为项目设计不好而犯愁叫失业，现在可好，得意得恨不得全国挨家挨户用你那套软件，瞧你那德行。"

"我就这德行，学到东西，水平当然就不同了。我去考虑真实的设计了。"

"小菜，今天该轮到你烧饭做菜，别想逃。"

"不是还有点剩饭吗？"

"没有菜如何吃呀。"

"大鸟呀，用组合模式呀，如你所说，客户是不用关心吃什么，直接吃米饭或者吃饭菜组合，其效果对客户来说都是填饱肚子，你就将就一下吧。"小菜说完，就逃离了大鸟房间。

"啊，有这样应用组合模式的？你给我回来。"大鸟叫道。

第20章 想走？可以！先买票——迭代器模式

20.1 乘车买票，不管你是谁!

时间：5月26日10点　地点：一辆公交车上　人物：小菜、大鸟、售票员、公交乘客、小偷

这天是周末，小菜和大鸟一早出门游玩，上了公交车，车内很拥挤。

"上车的乘客请买票。"售票员一边在人缝中穿插着，一边说道。

......

"先生，您这包行李太大了，需要补票的。"售票员对一位拿着大包行李的乘客说道。

"哦，这也需要买票呀，它又不是人。"带大包行李的乘客说。

"您可以看看规定，当您携带的行李占据了一个客用面积时，请再购买同程车票一张，谢谢合作。"售票员指了指车上的一个纸牌子。

这位乘客很不情愿地再买了一张票。

"还有三位乘客没有买票，请买票！"

......

"这售票员够厉害，记得这么清楚，上来几个人都记得。"小菜感叹道。

"这也是业务能力的体现呀。"大鸟解释说。

......

"先生请买票！"售票员对着一位老外说道。

"Sorry，What do you say?"老外看来不会中文。

"请买车票怎么说？"售票员低声地自言自语道，"Please buy ......票怎么说......"

"ticket，" 小菜手掌放嘴边，小声地提醒了一句。

"谢谢，" 售票员对小菜笑了笑，接着用中国式英文对着老外说道，"Please buy a ticket."

"Oh！yes." 老外急忙掏钱包拿了一张十元人民币。

"买票了，买票了，还有两位，不要给不买票的人任何机会……" 售票员找了老外钱后吆喝着，又对着一穿着同样公交制服的女的说道，"小姐，请买票！"

"我也是公交公司的，" 这女的拿出一个公交证件，在售票员面前晃了晃。

"不好意思，公司早就出规定了，工作证不得作为乘车凭证。" 售票员说道。

"我乘车从来就没买过票，凭什么在这就要买票。" 这个乘客开始耍赖。

此时旁边的乘客都来劲了，七嘴八舌说起来。

"公交公司的员工就不是乘客呀，国家总理来也要买票的。"

"这人怎么这样，想占大伙的便宜呀。"

"你还当过去呀，现在不吃大锅饭了。欠债还钱，乘车买票，天经地义……"

"行了行了，不就是一张票吗，搞什么搞。" 这不想买票的小姐终于扛不住了，扫码买了票。

"还有哪一位没有买票，请买票。" 售票员继续在拥挤的车厢里跋涉着。

"小偷！你这小偷，把手机还我。" 突然站在小菜不远处的一小姑娘对着一猥琐的男人叫了起来。

"你不要乱讲，我哪有偷你手机。"

"我看见你刚才把手伸进了我的包里。就是你偷的。"

"我没有偷，你看错了。"

"我明明看见你偷的。" 小姑娘急得哭了出来。

小菜看不过去了，"你的手机号多少，我帮你打打看。"

"138xxxx8888" 小姑娘像是看到了希望。

"哇，这么强的号，手机一定不会丢。" 小菜羡慕着，用自己的手机拨了这个号码。

那人眼看着不对，想往门口跑，小菜和大鸟冲了上去，一把按住他。

"你看，我的手机响了，就在他身上。" 小姑娘叫了起来，"就是他，他就是小偷。"

此时两个小伙已经把猥琐男死死按在了地板上。

"快打110报警！" 大鸟喊道。

此时公交车也停了下来，所有的乘客都议论着 "小偷真可恶" 的话题。

不一会儿，民警来了，问清楚了来由，正准备将小偷带走时，售票员对着小偷发话了："慢着，你是那个没有买票的人吧？"

"啊？嗯！是的。" 小偷一脸沮丧回答道。

"想走？先买票再说！"售票员干脆地说。

小菜和大鸟对望一眼，异口同声道："强！"

……

20.2 迭代器模式

"小菜，今天你真见到强人了吧？"大鸟在下车后，对小菜说道。

"这个售票员，实在够强，"小菜学着模仿道，"想走？！可以。先买票再说！"

"这售票员其实在做一件重要的事，就是把车厢里的所有人都遍历了一遍，不放过一个不买票的乘客。这也是一个设计模式的体现。"

"大鸟，你也够强，什么都可以往设计模式上套，这也是模式？"

"当然是模式。这个模式就叫作**迭代器模式**。"

> 迭代器模式（Iterator），提供一种方法顺序访问一个聚合对象中的各个元素，而又不暴露该对象的内部表示。[DP]

"你想呀，售票员才不管你上来的是人还是物（行李），不管是中国人还是外国人，不管是不是内部员工，甚至哪怕是马上要抓走的小偷，只要是来乘车的乘客，就必须要买票。同样道理，**当你需要访问一个聚集对象，而且不管这些对象是什么都需要遍历的时候，你就应该考虑用迭代器模式**。另外，售票员从车头到车尾来售票，也可以从车尾向车头来售票，也就是说，**你需要对聚集有多种方式遍历时，可以考虑用迭代器模式**。由于不管乘客是什么，售票员的做法始终是相同的，都是从第一个开始，下一个是谁，是否结束，当前售到哪个人了，这些方法每天他都在做，也就是说，**为遍历不同的聚集结构提供如开始、下一个、是否结束、当前哪一项等统一的接口**。"

"听你这么一说，好像这个模式也不简单哦。"

"哈，本来这个模式还是有点意思的，不过现今来看迭代器模式实用价值远不如学习价值大了，Martin Flower甚至在自己的网站上提出撤销此模式。因为现在高级编程语言如C#、Java等本身已经把这个模式做在语言中了。"

"哦，是什么？"

"哈，foreach你熟悉吗？"

"啊，原来是它，没错没错，它就是不需要知道集合对象是什么，就可以遍历所有的对象的循环工具，非常好用。"

"另外还有像Iterator接口也是为迭代器模式而准备的。不管如何，学习一下GoF的迭代器模式的基本结构，还是很有学习价值的。**研究历史是为了更好地迎接未来。**"

20.3 迭代器实现

迭代器模式（Iterator）结构图

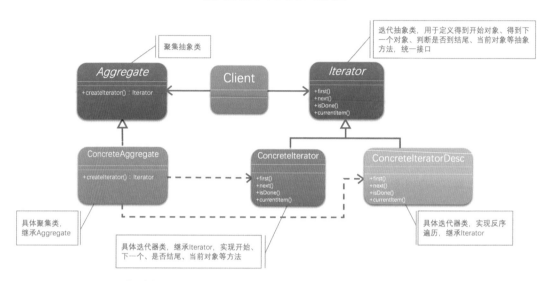

Aggregate聚集抽象类：

```
//聚集抽象类
abstract class Aggregate{
    //创建迭代器
    public abstract Iterator createIterator();
}
```

ConcreteAggregate具体聚集类：继承Aggregate。

```
//具体聚集类，继承Aggregate
class ConcreteAggregate extends Aggregate{

    //声明一个ArrayList泛型变量，用于存放聚合对象
    private ArrayList<Object> items = new ArrayList<Object>();
    public Iterator createIterator(){
        return new ConcreteIterator(this);
    }

    //返回聚集总个数
    public int getCount(){
        return items.size();
    }

    //增加新对象
    public void add(Object object){
        items.add(object);
    }

    //得到指定索引对象
    public Object getCurrentItem(int index){
        return items.get(index);
    }

}
```

Iterator迭代器抽象类：

```java
//迭代器抽象类
abstract class Iterator{

    public abstract Object first();          //第一个
    public abstract Object next();           //下一个
    public abstract boolean isDone();        //是否到最后
    public abstract Object currentItem();    //当前对象

}
```

> 用于定义得到开始对象、得到下一个对象、判断是否到结尾、当前对象等抽象方法，统一接口

ConcreteIterator具体迭代器类：继承Iterator。

```java
//具体迭代器类，继承Iterator
class ConcreteIterator extends Iterator{
    private ConcreteAggregate aggregate;
    private int current = 0;

    //初始化时将具体的聚集对象传入
    public ConcreteIterator(ConcreteAggregate aggregate){
        this.aggregate = aggregate;
    }

    //得到第一个对象
    public Object first(){
        return aggregate.getCurrentItem(0);
    }

    //得到下一个对象
    public Object next() {
        Object ret = null;
        current++;
        if (current < aggregate.getCount()) {
            ret = aggregate.getCurrentItem(current);
        }
        return ret;
    }

    //判断当前是否遍历到结尾，到结尾返回true
    public boolean isDone(){
        return current >= aggregate.getCount() ? true : false;
    }

    //返回当前的聚集对象
    public Object currentItem(){
        return aggregate.getCurrentItem(current);
    }
}
```

客户端代码：

```java
ConcreteAggregate bus = new ConcreteAggregate();
bus.add("大鸟");
bus.add("小菜");
bus.add("行李");
bus.add("老外");
bus.add("公交内部员工");
bus.add("小偷");

Iterator conductor = new ConcreteIterator(bus);

conductor.first();
while (!conductor.isDone()) {
    System.out.println(conductor.currentItem() + "，请买车票!");
    conductor.next();
}
```

> 聚集对象，当前就是公交车bus，add方法相当于增加乘客

> 迭代器对象声明实例，即售票员conductor出场
> 她先看好了上车的是哪些人，准备后面开始售票

> 走向第一个乘客

> 对面前的乘客提醒其买车票

> 走向下一个乘客

结果显示：

大鸟，请买车票！
小菜，请买车票！
行李，请买车票！
老外，请买车票！
公交内部员工，请买车票！
小偷，请买车票！

"看到没有，这就是我们的优秀售票员售票——迭代器的整个运作模式。"

"大鸟，你说为什么要用具体的迭代器ConcreteIterator来实现抽象的Iterator呢？我感觉这里不需要抽象呀，直接访问ConcreteIterator不是更好吗？"

"哈，那是因为刚才有一个迭代器的好处你没注意，**当你需要对聚集有多种方式遍历时，可以考虑用迭代器模式**，事实上，售票员一定要从车头到车尾这样售票吗？"

"你意思是，他还可以从后向前遍历？"

"当然可以，你不妨再写一个实现从后往前的具体迭代器类看看。"

"好的。"

```java
//具体迭代器类(倒序)，继承Iterator
class ConcreteIteratorDesc extends Iterator{
    private ConcreteAggregate aggregate;
    private int current = 0;

    public ConcreteIteratorDesc(ConcreteAggregate aggregate){
        this.aggregate = aggregate;
        current = aggregate.getCount()-1;
    }                                    //初始化时就将第一个遍历对象指向聚集的最后一对象

    //第一个对象
    public Object first(){
        return aggregate.getCurrentItem(aggregate.getCount()-1);
    }                                    //遍历的第一个，是聚集中最后一对象

    //下一个对象
    public Object next() {
        Object ret = null;
        current--;                       //下一个，是倒序向上移动
        if (current >= 0) {
            ret = aggregate.getCurrentItem(current);
        }
        return ret;
    }

    //判断当前是否遍历到结尾，到结尾返回true
    public boolean isDone(){
        return current <0 ? true : false;
    }

    //返回当前的聚集对象
    public Object currentItem(){
        return aggregate.getCurrentItem(current);
    }
}
```

"写得不错，这时你客户端只需要更改一个地方就可以实现反向遍历了。"

```
//正序迭代器
//Iterator conductor = new ConcreteIterator(bus);
//倒序迭代器
Iterator conductor = new ConcreteIteratorDesc(bus);
```

"是呀，其实售票员完全可以用更多的方式来遍历乘客，比如从最高的到最矮的、从最小到最老、从最靓丽酷毙到最猥琐龌龊。"小菜已经开始头脑风暴。

"神经病，你当是你呀。"大鸟笑骂。

20.4 Java的迭代器实现

"刚才我们也说过，实际使用当中是不需要这么麻烦的，因为Java语言中已经为你准备好了相关接口，你只需去实现就好。"

Java.util.Iterator支持对集合的简单迭代接口。

```
public interface Iterator{

    public boolean hasNext();    //如果迭代具有更多元素，则返回true

    public Object next();        //返回迭代中的下一个元素

}
```

Java.util.ListIterator支持对集合的任意方向上迭代接口。

```
public interface ListIterator{

    public boolean hasNext();      //如果此列表迭代器在向前遍历列表时具有更多元素，则返回true
    public Object next();          //返回列表中的下一个元素并前进光标位置

    public boolean hasPrevious();  //如果此列表迭代器在反向遍历列表时具有更多元素，则返回true
    public Object previous();      //返回列表中的上一个元素并向后移动光标位置

}
```

"你会发现，这两个接口要比我们刚才写的抽象类Iterator简洁，但可实现的功能却一点不少，这其实也是对GoF的设计改良的结果。"

"其实具体类实现这两个接口的代码也差别不大，是吗？"

"是的，区别不大，另外这两个是可以实现泛型的接口，去查Java的API帮助就可以了。"

"有了这个基础，你再来看你最熟悉的foreach 就很简单了。"

```
ArrayList<String> bus = new ArrayList<String>();
bus.add("大鸟");
bus.add("小菜");
bus.add("行李");
bus.add("老外");
bus.add("公交内部员工");
bus.add("小偷");
```

```
System.out.println("foreach遍历:");
for(String item : bus){

    System.out.println(item + ", 请买车票!");

}
```

"这里用到了foreach 而在编译器里做了些什么呢？其实它做的是下面的工作。"

```
System.out.println("Iterator遍历:");
Iterator<String> conductor = bus.iterator();
while (conductor.hasNext()) {
    System.out.println(conductor.next() + ", 请买车票!");
}
```

"原来foreach就是实现Iterator来实际循环遍历呀。"

"如果我们想实现刚才的反向遍历。那就用另一个接口实现。"

```
System.out.println("ListIterator逆向遍历:");
ListIterator<String> conductorDesc = bus.listIterator(bus.size());

while (conductorDesc.hasPrevious()) {                将遍历起始定在末尾

    System.out.println(conductorDesc.previous() + ", 请买车票!");

}
```

"是的，尽管我们不需要显式地引用迭代器，但系统本身还是通过迭代器来实现遍历的。总的来说，**迭代器（Iterator）模式就是分离了集合对象的遍历行为，抽象出一个迭代器类来负责，这样既可以做到不暴露集合的内部结构，又可以让外部代码透明地访问集合内部的数据。**迭代器模式在访问数组、集合、列表等数据时，尤其是数据库数据操作时，是非常广泛的应用，但由于它太普遍了，所以各种高级语言都对它进行了封装，所以反而给人感觉此模式本身不太常用了。"

20.5 迭代高手

"哈哈，看来那个售票员是最了不起的迭代高手，每次有乘客上车他都数数，统计人数，然后再对整车的乘客进行迭代遍历，不放过任何漏网之鱼，啊，应该是逃票之人。"

"隔行如隔山，任何行业都有技巧和经验，需要多思考、多琢磨，才能做到最好的。"

"嗯，编程又何尝不是这样，我相信代码没有最好，只有更好，我要继续努力。"

第21章 有些类也需计划生育——单例模式

21.1 类也需要计划生育

时间：5月29日20点　　地点：小菜、大鸟住所的客厅　　人物：小菜、大鸟

"大鸟，今天我在公司写一个窗体程序，当中有一个是'工具箱'窗体，问题就是，我希望工具箱要么不出现，出现也只出现一个，可实际上却是我每单击菜单，实例化'工具箱'，就会出来一个，这样单击多次就会出现多个'工具箱'，怎么办？"

"哈，显然，你的这个'工具箱'类需要计划生育呀，你让它超生了，当然是不好的。"

"大鸟，你又在说笑了，现在哪里还有计划生育，都鼓励生育了好吧。不过，现在我就是希望它要么不要有，有就只能一个，如何办？"

"其实这就是一个设计模式的应用，你先说说你是怎么写的？"

"代码是这样的，首先我建立了一个Java的swing窗体应用程序，默认的窗体为JFrame，左上角有一个'打开工具箱'按钮。我希望单击此按钮后，可以另创建一个窗体，也就是'工具箱'窗体，里面可以有一些相关工具按钮。"

```java
public class Test {
    public static void main(String[] args) {
        new SingletonWindow();
    }
}

//窗体类
class SingletonWindow{
    public SingletonWindow(){
        JFrame frame = new JFrame("单例模式");
        frame.setSize(1024,768);
        frame.setDefaultCloseOperation(JFrame.EXIT_ON_CLOSE);
        JPanel panel = new JPanel();
        frame.add(panel);
        panel.setLayout(null);
```

> ● 创建一个 JFrame 窗体，窗体里有一个 JPanel 容器

```java
        JButton button = new JButton("打开工具箱");
        button.setBounds(10, 10, 120, 25);
        button.addActionListener(new ActionListener(){
            public void actionPerformed(ActionEvent e) {
                JFrame toolkit = new JFrame("工具箱");
                toolkit.setSize(150,300);
                toolkit.setLocation(100,100);
                toolkit.setResizable(false);
                toolkit.setAlwaysOnTop(true); //置顶
                toolkit.setDefaultCloseOperation(JFrame.DISPOSE_ON_CLOSE);
                toolkit.setVisible(true);
            }
        });
        panel.add(button);
        frame.setVisible(true);
    }
}
```

容器中有一个 JButton 按钮，叫"打开工具箱"

按钮单击会触发打开一个叫"工具箱"的 JFrame 窗体

代码执行后的样子如右图所示。

"我每单击一次'打开工具箱'按钮，就产生一个新的'工具箱'窗体，但实际上，我只希望它出现一次之后就不再出现第二次，除非关闭后单击再出现。"

21.2 判断对象是否是null

"这个其实不难办呀，你判断一下，这个工具箱的JFrame有没有实例化过不就行了。"

"什么叫JFrame有没有实例化过？我是在单击了按钮时，才去JFrame toolkit = new JFrame ("工具箱")；那当然是新实例化了。"

"问题就在于此，为什么要在单击按钮时才声明JFrame对象呢？你完全可以把声明的工作放到类的全局变量中完成。这样就可以去判断这个变量是否被实例化过了。"

"哦，明白，原来如此。我改一改。"

```java
//窗体类
class SingletonWindow{
    public SingletonWindow(){
        JFrame frame = new JFrame("单例模式");
        frame.setSize(1024,768);
        frame.setDefaultCloseOperation(JFrame.EXIT_ON_CLOSE);
```

```
frame.setDefaultCloseOperation(JFrame.EXIT_ON_CLOSE);
JPanel panel = new JPanel();
frame.add(panel);
panel.setLayout(null);
JButton button = new JButton("打开工具箱");
button.setBounds(10, 10, 120, 25);
button.addActionListener(new ActionListener(){
    JFrame toolkit; //JFrame类变量声明

    public void actionPerformed(ActionEvent e) {
        if (toolkit == null || !toolkit.isVisible()){

            toolkit = new JFrame("工具箱");              ●判断是否实例化过，如果没有或隐藏，则重新实例化
            toolkit.setSize(150,300);
            toolkit.setLocation(100,100);
            toolkit.setResizable(false);
            toolkit.setAlwaysOnTop(true); //置顶
            toolkit.setDefaultCloseOperation(JFrame.DISPOSE_ON_CLOSE);
            toolkit.setVisible(true);
        }
    }
});
panel.add(button);
frame.setVisible(true);
}
}
```

"就这么简单，好了，这个功能就算是完成了。"

"小菜，你也太知足了吧，这就算是好了？如果做任何事情不求完美，只求简单达成目标，那你又如何能有提高？"

"这样的一个小程序还可以再完善什么呢？"

"打个比方，你现在不但要在菜单里启动'工具箱'，还需要'工具栏'上有一个按钮来启动'工具箱'，如何做？也就是有两个按钮都要能打开这个工具箱。"

"这个不难。增加一个工具栏按钮的事件处理，将刚才那段代码复制过去。"

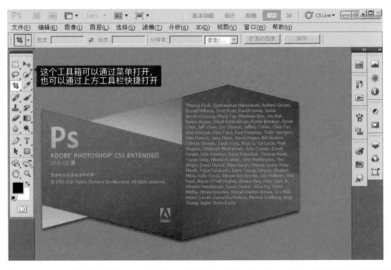

"小菜，我还正想提醒你，复制粘贴是最容易的编程，但也是最没有价值的编程。你现在将两个地方的代码复制在一起，这就是重复。这要是需求变化或有Bug时就需要改

多个地方。"

"哈，你说得也是，最好是提炼出一个方法来让它们调用。"

"看下面，这样是不是就可以了？"

```java
//窗体类
class SingletonWindow{
    public SingletonWindow(){
        JFrame frame = new JFrame("单例模式");
        frame.setSize(1024,768);
        frame.setDefaultCloseOperation(JFrame.EXIT_ON_CLOSE);
        JPanel panel = new JPanel();
        frame.add(panel);
        panel.setLayout(null);
        JButton button = new JButton("打开工具箱");
        button.setBounds(10, 10, 120, 25);
        button.addActionListener(new ToolkitListener());
        panel.add(button);

        JButton button2 = new JButton("打开工具箱2");
        button2.setBounds(130, 10, 120, 25);
        button2.addActionListener(new ToolkitListener());
        panel.add(button2);

        frame.setVisible(true);
    }
}

//工具箱事件类
class ToolkitListener implements ActionListener{
    private JFrame toolkit;
    public void actionPerformed(ActionEvent e) {
        if (toolkit == null || !toolkit.isVisible()){
            toolkit = new JFrame("工具箱");
            toolkit.setSize(150,300);
            toolkit.setLocation(100,100);
            toolkit.setResizable(false);
            toolkit.setAlwaysOnTop(true); //置顶
            toolkit.setDefaultCloseOperation(JFrame.DISPOSE_ON_CLOSE);
            toolkit.setVisible(true);
        }
    }
}
```

"哈哈，不错不错。你把程序运行后，分别单击'打开工具箱'和'打开工具箱2'按钮看看，有没有问题？"

"啊！好像两个按钮分别打开了一个工具箱窗体。唉！这依然不符合我们'只能打开一个工具箱'的需求呀。那我没有办法了。"

21.3 生还是不生是自己的责任

"办法当然是有。我问你，夫妻已经有了一个小孩子，下面是否生第二胎，这是谁来负责呀？"

"当然是他们自己负责。"

"说得好，你再想想看这种场景：领导问下属，报告交了没有？下属可能说'早交了'。于是领导满意地点点头，下属也可能说'还剩下一点内容没写，很快上交'，领导皱起眉头说'要抓紧'。此时这份报告交还是没交，由谁来判断？"

"当然是下属自己的判断，因为下属最清楚报告交了没有，领导只需要问问就行了。"

"好了，同样地，现在'工具箱'JFrame是否实例化都由外部的代码决定，你不觉得这不合逻辑吗？"

```
//工具箱事件类
class ToolkitListener implements ActionListener{
    private JFrame toolkit;

    public void actionPerformed(ActionEvent e) {
        if (toolkit == null || !toolkit.isVisible()){

            toolkit = new JFrame("工具箱");

            toolkit.setSize(150,300);
            toolkit.setLocation(100,100);
            toolkit.setResizable(false);
            toolkit.setAlwaysOnTop(true); //置顶
            toolkit.setDefaultCloseOperation(JFrame.DISPOSE_ON_CLOSE);
            toolkit.setVisible(true);
        }
    }
}
```

"你的意思是说，主窗体里应该只是通知启动'工具箱'，至于'工具箱'窗体是否实例化过，应该由'工具箱'自己的类来判断？"

"哈，当然，实例化与否的过程其实就和报告交了与否的过程一样，应该由自己来判断，这是它自己的责任，而不是别人的责任。别人应该只是使用它就可以了。"

"我想想看，实例化其实就是new的过程，但问题是怎么让人家不用new呢？"

"是的，如果你不对构造方法做改动的话，是不可能阻止他人不去用new的。所以我们完全可以直接就把这个类的构造方法改成私有（private），你应该知道，**所有类都有构造方法，不编码则系统默认生成空的构造方法，若有显式定义的构造方法，默认的构造方法就会失效**。于是只要你将'工具箱'类的构造方法写成是private的，那么外部程序就不能用new来实例化它了。"

"哈，私有的方法外界不能访问，这是对的，但是这样一来，这个类如何能有实例呢？"

"哈，我们的目的是什么？"

"让这个类只能实例化一次。没有new，我现在连一次也不能实例化了。"

"错，只能说，对于外部代码，不能用new来实例化它，但是我们完全可以再写一个

public方法，叫作getInstance()，这个方法的目的就是返回一个类实例，而此方法中，去做是否有实例化的判断。如果没有实例化过，由调用private的构造方法new出这个实例，之所以它可以调用，是因为它们在同一个类中，private方法可以被调用的。"

"不是很懂，你把代码写出来吧。"

"好的，你看……"

```java
//工具箱类
class Toolkit extends JFrame {

    private static Toolkit toolkit;        // 声明一个私有的静态 Toolkit 变量（工具箱）

    private Toolkit(String title){
        super(title);                      // 将 Toolkit 的构造方法 private，于是 Toolkit 类在 new 当前构造方法时会编译报错。
    }                                      // 于是就锁死了本类的实例化不能通过 new 来实现

    public static Toolkit getInstance(){
        //若toolkit不存在或隐藏时，可以实例化
        if (toolkit==null || !toolkit.isVisible()){
            toolkit = new Toolkit("工具箱");        // 在 toolkit 为 null 或隐藏关闭时，才实例化
            toolkit.setSize(150,300);
            toolkit.setLocation(100,100);
            toolkit.setResizable(false);
            toolkit.setAlwaysOnTop(true); //置顶
            toolkit.setDefaultCloseOperation(JFrame.DISPOSE_ON_CLOSE);
            toolkit.setVisible(true);
        }
        return toolkit;                    // 如果已经存在，就直接返回存在的实例，并不再 new 新的实例
    }
}
```

有了上面的代码，我们在写工具箱事件类时，就可以改造如下。

```java
//工具箱事件类
class ToolkitListener implements ActionListener{
    public void actionPerformed(ActionEvent e) {

        //Toolkit toolkit = new Toolkit("工具箱");        // 传统的 new 来获得实例会报错

        Toolkit.getInstance();
                                    // 实例化唯一的一个对象——单例对象
    }
}
```

如果Toolkit.getInstance()改回成Toolkit toolkit=new Toolkit（"工具箱"）；则编译时会报错。

错误：Toolkit(String) 在Toolkit中是private访问控制
Toolkit toolkit = new Toolkit("工具箱");

1个错误

上面的代码可以达到一个效果，只有在实例不存在时，才会去new 新的实例，而当存在时，可以直接返回存在的同一个实例。

　　"其实也就是把你之前写的代码搬到了'工具箱'Toolkit类中，由于构造方法私有，就只能从内部去调用。然后当访问静态的公有方法getInstance()时，它会先去查看内存中有没有这个类的实例，若有就直接返回，也就是不会超生了。"

　　"哦，我知道了。就拿计划生育的例子来说，刚解放时，国家需要人，人多力量大嘛，于是老百姓生！生！生！于是人口爆炸了。后来实行了计划生育，规定了一对夫妇最多只能生育一胎，并把判断的责任交给了夫妇，于是刚结婚时，想要孩子就生一个，而生好一个后，无论谁来要求，都不生了，因为有一个孩子，不可以再生了，否则无论对家庭还是国家都将是沉重的负担。"

　　"有点偏激，但也可以这么理解吧，现在国家已经在鼓励生二胎三胎了，这也是根据实际情况发生的改变吧。"

　　"这样一来，客户端不再考虑是否需要去实例化的问题，而把责任都给了应该负责的类去处理。其实这就是一个很基本的设计模式：**单例模式**。"

21.4 **单例模式**

　　单例模式（Singleton），保证一个类仅有一个实例，并提供一个访问它的全局访问点。[DP]

　　"通常我们可以让一个全局变量使得一个对象被访问，但它不能防止你实例化多个对象。一个最好的办法就是，让类自身负责保存它的唯一实例。这个类可以保证没有其他实例可以被创建，并且它可以提供一个访问该实例的方法。[DP]"

Singleton类，定义一个GetInstance操作，允许客户访问它的唯一实例。GetInstance是一个静态方法，主要负责创建自己的唯一实例。

```java
//单例模式类
class Singleton {

    private static Singleton instance;

    //构造方法private化
    private Singleton() {        堵死了外部代码利用new创建此类实例的可能
    }

    //得到Singleton的实例（唯一途径）
    public static Singleton getInstance() {
                                            只能通过此方法获得本类的实例
        if (instance == null) {
            instance = new Singleton();
        }

        return instance;        当为null时创建一个返回，当存在时直接返回原有实例，
    }                           总之，永远只会有一个实例得到返回
}
```

客户端代码：

```java
//Singleton s0 = new Singleton();
Singleton s1 = Singleton.getInstance();
Singleton s2 = Singleton.getInstance();

if (s1 == s2) {
    System.out.println("两个对象是相同的实例。");
}
```

"单例模式除了可以保证唯一的实例外，还有什么好处呢？"

"好处还有呀，比如单例模式因为Singleton类封装它的唯一实例，这样它可以严格地控制客户怎样访问它以及何时访问它。简单地说就是对唯一实例的受控访问。"

"我怎么感觉单例有点像一个实用类的静态方法，比如Java框架里的Math类，有很多数学计算方法，这两者有什么区别呢？"

"你说得没错，它们之间的确很类似，实用类通常也会采用私有化的构造方法来避免其有实例。但它们还是有很多不同的，比如实用类不保存状态，仅提供一些静态方法或静态属性让你使用，而单例类是有状态的。实用类不能用于继承多态，而单例虽然实例唯一，却是可以有子类来继承。实用类只不过是一些方法属性的集合，而单例却是有着唯一的对象实例。在运用中还得仔细分析再做决定用哪一种方式。"

"哦，我明白了。"

21.5 多线程时的单例

"另外，你还需要注意一些细节，比如说，多线程的程序中，多个线程同时，注意是同时访问Singleton类，调用getInstance()方法，会有可能造成创建多个实例。"

"啊，是呀，这应该怎么办呢？"

"可以给进程一把锁来处理。这里需要解释一下synchronized语句的含义。synchronized是Java中的关键字，是一种同步锁。意思就是当一个线程没有退出之前，先锁住这段代码不被其他线程代码调用执行，以保证同一时间只有一个线程在执行此段代码。"

```java
//单例模式类
class Singleton {

    private static Singleton instance;

    //构造方法private化
    private Singleton() {
    }

    //得到Singleton的实例（唯一途径）
    public static synchronized Singleton getInstance() {

        if (instance == null) {
            instance = new Singleton();
        }

        return instance;
    }
}
```

> 通过增加 synchronized 关键字到 getInstance 方法中，可以让每个线程在进入此方法之前，都要等别的线程离开此方法。不会有两个线程同时进入此方法

"这段代码使得对象实例由最先进入的那个线程创建，以后的线程在进入时不会再去创建对象实例了。由于有了synchronized，就保证了多线程环境下的同时访问也不会造成多个实例的生成。"

"为什么不直接锁实例，而是用synchronized锁呢？"

"小菜呀，加锁时，instance实例有没有被创建过实例都还不知道，怎么对它加锁呢？"

"我知道了，原来是这样。但这样就得每次调用getInstance方法时都需要锁，好像不太好吧。"

"说得非常好，的确是这样，这种做法是会影响性能的，所以对这个类还需要改造。"

21.6 **双重锁定**

```
//单例模式类
class Singleton {
                    volatile 关键词是当 synchronized 变量被初始化成 Singleton 时，多个线程能够正确地处理 synchronized 变量

    private volatile static Singleton instance;

    //构造方法private化
    private Singleton() {
    }

    //得到Singleton的实例（唯一途径）
    public static Singleton getInstance() {

        if (instance == null){          检查实例是否存在，不存在则进入下一步

            synchronized(Singleton.class){
                                        防止多个线程同时进入创建实例

                if (instance == null){
                    instance = new Singleton();
                }
            }
        }
        return instance;
    }
}
```

　　"现在这样，我们不用让线程每次都加锁，而只是在实例未被创建的时候再加锁处理。同时也能保证多线程的安全。这种做法被称为Double-Check Locking（双重锁定）。"

　　"我有问题，我在外面已经判断了instance实例是否存在，为什么在synchronized里面还需要做一次instance实例是否存在的判断呢？"小菜问道。

```
//得到Singleton的实例（唯一途径）
public static Singleton getInstance() {

    if (instance == null){

        synchronized(Singleton.class){

            if (instance == null){
                instance = new Singleton();
            }
        }
    }
    return instance;
}
```

　　"那是因为你没有仔细分析。对于instance存在的情况，就直接返回，这没有问题。当instance为null并且同时有两个线程调用getInstance()方法时，它们将都可以通过第一重instance==null的判断。然后由于'锁'机制，这两个线程则只有一个进入，另一个在外排队等候，必须要其中的一个进入并出来后，另一个才能进入。而此时如果没有了第二重的instance是否为null的判断，则第一个线程创建了实例，而第二个线程还是可以继续再创建新的实例，这就没有达到单例的目的。你明白了吗？"

"哦，明白了，原来这么麻烦呀。"

"如果单例类的性能是你关注的重点，上面的这个做法可以大大减少getInstance()方法在时间上的耗费。"

21.7 静态初始化

"在实际应用当中，上面的做法一般都能应付自如。不过为了确保实例唯一，还是会带来很大的性能代价。对于那些性能要求特别高的程序来说，传统单例代码实现或许还不是最好的方法。"

"哦，还有更好的办法？"

"有一种更简单的实现。我们来看代码。"

```
//单例模式类
class Singleton {

    private static Singleton instance = new Singleton();

    //构造方法private化
    private Singleton() {
    }

    //得到Singleton的实例（唯一途径）
    public static Singleton getInstance() {
        return instance;
    }
}
```

"这样的实现与前面的示例类似，也是解决了单例模式试图解决的两个基本问题：全局访问和实例化控制，公共静态属性为访问实例提供了一个全局访问点。不同之处在于它依赖公共语言运行库来初始化变量。由于构造方法是私有的，因此不能在类本身以外实例化 Singleton 类；因此，变量引用的是可以在系统中存在的唯一的实例。由于**这种静态初始化的方式是在自己被加载时就将自己实例化，所以被形象地称之为饿汉式单例类**，原先的单例模式处理方式是**要在第一次被引用时，才会将自己实例化，所以就被称为懒汉式单例类**。[J&DP]"

"懒汉饿汉，哈，很形象的比喻。它们主要有什么区别呢？"

懒汉式单例   饿汉式单例

　　"由于饿汉式，即静态初始化的方式，它是类一加载就实例化的对象，所以要提前占用系统资源。然而懒汉式，又会面临着多线程访问的安全性问题，需要做双重锁定这样的处理才可以保证安全。所以到底使用哪一种方式，取决于实际的需求。从Java语言角度来讲，饿汉式的单例类已经足够满足我们的需求了。"

　　"没想到小小的单例模式也有这么多需要考虑的问题。"小菜感叹道。

　　"刚接触时，都会觉得比较复杂，但其实用多了，也就这样了。"大鸟说。

　　"好的，我再去研究一下单例的程序，bye-bye。"

第22章 手机软件何时统一——桥接模式

22.1 凭什么你的游戏我不能玩

时间：5月31日20点　　　地点：大鸟房间　　　人物：小菜、大鸟

今天是618活动的启动日，小菜果断上手了一台PS4，正憧憬着到货开机的场景，思绪却飘到了2007年，那　年，手机市场没有苹果、没有华为，只有诺基亚、摩托罗拉、索爱、波导……群雄逐鹿，好不热闹……

"大鸟，捧着个手机，玩什么呢？"小菜冲进了大鸟的房门。

"哈，玩小游戏呢，新买的手机，竟然可以玩小时候的游戏'魂斗罗'。很久没碰这东西了，感觉很爽哦。"

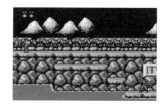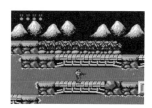

"哦，是吗，连这游戏都有呀，给我看看。"

"等等，等我死了再说。"大鸟玩得正开心。

"等你死了？"小菜笑道，"你什么时候会'死'呀？"

"那还有段时间了，至少半小时吧。"

"半小时才死呀，哦，那我半小时后来给你收尸。"小菜故意提高嗓门。

"你小子，找死呀。给你给你！"大鸟笑着把手机递给了小菜，"游戏和红白机上的一模一样，很让人怀旧呀。唉，我跟你们这种90后小子说红白机，不就等于对牛弹琴吗！"

"怎么没玩过，我可也是任天堂红白机高手哦。大鸟别把我想得好像和你不是一代人一样，我们的童年应该差不多的。"

"现在时代变化太快了，差五岁，差不多就是差一代人，你是90后，我是80后，我们的童年差距当然很大。"

"哪有这么严重，'魂斗罗'也是我很喜欢的游戏。对了，这游戏可以装到我的手机里吗？"

第22章 | 手机软件何时统一——桥接模式　257

"你的手机是M品牌的吧，我的是N品牌的，按道理我这里的游戏你是不能玩的。"

"是吗，这真是太扫兴了。你说这手机为什么不能统一一下软件呢？"

"其实手机真正的发展也就近十年，此期间各大手机厂商都发展自己的软件部门开发手机软件，哪怕是同一品牌的手机，不同型号的也完全有可能软件不兼容。"

"是的是的，"小菜点头道，"我以前用过的N品牌的两款手机，功能都是固化在手机里的，最早那个手机的拼音输入法实在是傻得要死，要发个短信得输入半天，和现在的输入法比真可说是天壤之别。而且当年，同品牌的手机，型号不同，软件还算是基本兼容，可惜不同品牌，软件基本还是不能整合在一起。"

"但你有没有想过，在计算机领域里，就完全不一样了。比如由于有了Windows操作系统，使得所有的PC厂商不用关注软件，而软件制造商也不用过多关注硬件，这对计算机的整体发展是非常有利的。而有个别品牌的电脑公司自己开发操作系统和应用软件，尽管充满了创意，但却因为不能与其他软件整合，而使得发展缓慢，连盗版都不愿意光顾它。"

"哈，手机为什么不可以学计算机呢？由专业公司开发操作系统和应用软件，手机商只要好好把手机硬件做好就行了。"

"统一谈何容易，谁做的才算是标准呢？而谁又不希望自己的硬件和软件成为标准，然后一统天下。这里有很多商业竞争的问题，不是我们想的这么简单。不过目前很多智能手机都在朝这个方向发展。或许过几年，我们手里的机器就可以实现软件完全兼容了。"

"我想那时应该就不叫作手机了，而是掌上电脑才更合适。"

注：2007年苹果手机尚未出世，手机操作系统多种多样（黑莓、塞班、Tizen等），互相封闭。而如今，存世的手机操作系统只剩下苹果OS和安卓，鸿蒙正在稳步进场，虽然还没有谁能一统天下，但比起当年群雄混战的状态已经算是井然有序了。本章内容也将在2007年那个特定的历史背景下展开……

22.2 紧耦合的程序演化

"说得有道理，另外你有没有想过，这里其实蕴含两种完全不同的思维方式？"

"你是说手机硬件软件和PC硬件软件？"

"对的，如果我现在有一个N品牌的手机，它有一个小游戏，我要玩游戏，程序应该如何写？"

"这还不简单。先写一个此品牌的游戏类，再用客户端调用即可。"

游戏类：

```
//手机品牌N的游戏
class HandsetBrandNGame {
    public void run(){
        System.out.println("运行N品牌手机游戏");
    }
}
```

客户端代码：

```
HandsetBrandNGame game=new HandsetBrandNGame();
game.run();
```

"很好，现在又有一个M品牌的手机，也有小游戏，客户端也可以调用，如何做？"

"嗯，我想想，两个品牌，都有游戏，我觉得从面向对象的思想来说，应该有一个父类'手机品牌游戏'，然后让N和M品牌的手机游戏都继承于它，这样可以实现同样的运行方法"。

"小菜不错，抽象的感觉来了。"

手机游戏类：

```
//手机游戏类
class HandsetGame{
    public void run(){
    }
}
```

M品牌手机游戏和N品牌手机游戏：

```
//手机品牌M的游戏
class HandsetBrandMGame extends HandsetGame{
    public void run(){
        System.out.println("运行M品牌手机游戏");
    }
}
//手机品牌N的游戏
class HandsetBrandNGame extends HandsetGame{
    public void run(){
        System.out.println("运行N品牌手机游戏");
    }
}
```

"然后，由于手机都需要通讯录功能，于是N品牌和M品牌都增加了通讯录的增删改查功能。你如何处理？"

"啊，这就有点麻烦了，那就意味着，父类应该是'手机品牌'，下有'手机品牌M'和'手机品牌N'，每个子类下各有'通讯录'和'游戏'子类。"

代码结构图

手机类：

```
//手机品牌
class HandsetBrand{
    public void run(){
    }
}
```

手机品牌N和手机品牌M类：

```
//手机品牌M
class HandsetBrandM extends HandsetBrand{

}
//手机品牌N
class HandsetBrandN extends HandsetBrand{

}
```

下属的各自通讯录类和游戏类：

```
//手机品牌M的游戏
class HandsetBrandMGame extends HandsetBrandM{
    public void run(){
        System.out.println("运行M品牌手机游戏");
    }
}
//手机品牌N的游戏
class HandsetBrandNGame extends HandsetBrandN{
    public void run(){
        System.out.println("运行N品牌手机游戏");
    }
}

//手机品牌M的通讯录
class HandsetBrandMAddressList extends HandsetBrandM{
    public void run(){
        System.out.println("运行M品牌手机通讯录");
    }
}
//手机品牌N的通讯录
class HandsetBrandNAddressList extends HandsetBrandN{
    public void run(){
        System.out.println("运行N品牌手机通讯录");
    }
}
```

客户端代码：

```
HandsetBrand ab;
ab = new HandsetBrandMAddressList();
ab.run();

ab = new HandsetBrandMGame();
ab.run();

ab = new HandsetBrandNAddressList();
ab.run();

ab = new HandsetBrandNGame();
ab.run();
```

"哈，这个结构应该还是可以的，现在我问你，如果我现在需要每个品牌都增加一个音乐播放功能，你如何做？"

"这个？那就在每个品牌的下面都增加一个子类。"

"你觉得这两个子类差别大不大？"大鸟追问道。

"应该是不大的，不过没办法呀，因为品牌不同，增加功能就必须要这样的。"小菜无奈地说。

"好，那我现在又来了一家新的手机品牌'S'，它也有游戏、通讯录、音乐播放功能，你如何处理？"

"啊，那就得再增加'手机品牌S'类和三个下属功能子类。这好像有点麻烦了。"

"你也感觉麻烦啦？如果我还需要增加'输入法'功能、'拍照'功能，再增加'L品牌''X品牌'，你的类如何写？"

"啊哦，"小菜学了一声唐老鸭的叫声，感慨道，"我要疯了。要不这样，我换一种方式。"

过了几分钟，小菜画出了另一种结构图。

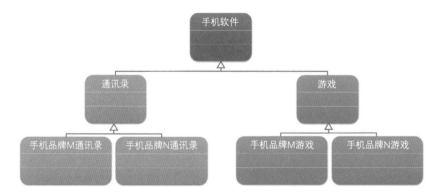

"你觉得这样子问题就可以解决吗？"

"啊，"小菜摇了摇头，"不行，要是增加手机功能或是增加品牌都会产生很大的影响。"

"你知道问题出在哪里吗？"

"我不知道呀，"小菜很疑惑，"我感觉我一直用面向对象的理论设计的，先有一个品牌，然后多个品牌就抽象出一个品牌抽象类，对于每个功能，就都继承各自的品牌。或者，不从品牌，从手机软件的角度去分类，这有什么问题呢？"

"是呀，就像我刚开始学会用面向对象的继承时，感觉它既新颖又功能强大，所以只要可以用，就都用上继承。这就好比是'有了新锤子，所有的东西看上去都成了钉子。[DPE]'但事实上，很多情况用继承会带来麻烦。比如，对象的继承关系是在编译时就定义好了，所以无法在运行时改变从父类继承的实现。子类的实现与它的父类有非常紧密的依赖关系，以至于父类实现中的任何变化必然会导致子类发生变化。当你需要复用子类时，如果继承下来的实现不适合解决新的问题，则父类必须重写或被其他更适合的类替换。这种依赖关系限制了灵活性并最终限制了复用性[DP]。"

"是呀，我这样的继承结构，如果不断地增加新品牌或新功能，类会越来越多的。"

"在面向对象设计中，我们还有一个很重要的设计原则，那就是合成/聚合复用原则。即优先使用对象合成/聚合，而不是类继承[DP]。

22.3 合成/聚合复用原则

合成/聚合复用原则（CARP），尽量使用合成/聚合，尽量不要使用类继承。[J&DP]

合成（Composition，也有翻译成组合）和聚合（Aggregation）都是关联的特殊种类。聚合表示一种弱的'拥有'关系，体现的是A对象可以包含B对象，但B对象不是A对象的一部分；合成则是一种强的'拥有'关系，体现了严格的部分和整体的关系，部分和整体的生命周期一样[DPE]。比方说，大雁有两个翅膀，翅膀与大雁是部分和整体的关系，并且它们的生命周期是相同的，于是大雁和翅膀就是合成关系。而大雁是群居动物，所以每只大雁都是属于一个雁群，一个雁群可以有多只大雁，所以大雁和雁群是聚合关系。"

"合成/聚合复用原则的好处是，优先使用对象的合成/聚合将有助于你保持每个类被封装，并被集中在单个任务上。这样类和类继承层次会保持较小规模，并且不太可能增长为不可控制的庞然大物[DP]。就刚才的例子，你需要学会用对象的职责，而不是结构来考虑问题。其实答案就在之前我们聊到的手机与电脑的差别上。"

"哦，我想想看，手机是不同的品牌公司，各自做自己的软件，就像我现在的设计一样，而PC却是硬件厂商做硬件，软件厂商做软件，组合起来才是可以用的机器。你是这个意思吗？"

"很好，我很喜欢你提到的'组合'这个词，实际上，像'游戏''通讯录''MP3音乐播放'这些功能都是软件，如果我们可以让其分离与手机的耦合，那么就可以大大减少面对新需求时改动过大的不合理情况。"

　　"好的好的，我想想怎么弄，你的意思其实就是应该有个'手机品牌'抽象类和'手机软件'抽象类，让不同的品牌和功能都分别继承于它们，这样要增加新的品牌或新的功能都不用影响其他类了。"

结构图

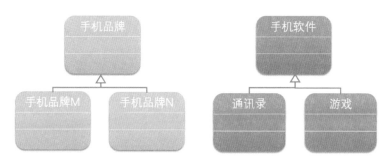

　　"还剩个问题，手机品牌和手机软件之间的关系呢？"大鸟问道。

　　"我觉得应该是手机品牌包含手机软件，但软件并不是品牌的一部分，所以它们之间是聚合关系。"

结构图

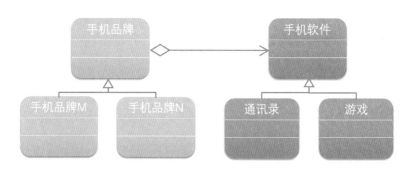

　　"说得好。来试着写写看吧。"

22.4 松耦合的程序

　　小菜经过半小时，改动代码如下。
　　手机软件抽象类：

```java
//手机软件
abstract class HandsetSoft{
    //运行
    public abstract void run();
}
```

游戏、通讯录等具体类：

```java
//手机游戏
class HandsetGame extends HandsetSoft{
    public void run(){
        System.out.println("手机游戏");
    }
}
```

```java
//手机通讯录
class HandsetAddressList extends HandsetSoft{
    public void run(){
        System.out.println("通讯录");
    }
}
```

手机品牌类：

```java
//手机品牌
abstract class HandsetBrand{
    protected HandsetSoft soft;

    //设置手机软件
    public void setHandsetSoft(HandsetSoft soft){
        this.soft=soft;
    }

    //运行
    public abstract void run();
}
```

品牌需要关注软件，所以可在机器中安装软件（设置手机软件），以备运行

品牌N品牌M具体类：

```java
//手机品牌M
class HandsetBrandM extends HandsetBrand{
    public void run(){
        System.out.print("品牌M");
        soft.run();
    }
}
//手机品牌N
class HandsetBrandN extends HandsetBrand{
    public void run(){
        System.out.print("品牌N");
        soft.run();
    }
}
```

客户端代码：

```java
HandsetBrand ab;
ab = new HandsetBrandM();

ab.setHandsetSoft(new HandsetGame());
ab.run();

ab.setHandsetSoft(new HandsetAddressList());
ab.run();
```

```
        HandsetBrand ab2;
        ab2 = new HandsetBrandN();

        ab2.setHandsetSoft(new HandsetGame());
        ab2.run();

        ab2.setHandsetSoft(new HandsetAddressList());
        ab2.run();
```

"感觉如何？是不是好很多？"

"是呀，现在如果要增加一个功能，比如手机音乐播放功能，那么只要增加这个类就行了。不会影响其他任何类。类的个数增加也只是一个。"

```
//手机音乐播放
class HandsetMusicPlay extends HandsetSoft{
    public void run(){
        System.out.print("音乐播放");
    }
}
```

"如果是要增加S品牌，只需要增加一个品牌子类就可以了。个数也是一个，不会影响其他类的改动。"

```
//手机品牌S
class HandsetBrandS extends HandsetBrand{
    public void run(){
        System.out.print("品牌S");
        soft.run();
    }
}
```

"这显然也符合了我们之前的一个什么设计原则？"

"开放-封闭原则。这样的设计显然不会修改原来的代码，而只是扩展类就行了。但今天我感受最深的是合成/聚合复用原则，也就是优先使用对象的合成或聚合，而不是类继承。聚合的魅力无限呀。相比，继承的确很容易造成不必要的麻烦。"

"盲目使用继承当然就会造成麻烦，而其本质原因主要是什么？"

"我想应该是，继承是一种强耦合的结构。父类变，子类就必须要变。"

"OK，所以我们在用继承时，一定要在是 'is-a' 的关系时再考虑使用，而不是任何时候都去使用。"

"大鸟，今天这个例子是不是一个设计模式？"

"哈，当然，你看看刚才画的那幅图，两个抽象类之间有什么？像什么？"

"有一个聚合线，哈，像一座桥。"

"好，说得好，这个设计模式就叫作'桥接模式'。"

22.5 桥接模式

桥接模式（Bridge），将抽象部分与它的实现部分分离，使它们都可以独立地变化。[DP]

"这里需要理解一下，什么叫抽象与它的实现分离，这并不是说，让抽象类与其派生类分离，因为这没有任何意义。实现指的是抽象类和它的派生类用来实现自己的对象[DPE]。就刚才的例子而言，就是让'手机'既可以按照品牌来分类，也可以按照功能来分类。"

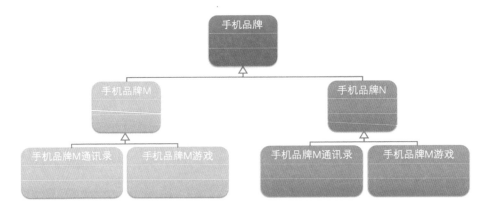

按品牌分类实现结构图

按软件分类实现结构图

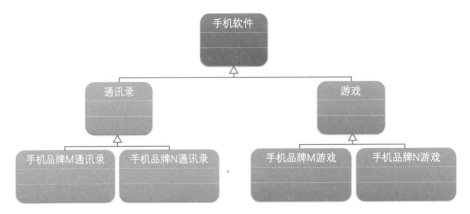

"由于实现方式有多种，桥接模式的核心意图是把这些实现独立出来，让它们各自变化。这就使得每种实现的变化不会影响其他实现，从而达到应对变化的目的。"

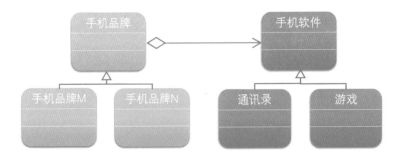

22.6 桥接模式基本代码

桥接模式（Bridge）结构图

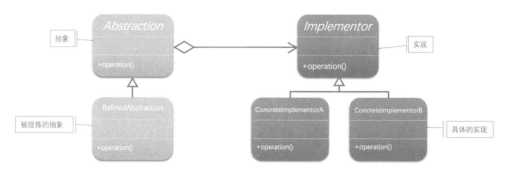

Implementor类：

```
abstract class Implementor{
    public abstract void operation();
}
```

ConcreteImplementorA和ConcreteImplementorB等派生类：

```
class ConcreteImplementorA extends Implementor{
    public void operation(){
        System.out.println("具体实现A的方法执行");
    }
}

class ConcreteImplementorB extends Implementor{
    public void operation(){
        System.out.println("具体实现B的方法执行");
    }
}
```

Abstraction类：

```
abstract class Abstraction{
    protected Implementor implementor;

    public void setImplementor(Implementor implementor){
        this.implementor = implementor;
    }

    public abstract void operation();
}
```

RefinedAbstraction类：

```
class RefinedAbstraction extends Abstraction{
    public void operation(){
        System.out.print("具体的Abstraction");
        implementor.operation();
    }
}
```

客户端代码：

```
Abstraction ab;
ab = new RefinedAbstraction();

ab.setImplementor(new ConcreteImplementorA());
ab.operation();

ab.setImplementor(new ConcreteImplementorB());
ab.operation();
```

"我觉得桥接模式所说的'将抽象部分与它的实现部分分离'，还是不好理解，我的理解就是实现系统可能有多角度分类，每一种分类都有可能变化，那么就把这种多角度分离出来让它们独立变化，减少它们之间的耦合。"

"哈，小菜说的和GoF说的不就是一回事吗！只不过你说的更通俗，而人家却更简练而已。也就是说，在发现我们需要多角度去分类实现对象，而只用继承会造成大量的类增加，不能满足开放-封闭原则时，就应该要考虑用桥接模式了。"

"哈，我感觉只要真正深入地理解了设计原则，很多设计模式其实就是原则的应用而已，或许在不知不觉中就在使用设计模式了。"

22.7 我要开发"好"游戏

"说得好，好了，你该干吗就干吗去，我要继续玩游戏了。"大鸟的注意力回到了手机上。

"啊，和你说了这么多，我还没来得及看你的新手机呢？"小菜说。

"瞎起什么哄，喜欢自己也去买一个不就得了。"大鸟有些不耐烦了。

"我要是有钱，就一定去买那种有操作系统，把软件与手机分离的智能手机，说不定我还可以自己开发手机游戏呢。"小菜说。

 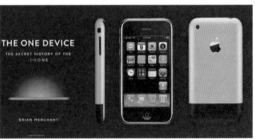

注：2007年10月，第一代iPhone在国内上市，乔布斯宣布真正的智能手机时代到来。

"还是好好打设计模式的基础吧，开发手机游戏不过是一种实际的开发运用而已，有了深厚的功底，学这些具体的新技术又有何难！"

"Yes，Sir！"

第23章 烤羊肉串引来的思考——命令模式

23.1 吃烤羊肉串！

时间：6月23日17点　　地点：小区门口　　人物：小菜、大鸟

"小菜，肚子饿了，走，我请你吃羊肉串。"

"好呀，小区门口那有个新疆人烤得就很不错。"

小菜和大鸟来到了小区门口。

"啊，这么多人，都围了十几个。"小菜感叹道。

"现在读大学，进公司，做白领，其实未必有人家烤羊肉串的挣得多。"

"这是两回事，人家也很辛苦呀。"

此时，老板烤的第一批羊肉好了。

"老板，我这有两串。"

"老板，我的是三串不辣的。"

"老板，你怎么给她了，我先付的钱！"

"老板，这串不太熟呀，再烤烤。"

"老板，我老早就等在这里，钱早给你了，你都不给我，我不要了。退钱！"

旁边等着拿肉串的人七嘴八舌地叫开了。场面有些混乱，由于人实在太多，烤羊肉串的老板已经分不清谁是谁，造成分发错误，收钱错误，烤肉质量不过关等。

"小菜，我看我们还是换一家吧，这里实在太混乱了，过去不远有一家烤肉店是有店面的。"

"嗯，他这样子生意是做不好。咱们去那一家吧。"

时间：6月2日18点　　地点：烤肉店　　人物：小菜、大鸟、服务员

小菜和大鸟走到了那家烤肉店。

"服务员，我们要十串羊肉串、两串鸡翅、两瓶啤酒。"大鸟根本没有看菜单。

"鸡翅没有了，您点别的烧烤吧。"服务员答道。

"那就来四串牛板筋，烤肉要辣的。"大鸟轻车熟路。

"大鸟常来这里吃吗？很熟悉嘛！"小菜问道。

"太熟悉了，这年头，单身在外混，哪有不熟悉家门口附近的吃饭的地。不然每天晚上的肚皮问题怎么解决？"

"你说，在外面打游击烤羊肉串和这种开门店做烤肉，哪个更赚钱？"小菜问道。

"哈，这很难讲，毕竟各有各的好，在外面打游击，好处是不用租房，不用上税，最多就是交点'保护费'，但下雨天不行、大白天不行、太晚也不行，一般都是傍晚做几个钟头，顾客也不固定，像刚才那个，由于人多造成混乱，于是就放跑了我们这两条大鱼，其实他的生意是不稳定的。"

"大白天不行？太晚不行？"

"大白天，城管没下班呢，怎能容忍他如此安逸。超过晚上11点，夜深人静，谁还愿意站在路边吃烤肉。但开门店就不一样了，不管什么时间都可以做生意，由于环境相对好，所以固定客户就多，看似好像房租交出去了，但其实由于顾客多，而且是正经做生意，所以最终可以赚到大钱。"

"大鸟研究得很透嘛。"

"其实这门店好过马路游击队，还可以对应一个很重要的设计模式呢！"

"哦，此话怎讲？"

23.2 烧烤摊 vs. 烧烤店

"你再回忆刚才在我们小区门口烤肉摊看到的情景。"

"因为要吃烤肉的人太多，都希望能最快吃到肉串，烤肉老板一个人，所以有些混乱。"

"还不止这些，老板一个人，来的人一多，他就未必记得住谁交没交过钱，要几串，需不需要放辣等。"

"是呀，大家都站在那里，没什么事，于是都盯着烤肉去了，哪一串多、哪一串少、哪一串烤得好、哪一串烤得焦看得清清楚楚，于是'挑剔'也就接踵而至。"

"这其实就是我们在编程中常说的什么？"

"我想想，你是想说'紧耦合'？"

"哈，不错，不枉我的精心栽培。"

"由于客户和烤羊肉串老板的'紧耦合'，所以容易出错，也容易产生挑剔。"

"说得对，**这其实就是'行为请求者'与'行为实现者'的紧耦合**。我们需要记录哪个人要几串羊肉串，有没有特殊要求（放辣不放辣），付没付过钱，谁先谁后，这其实都相当于对请求做什么？"

"对请求做记录，啊，应该是做日志。"

"很好，那么如果有人需要退回请求，或者要求烤肉重烤，这其实就是？"

"就相当于撤销和重做吧。"

"OK，所以对请求排队或记录请求日志，以及支持可撤销的操作等行为时，'行为请求者'与'行为实现者'的紧耦合是不太适合的。你说怎么办？"

"开家门店。"

"哈，这是最终结果，不是这个意思，我们是烤肉请求者，烤肉的师傅是烤肉的实现者，对于开门店来说，我们用得着去看着烤肉的实现过程吗？现实是怎么做的呢？"

"哦，我明白你的意思了，我们不用去认识烤肉者是谁，连他的面都不用见到，我们只需要给接待我们的服务员说我们要什么就可以了。他可以记录我们的请求，然后再由他去通知烤肉师傅做。"

"而且，由于我们所做的请求，其实也就是我们点肉的订单，上面有很详细的我们的要求，所有的客户都有这一份订单，烤肉师傅可以按先后顺序操作，不会混乱，也不会遗忘了。"

"收钱的时候，也不会多收或少收。"

"优点还不止这里，比如说，"大鸟突然大声叫道，"服务员，我们那十串羊肉串太多了，改成六串就可以了。"

"好的！"服务员答道。

大鸟接着说："你注意看他接着做了什么？"

"他好像在一个小本子上划了一下，然后去通知烤肉师傅了。"

"这其实是在做撤销行为的操作。由于有了记录，所以最终算账是不会错的。"

"对对对，这种利用一个服务员来解耦客户和烤肉师傅的处理好处真的很多。"

"好了，这里有纸和笔，你把刚才的想法写成代码吧？"

"啊，在这？"

"这才叫让编程融入生活。来吧，不写出来，你是不能完全理解的。"

"好吧，我试试看。"

23.3 紧耦合设计

边吃着烤肉串，边写着代码，小菜完成了第一版。

代码结构图

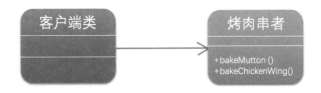

路边烤羊肉串的实现：

```java
//烤肉串者
class Barbecuer{
    //烤羊肉
    public void bakeMutton(){
        System.out.println("烤羊肉串! ");
    }
    //烤鸡翅
    public void bakeChickenWing(){
        System.out.println("烤鸡翅! ");
    }
}
```

客户端代码：

```java
Barbecuer boy = new Barbecuer();

boy.bakeMutton();
boy.bakeMutton();
boy.bakeMutton();
boy.bakeChickenWing();
boy.bakeMutton();
boy.bakeMutton();
boy.bakeChickenWing();
```

客户端程序与'烤肉串者'紧耦合，尽管简单，但却极为僵化，有许多多的隐患

"很好，这就是路边烤肉的对应，如果用户多了，请求多了，就容易乱了。那你再尝试用门店的方式来实现它。"

"我知道一定需要增加服务员类，但怎么做有些不明白。"

"嗯，这里的确是难点，要知道，不管是烤羊肉串，还是烤鸡翅，还是其他烧烤，这些都是'烤肉串者类'的行为，也就是他的方法，具体怎么做都是由方法内部来实现，我们不用去管它。但是对于'服务员'类来说，他其实就是根据用户的需要，发个命令，说：'有人要十个羊肉串，有人要两个鸡翅'，这些都是命令……"

"我明白了，你的意思是，把'烤肉串者'类当中的方法，分别写成多个命令类，那么它们就可以被'服务员'来请求了？"

"是的，说得没错，这些命令其实差不多都是同一个样式，于是你就可以泛化出一个抽象类，让'服务员'只管对抽象的'命令'发号施令就可以了。具体是什么命令，即烤什么，由客户来决定吧。"

"具体怎么做到呢？"

"我来给你介绍一下大名鼎鼎的命令模式吧。"

23.4 命令模式

> 命令模式（Command），将一个请求封装为一个对象，从而使你可用不同的请求对客户进行参数化；对请求排队或记录请求日志，以及支持可撤销的操作。[DP]

命令模式（Command）结构图

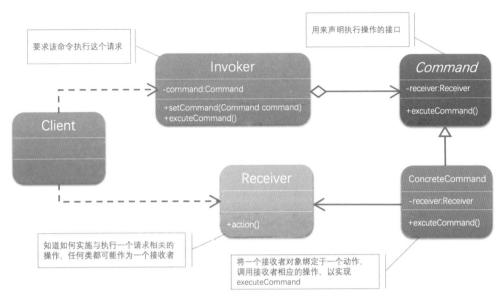

Command类，用来声明执行操作的接口。

```
//抽象命令类
abstract class Command {
    protected Receiver receiver;

    public Command(Receiver receiver){
        this.receiver = receiver;
    }
    //执行命令
    public abstract void excuteCommand();
}
```

ConcreteCommand类，将一个接收者对象绑定于一个动作，调用接收者相应的操作，以实现executeCommand。

```
//具体命令类
class ConcreteCommand extends Command{
    public ConcreteCommand(Receiver receiver){
        super(receiver);
    }

    public void excuteCommand(){
        receiver.action();
    }
}
```

Invoker类，要求该命令执行这个请求。

```
class Invoker{

    private Command command;

    public void setCommand(Command command){
        this.command = command;
    }
```

```
    public void executeCommand(){
        command.excuteCommand();
    }
}
```

Receiver类，知道如何实施与执行一个与请求相关的操作，任何类都可能作为一个接收者。

```
class Receiver{
    public void action(){
        System.out.println("执行请求！");
    }
}
```

客户端代码，创建一个具体命令对象并设定它的接收者。

```
Receiver receiver = new Receiver();
Command command = new ConcreteCommand(receiver);
Invoker invoker = new Invoker();

invoker.setCommand(command);
invoker.executeCommand();
```

"你试试看，用上面的方法写一下饭店点菜的代码。"

23.5 松耦合设计

小菜经过思考，把第二个版本的代码写了出来。

代码结构图

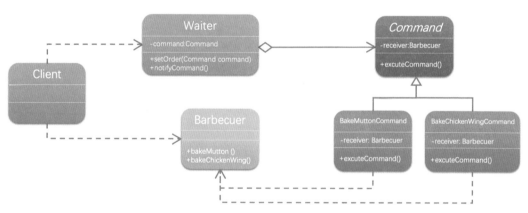

烤肉串者类与之前相同。

```java
//烤肉串者
class Barbecuer{
    //烤羊肉
    public void bakeMutton(){
        System.out.println("烤羊肉串! ");
    }
    //烤鸡翅
    public void bakeChickenWing(){
        System.out.println("烤鸡翅! ");
    }
}
```

抽象命令类:

```java
//抽象命令类
abstract class Command {
    protected Barbecuer receiver;

    public Command(Barbecuer receiver){
        this.receiver = receiver;
    }
    //执行命令
    public abstract void exculeCommand();
}
```

具体命令类:

```java
//烤羊肉命令类
class BakeMuttonCommand extends Command{
    public BakeMuttonCommand(Barbecuer receiver){
        super(receiver);
    }
    public void excuteCommand(){
        receiver.bakeMutton();
    }
}

//烤鸡翅命令类
class BakeChickenWingCommand extends Command{
    public BakeChickenWingCommand(Barbecuer receiver){
        super(receiver);
    }
    public void excuteCommand(){
        receiver.bakeChickenWing();
    }
}
```

服务员类:

```java
//服务员类
class Waiter{
    private Command command;

    //设置订单
    public void setOrder(Command command){
        this.command = command;
    }

    //通知执行
    public void notifyCommand(){
        command.excuteCommand();
    }
}
```

服务员类, 不用管用户想要什么烤肉, 反正都是'命令',
只管记录订单, 然后通知'烤肉串者'执行即可

客户端代码：

```
//开店前的准备
Barbecuer boy = new Barbecuer();//烤肉厨师
Command bakeMuttonCommand1 = new BakeMuttonCommand(boy);          //烤羊肉串
Command bakeChickenWingCommand1 = new BakeChickenWingCommand(boy);  //烤鸡翅
Waiter girl = new Waiter();      //服务员
```
• 烧烤店事先就找好了烤肉厨师、服务员和烤肉菜单，就等客户上门

```
//开门营业
girl.setOrder(bakeMuttonCommand1);        //下单烤羊肉串
girl.notifyCommand();                     //通知厨师烤肉
girl.setOrder(bakeMuttonCommand1);        //下单烤羊肉串
girl.notifyCommand();                     //通知厨师烤肉
girl.setOrder(bakeChickenWingCommand1);   //下单烤鸡翅
girl.notifyCommand();                     //通知厨师烤肉
```

"大鸟，我这样写如何？"

"很好很好，基本都把代码实现了。但没有体现出命令模式的作用。比如下面几个问题：第一，真实的情况其实并不是用户点一个菜，服务员就通知厨房去做一个，那样不科学，应该是点完烧烤后，服务员一次通知制作；第二，如果此时鸡翅没了，不应该是客户来判断是否还有，客户哪知道有没有呀，应该是服务员或烤肉串者来否决这个请求；第三，客户到底点了哪些烧烤或饮料，这是需要记录日志的，以备收费，也包括后期的统计；第四，客户完全有可能因为点的肉串太多而考虑取消一些还没有制作的肉串。这些问题都需要得到解决。"

"这，这怎么办到呀？"

"重构一下服务员Waiter类，尝试改一下。将private Command command；改成一个ArrayList，就能解决了。"

"嗯。我试试看……"

23.6 进一步改进命令模式

小菜开始了第三版的代码编写。

服务员类：

```
//服务员类
class Waiter{
    private ArrayList<Command> orders = new ArrayList<Command>();
```
• 增加存放具体命令的容器
```
    //设置订单
    public void setOrder(Command command){
        String className=command.getClass().getSimpleName();

        if (className.equals("BakeChickenWingCommand")){
            System.out.println("服务员：鸡翅没有了，请点别的烧烤。");
        }
```
• 在客户下单时，对没货的请求给予回绝
```
        else{
            this.orders.add(command);
            System.out.println("增加订单："+className+" 时间："+getNowTime());
        }
```
• 记录客户所点的烧烤日志，以备查账
```
    }
```

```
//取消订单
public void cancelOrder(Command command){
    String className=command.getClass().getSimpleName();
    orders.remove(command);
    System.out.println("取消订单: "+className+" 时间: "+getNowTime());
}
```
可以取消部分订单
```
//通知执行
public void notifyCommand(){
    for(Command command : orders)
        command.excuteCommand();
}
```
根据用户点的烧烤订单通知厨房制作
```
private String getNowTime(){
    SimpleDateFormat formatter = new SimpleDateFormat("HH:mm:ss");
    return formatter.format(new Date()).toString();
}
}
```

客户端代码:

```
//开店前的准备
Barbecuer boy = new Barbecuer();//烤肉厨师
Command bakeMuttonCommand1 = new BakeMuttonCommand(boy);           //烤羊肉串
Command bakeChickenWingCommand1 = new BakeChickenWingCommand(boy); //烤鸡翅
Wailer girl = new Waiter();         //服务员

System.out.println("开门营业, 顾客点菜");
girl.setOrder(bakeMuttonCommand1);        //下单烤羊肉串
girl.setOrder(bakeMuttonCommand1);        //下单烤羊肉串
girl.setOrder(bakeMuttonCommand1);        //下单烤羊肉串
girl.setOrder(bakeMuttonCommand1);        //下单烤羊肉串
girl.setOrder(bakeMuttonCommand1);        //下单烤羊肉串

girl.cancelOrder(bakeMuttonCommand1);     //取消一串羊肉串订单

girl.setOrder(bakeChickenWingCommand1);   //下单烤鸡翅

System.out.println("点菜完毕, 通知厨房烧菜");
girl.notifyCommand();                     //通知厨师
```

结果显示:

“哈，这就比较完整了。”大鸟满意地点点头。

23.7 命令模式的作用

"来来来，小菜你来总结一下命令模式的优点。"

"我觉得第一，它能较容易地设计一个命令队列；第二，在需要的情况下，可以较容易地将命令记入日志；第三，允许接收请求的一方决定是否要否决请求。"

"还有就是第四，可以容易地实现对请求的撤销和重做；第五，由于加进新的具体命令类不影响其他的类，因此增加新的具体命令类很容易。其实还有最关键的优点就是命令模式把请求一个操作的对象与知道怎么执行一个操作的对象分割开。[DP]"大鸟接着总结说。

"但是否是碰到类似情况就一定要实现命令模式呢？"

"这就不一定了，比如命令模式支持撤销/恢复操作功能，但你还不清楚是否需要这个功能时，你要不要实现命令模式？"

"要，万一以后需要就不好办了。"

"其实应该是不要实现。敏捷开发原则告诉我们，不要为代码添加基于猜测的、实际不需要的功能。如果不清楚一个系统是否需要命令模式，一般就不要着急去实现它，事实上，在需要的时候通过重构实现这个模式并不困难，只有在真正需要如撤销/恢复操作等功能时，把原来的代码重构为命令模式才有意义。[R2P]"

"明白。这一顿我请客了。"小菜很开心，大声叫了一句，"服务员，埋单。"

"先生，你们一共吃了28元。"服务员递过来一个收费单。

小菜正准备付钱。

"慢！"大鸟按住小菜的手，"不对呀，我们没有吃10串羊肉串，后来改成6串了。应该是24元。"

服务员去查了查账本，回来很抱歉地说，"真是对不起，我们算错了，应该是24元。"

"小菜，你看到了吧，如果不是服务员做了记录，也就是记日志，单就烤肉串的人，哪记得住烤了多少串，后果就是大家都说不清楚了。"

"还是大鸟精明呀。"

第24章

加薪非要老总批？——职责链模式

24.1 老板，我要加薪！

时间：7月2日20点　　地点：小菜、大鸟住所的客厅　　人物：小菜、大鸟

"大鸟，你说我现在干满三个月了，马上要办转正手续，我提提加薪的事情好不好？"小菜问道。

"这要看你这三个月做得如何了。"

"我和刚进来的几个同事比较，我觉得我做得很好。公司每每分配的任务，我基本都可以快速完成。有一次，一段程序需要增加一个分支条件，我立刻想到利用反射、工厂等设计模式来处理，经理对我的设计很满意。"

"哦，学以致用，那是最好不过了。那你不妨向你们经理提一提，你现在那点收入确实也有被剥削之嫌。"

"有你这话，我决定了，明天就向经理说。"

"加薪后如何办啊？"

"哦！知道。请你吃炒面。"

"炒面？搞没搞错，我要吃龙虾！"

"好的好的，大龙虾不敢说，小龙虾还是没问题的。"小菜伸了伸舌头笑道。

时间：7月3日19点　　地点：小菜大鸟住所的客厅　　人物：小菜、大鸟

"小菜，是不是该去吃龙虾了？"大鸟下班回来问道。

"唉！别提了，不让加。今天一早，我对经理如实说了我的想法，希望公司能在转正时增加我的工资待遇。经理说这个情况他也了解，并肯定地说，我的工作很认真，我的能力很强。但加薪他做不了主，他帮我向上提一提。而后他去找了人力资源总监，总监说这事他也做不了主，毕竟刚毕业的大学生加薪的先例没有，但总监，可以向总经理提一提这个事。"

"哈，加个薪，流程走了不少呀，后来如何？"

"我从经理那里得到的消息是，总经理不同意加薪，因为现在大学毕业生这么多，

随便都能找得到。三个月就想加薪，不合适。"

"这哪和哪呀，大学毕业生多就会贬值呀，这没道理的。加不加薪，还是要看能力，看贡献。"大鸟愤慨地说。

"是呀，我也觉得非常不爽。我们经理说完这话，叫我安心，他会再努力努力。我感觉他其实也是很无奈的。"

"看来你们经理还是很体谅程序员的苦衷。不过你也别抱太大的希望，总经理不同意，基本就没希望了。"

"是呀，这种不重能力、只重资历的公司待着也没劲哦。是不是该考虑换一换？"

"小子，你才毕业呀，刚工作就想跳槽，心态也太不好了吧。"

"唉，不提了。今天我们学习哪个模式？"

"你把今天你向经理申请，经理没权利，然后向总监上报，总监也没权限，向总经理上报的事，写成代码来看看吧，注意哦，不一定是加薪，还有可能是请假申请等。"

"哦，难道这也是模式？我试试看。"

24.2 加薪代码初步

"实现这个场景感觉有些难度哦！"

"首先我觉得无论加薪还是请假，都是一种申请。申请就应该有申请类别、申请内容和申请数量。"

```java
//申请
class Request {
    //申请类别
    private String requestType;
    public String getRequestType(){
        return this.requestType;
    }
    public void setRequestType(String value){
        this.requestType = value;
    }

    //申请内容
    private String requestContent;
    public String getRequestContent(){
        return this.requestContent;
    }
    public void setRequestContent(String value){
        this.requestContent = value;
    }

    //数量
    private int number;
    public int getNumber(){
        return this.number;
    }
    public void setNumber(int value){
        this.number = value;
    }
}
```

"然后我觉得经理、总监、总经理都是管理者，他们在对‘申请’处理时，需要做出判断，是否有权决策。"

```java
//管理者
class Manager{
    protected String name;
    public Manager(String name){
        this.name = name;
    }

    public void getResult(String managerLevel,Request request){   // 比较长的方法，多条的分支，这些其实都是代码坏味道
        if (managerLevel == "经理"){
            if (request.getRequestType()=="请假" && request.getNumber()<=2)
                System.out.println(this.name+":"+request.getRequestContent()+" 数量:"+request.getNumber()+"天，被批准");
            else
                System.out.println(this.name+":"+request.getRequestContent()+" 数量:"+request.getNumber()+"天，我无权处理");
        }
        else if (managerLevel == "总监"){
            if (request.getRequestType()=="请假" && request.getNumber()<=5)
                System.out.println(this.name+":"+request.getRequestContent()+" 数量:"+request.getNumber()+"天，被批准");
            else
                System.out.println(this.name+":"+request.getRequestContent()+" 数量:"+request.getNumber()+"天，我无权处理");
        }
        else if (managerLevel == "总经理"){
            if (request.getRequestType()=="请假")
                System.out.println(this.name+":"+request.getRequestContent()+" 数量:"+request.getNumber()+"天，被批准");
            else if (request.getRequestType()=="加薪" && request.getNumber()<=5000)
                System.out.println(this.name+":"+request.getRequestContent()+" 数量:"+request.getNumber()+"元，被批准");
            else if (request.getRequestType()=="加薪" && request.getNumber()>5000)
                System.out.println(this.name+":"+request.getRequestContent()+" 数量:"+request.getNumber()+"元，再说吧");
        }
    }
}
```

客户端代码：

```java
Manager manager = new Manager("金利");
Manager director = new Manager("宗剑");        // 三个不同等级的管理者
Manager generalManager = new Manager("钟精励");

Request request = new Request();
request.setRequestType("加薪");
request.setRequestContent("小菜请求加薪");      // 小菜请求加薪10000元
request.setNumber(10000);

manager.getResult("经理", request);
director.getResult("总监", request);           // 不同级别对加薪请求做判断和处理
generalManager.getResult("总经理", request);

Request request2 = new Request();
request2.setRequestType("请假");
request2.setRequestContent("小菜请假");         // 小菜请假三天
request2.setNumber(3);

manager.getResult("经理", request2);
director.getResult("总监", request2);          // 不同级别对请假请求做判断和处理
generalManager.getResult("总经理", request2);
```

"其实我自己也觉得写得不好。"小菜说，"但也不知道如何去处理这类问题。"

"哪里写得不好？"大鸟问道。

"那个‘管理者’类吧，里面的‘结果’方法比较长，加上有太多的分支判断，这其实是非常不好的设计。"

"说得不错，因为你很难讲当中还会不会增加其他的管理类别，比如项目经理、部门经理、人力总监、副总经理等。那就意味着都需要去更改这个类，这个类承担了太多的责任，这违背了哪些设计原则？"

"类有太多的责任，这违背了单一职责原则，增加新的管理类别，需要修改这个类，违背了开放-封闭原则。"

"说得好，那你觉得应该如何下手去重构它呢？"

"你刚才提到了可能会增加管理类别，那就意味着这里容易变化，我想把这些公司管理者的类别分别做成管理者的子类，这就可以利用多态性来化解分支带来的僵化。"

"那如何解决经理无权上报总监，总监无权再上报总经理这样的功能呢？"

"我想让它们之间有一定的关联，把用户的请求传递，直到可以解决这个请求为止。"

"说得不错，你其实已经说到了一个行为设计模式'职责链模式'的意图了。"

24.3 职责链模式

> 职责链模式（Chain of Responsibility）：使多个对象都有机会处理请求，从而避免请求的发送者和接收者之间的耦合关系。将这个对象连成一条链，并沿着这条链传递该请求，直到有一个对象处理它为止。[DP]

"这里发出这个请求的客户端并不知道这当中的哪一个对象最终处理这个请求，这样系统的更改可以在不影响客户端的情况下动态地重新组织和分配责任。"

"听起来感觉不错哦，但如何做呢？"

"我们来看看结构图。"

职责链模式（Chain of Responsibility）结构图

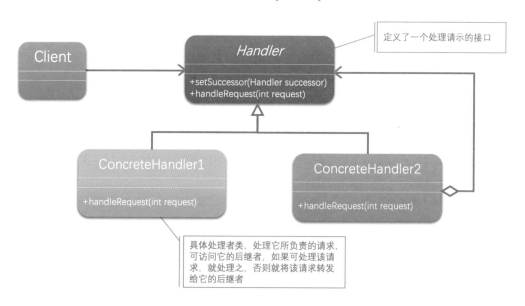

Handler类，定义一个处理请示的接口。

```
abstract class Handler{
    protected Handler successor;

    //设置继任者
    public void setSuccessor(Handler successor){
        this.successor = successor;
    }

    public abstract void handleRequest(int request);
}
```

ConcreteHandler类，具体处理者类，处理它所负责的请求，可访问它的后继者，如果可处理该请求，就处理之，否则就将该请求转发给它的后继者。

ConcreteHandler1，当请求数为0～10则有权处理，否则转到下一位。

```
class ConcreteHandler1 extends Handler{
    public void handleRequest(int request){
        if (request >=0 && request < 10){        ●0到9处理此请求
            System.out.println(this.getClass().getSimpleName()+" 处理请求 "+request);
        }
        else if (successor != null){
            successor.handleRequest(request);        ●大于等于10，转移到下一位
        }
    }
}
```

ConcreteHandler2，当请求数为10～20则有权处理，否则转到下一位。

```
class ConcreteHandler2 extends Handler{
    public void handleRequest(int request){
        if (request >=10 && request < 20){
            System.out.println(this.getClass().getSimpleName()+" 处理请求 "+request);
        }
        else if (successor != null){
            successor.handleRequest(request);
        }
    }
}
```

ConcreteHandler3，当请求数为20～30则有权处理，否则转到下一位。

```
class ConcreteHandler3 extends Handler{
    public void handleRequest(int request){
        if (request >=20 && request < 30){
            System.out.println(this.getClass().getSimpleName()+" 处理请求 "+request);
        }
        else if (successor != null){
            successor.handleRequest(request);
        }
    }
}
```

客户端代码，向链上的具体处理者对象提交请求。

```
Handler h1 = new ConcreteHandler1();
Handler h2 = new ConcreteHandler2();
Handler h3 = new ConcreteHandler3();
h1.setSuccessor(h2);        ●设置职责链上家与下家
h2.setSuccessor(h3);
```

```
int[] requests = { 2, 5, 14, 22, 18, 3, 27, 20 };

for(int request : requests) {
    h1.handleRequest(request);
}
```

> 循环给最小处理者提交请求，不同的
> 数额，由不同权限处理者处理

24.4 职责链的好处

"这当中最关键的是当客户提交一个请求时，请求是沿链传递直至有一个ConcreteHandler对象负责处理它。[DP]"

"这样做的好处是不是说请求者不用管哪个对象来处理，反正该请求会被处理就对了？"

"是的，这就使得接收者和发送者都没有对方的明确信息，且链中的对象自己也并不知道链的结构。结果是职责链可简化对象的相互连接，它们仅需保持一个指向其后继者的引用，而不需保持它所有的候选接受者的引用[DP]。这也就大大降低了耦合度了。"

"我感觉由于是在客户端来定义链的结构，也就是说，我可以随时地增加或修改处理一个请求的结构。增强了给对象指派职责的灵活性[DP]。"

"是的，这的确是很灵活，不过也要当心，一个请求极有可能到了链的末端都得不到处理，或者因为没有正确配置而得不到处理，这就很糟糕了。需要事先考虑全面。"

"哈，这就跟现实中邮寄一封信，因地址不对，最终无法送达一样。"

"是的，就是这个意思。就刚才的例子而言，最重要的有两点，一个是你需要事先给每个具体管理者设置他的上司是哪个类，也就是设置后继者。另一点是你需要在每个具体管理者处理请求时，做出判断，是可以处理这个请求，还是必须要'推卸责任'，转移给后继者去处理。"

"哦，我明白你的意思了，其实就是把我现在写的这个管理者类当中的那些分支，分解到每一个具体的管理者类当中，然后利用事先设置的后继者来实现请求处理的权限问题。"

24.5 加薪代码重构

"是的，所以我们先来改造这个管理者类，此时它将成为抽象的父类了，其实它就是Handler。"

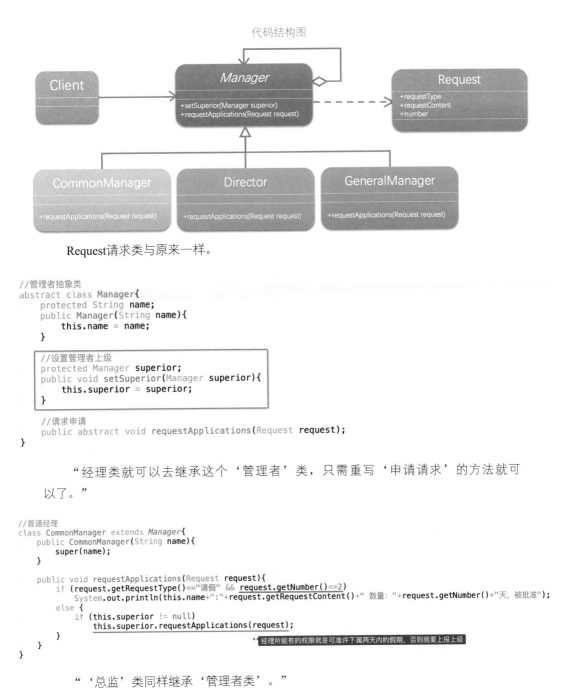

代码结构图

Request请求类与原来一样。

```
//管理者抽象类
abstract class Manager{
    protected String name;
    public Manager(String name){
        this.name = name;
    }

    //设置管理者上级
    protected Manager superior;
    public void setSuperior(Manager superior){
        this.superior = superior;
    }

    //请求申请
    public abstract void requestApplications(Request request);
}
```

"经理类就可以去继承这个'管理者'类，只需重写'申请请求'的方法就可以了。"

```
//普通经理
class CommonManager extends Manager{
    public CommonManager(String name){
        super(name);
    }

    public void requestApplications(Request request){
        if (request.getRequestType()=="请假" && request.getNumber()<=2)
            System.out.println(this.name+":"+request.getRequestContent()+" 数量: "+request.getNumber()+"天，被批准");
        else {
            if (this.superior != null)
                this.superior.requestApplications(request);
        }
    }
}
```

经理所能有的权限就是可准许下属两天内的假期，否则就要上报上级

"'总监'类同样继承'管理者类'。"

```
//总监
class Director extends Manager{
    public Director(String name){
        super(name);
    }
```

```java
    public void requestApplications(Request request){
        if (request.getRequestType()=="请假" && request.getNumber()<=5)
            System.out.println(this.name+":"+request.getRequestContent()+" 数量: "+request.getNumber()+"天，被批准");
        else {
            if (this.superior != null)
                this.superior.requestApplications(request);
        }
    }
}
```

"'总经理'的权限就是全部都需要处理。"

```java
//总经理
class GeneralManager extends Manager{
    public GeneralManager(String name){
        super(name);
    }

    public void requestApplications(Request request){
        if (request.getRequestType()=="请假"){           // 总经理可准许下属任意天的假期
            System.out.println(this.name+":"+request.getRequestContent()+" 数量: "+request.getNumber()+"天，被批准");
        }
        else if (request.getRequestType()=="加薪" && request.getNumber()<=5000){   // 总经理对加薪5000以内的申请一般直接通过
            System.out.println(this.name+":"+request.getRequestContent()+" 数量: "+request.getNumber()+"元，被批准");
        }
        else if (request.getRequestType()=="加薪" && request.getNumber()>5000){    // 总经理对加薪超过5000的申请，会要求再讨论
            System.out.println(this.name+":"+request.getRequestContent()+" 数量: "+request.getNumber()+"元，再说吧");
        }
    }
}
```

"由于我们把你原来的一个'管理者'类改成了一个抽象类和三个具体类，此时类之间的灵活性就大大增加了，如果我们需要扩展新的管理者类别，只需要增加子类就可以。比如这个例子增加一个'集团总裁'类，完全是没有问题的，只需要修改'总经理类'即可，并不影响其他类代码。目前，还有一个关键，那就是客户端如何编写。"

```java
CommonManager manager = new CommonManager("金利");
Director director = new Director("宗剑");
GeneralManager generalManager = new GeneralManager("钟精励");
manager.setSuperior(director);
director.setSuperior(generalManager);        // 设置每个级别的上级，完全可以根据实际需求来更改设置

Request request = new Request();
request.setRequestType("请假");
request.setRequestContent("小菜请假");
request.setNumber(1);
manager.requestApplications(request);

Request request2 = new Request();
request2.setRequestType("请假");           // 客户端的申请都是由'经理'发起，
request2.setRequestContent("小菜请假");     // 但实际谁来决策由具体管理类来
request2.setNumber(4);                     // 处理，客户端不知道
manager.requestApplications(request2);

Request request3 = new Request();
request3.setRequestType("加薪");
request3.setRequestContent("小菜请求加薪");
request3.setNumber(5000);
manager.requestApplications(request3);

Request request4 = new Request();
request4.setRequestType("加薪");
request4.setRequestContent("小菜请求加薪");
request4.setNumber(10000);
manager.requestApplications(request4);
```

结果显示：

金利：小菜请假 数量：1天，被批准
宗剑：小菜请假 数量：4天，被批准
钟精励：小菜请求加薪 数量：5000元，被批准
钟精励：小菜请求加薪 数量：10000元，再说吧

"嗯，这的确是很好地解决了原来大量的分支判断造成难维护、灵活性差的问题。"

24.6 加薪成功

正在此时，小菜的手机响了起来。

"喂，"小菜说，"李经理，您好。"

"小菜呀，是这样，我刚才又去找总经理了，向他也汇报了这一段时间你的工作情况，你的积极表现和非常优秀的编程能力总经理也是非常肯定的。所以他最终答应了你的申请，给你加薪，从下个月开始实施。"小菜的经理在电话那边说道。

"啊，是吗！真的谢谢您，万分感谢。回头我请您吃饭。嗯，好的，好的，OK，

拜拜。"小菜脸上笑开了花。

"你这马屁精，干吗不跳槽了？不是说要跳的吗？"

"还跳什么槽呀。我这经理人真的不错，还专门去帮我找总经理谈，太为下属着想了。"

"哈，事实上，他是改变了职责链的结构，跳过了总监直接找总经理处理这事，这也体现了职责链灵活性的一个方面。"

"对的对的，设计模式真是无处不在呀。"小菜笑着说，"走，我请你吃炒面去。"

"谁说是炒面，我讲过的，我要吃的是——龙虾。"

第25章 世界需要和平——中介者模式

25.1 世界需要和平!

时间：7月5日20点   地点：小菜、大鸟住所的客厅   人物：小菜、大鸟

"大鸟，今晚学习什么模式呢？"小菜问道。

"哦，今天讲中介者模式。"大鸟说。

"中介？就是那个房产或出国留学的中介？"

"哈，是的，就是那个词，中介者模式又叫作调停者模式。其实就是中间人或者调停者的意思。"

"举个例子来说说看。"

"比如乌克兰，战争带给人类的真是无法弥补的伤痛。"大鸟感慨道，"世界真的需要和平呀。"

"是呀，如果没有战争，可能就没这么多事情了。相比较我们可真的太幸福了。"

"再比如巴以问题、伊核问题、朝核问题以及各国间的政治外交问题，构成了极为复杂的国际形势。"

"这些和今天要讲的中介者模式有什么关系？"

"你想想看，由于各国之间代表的利益不同，所以矛盾冲突是难免的，但如果有这样一个组织，由各国的代表组成，用来维护国际和平与安全，解决国际经济、社会、文化和人道主义性质的问题，不就很好吗？"

"啊，你指的就是联合国组织是吧，我明白了，它就是一个调停者、中介者的角色。"

"是的，各国之间关系复杂，战略盟友、战略伙伴、战略对手、利益相关者等，各国政府都需要投入大量的人力物力在政治、经济、外交方面来搞好这些关系，但不管如何努力，国与国之间的关系还是会随着时间和社会发展而发生改变。在第二次世界大战以前，由于没有这样一个民主中立的协调组织，就出现了法西斯联盟，给人类史上造成最大的灾难——第二次世界大战。而自1945年成立了联合国之后，地球上再没有发生世界范围的战争，可以说，联合国对世界和平的贡献不可估量。"

"啊，原来没有大型战争的原因在这里。那这和我们的软件设计模式又有什么关系呢？"

"你想呀，国与国之间的关系，就类似于不同的对象与对象之间的关系，这就要求对象之间需要知道其他所有对象，尽管将一个系统分割成许多对象通常可以增加其可复用性，但是对象间相互连接的激增又会降低其可复用性了。你知道为什么会这样？"

"我想是因为大量的连接使得一个对象不可能在没有其他对象的支持下工作，系统表现为一个不可分割的整体，所以，对系统的行为进行任何较大的改动就十分困难了。"

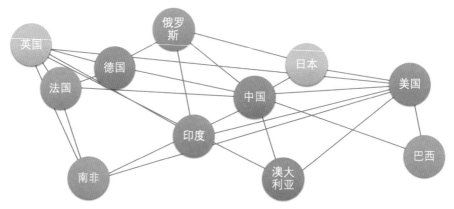

"总结得很好嘛，要解决这样的问题，可以应用什么原则？"

"我记得之前讲过的叫'迪米特法则'，如果两个类不必彼此直接通信，那么这两个类就不应当发生直接的相互作用。如果其中一个类需要调用另一个类的某一个方法的话，可以通过第三者转发这个调用。在这里，你的意思就是说，国与国之间完全可以通过'联合国'这个中介者来发生关系，而不用直接通信。"

"是呀，通过中介者对象，可以将系统的网状结构变成以中介者为中心的星状结构，每个具体对象不再通过直接的联系与另一个对象发生相互作用，而是通过'中介者'对象与另一个对象发生相互作用。中介者对象的设计，使得系统的结构不会因为新对象的引入造成大量的修改工作。"

"当时你对我解释'迪米特法则'的时候，是以我们公司的IT部门的管理为例子的，其实让我一个刚进公司的人去求任何一个不认识的IT部同事帮忙是有困难的，但如

果是有IT主管来协调工作，就不至于发生我第一天上班却没有电脑进行工作的局面。IT主管就是一个'中介者'对象了。"

25.2 中介者模式

"说得好，看来这个模式很容易理解嘛！来，我们看看这个模式的定义。"

中介者模式（Mediator），用一个中介对象来封装一系列的对象交互。中介者使各对象不需要显式地相互引用，从而使其耦合松散，而且可以独立地改变它们之间的交互。[DP]

中介者模式（Mediator）结构图

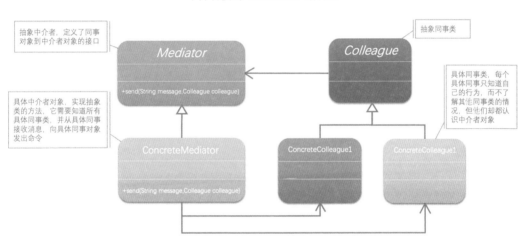

"Colleague叫作抽象同事类，而ConcreteColleague是具体同事类，每个具体同事只知道自己的行为，而不了解其他同事类的情况，但他们却都认识中介者对象，Mediator是抽象中介者，定义了同事对象到中介者对象的接口，ConcreteMediator是具体中介者对象，实现抽象类的方法，它需要知道所有具体同事类，并从具体同事接收消息，向具体同事对象发出命令。"

Colleague类：抽象同事类。

```
abstract class Colleague {
    protected Mediator mediator;
    //构造方法，得到中介者对象
    public Colleague(Mediator mediator){
        this.mediator = mediator;
    }
}
```

ConcreteColleague1和ConcreteColleague2等各种同事对象：

```java
class ConcreteColleague1 extends Colleague {
    public ConcreteColleague1(Mediator mediator) {
        super(mediator);
    }

    public void send(String message) {
        this.mediator.send(message, this);
    }

    public void notify(String message) {
        System.out.println("同事1得到信息:" + message);
    }
}

class ConcreteColleague2 extends Colleague {
    public ConcreteColleague2(Mediator mediator) {
        super(mediator);
    }

    public void send(String message)
    {
        this.mediator.send(message, this);
    }

    public void notify(String message){
        System.out.println("同事2得到信息:" + message);
    }
}
```

Mediator类：抽象中介者类。

```java
//中介者类
abstract class Mediator{
    //定义一个抽象的发送消息方法，得到同事对象和发送信息
    public abstract void send(String message,Colleague colleague);
}
```

ConcreteMediator类：具体中介者类。

```java
class ConcreteMediator extends Mediator{
    private ConcreteColleague1 colleague1;
    private ConcreteColleague2 colleague2;

    public void setColleague1(ConcreteColleague1 value) {
        this.colleague1 = value;
    }                                                    ●──需要了解所有的具体同事对象

    public void setColleague2(ConcreteColleague2 value) {
        this.colleague2 = value;
    }

    public void send(String message, Colleague colleague)
    {
        if (colleague == colleague1) {
            colleague2.notify(message);
        }                                          ●──重写发送信息的方法，根据对象做出选择判断，通知对象
        else {
            colleague1.notify(message);
        }
    }
}
```

客户端代码：

```
ConcreteMediator m = new ConcreteMediator();

ConcreteColleague1 c1 = new ConcreteColleague1(m);      让两个具体同事类认识中介者对象
ConcreteColleague2 c2 = new ConcreteColleague2(m);

m.setColleague1(c1);     让中介者认识各个具体同事对象
m.setColleague2(c2);

c1.send("吃过饭了吗?");
c2.send("没有呢，你打算请客？");      具体同事类对象的发送信息都是通过中介者转发
```

"由于有了Mediator，使得ConcreteColleague1和ConcreteColleague2在发送消息和接收信息时其实是通过中介者来完成的，这就减少了它们之间的耦合度了。"大鸟说，"好了，该你来练习了，需求是美国和伊拉克之间的对话都是通过联合国安理会作为中介来完成。"

"哦，这应该没什么大问题，美国和伊拉克都是国家，有一个国家抽象类和两个具体国家类就可以了。但'联合国'到底是Mediator还是ConcreteMediator呢？"

"这要取决于未来是否有可能扩展中介者对象，比如你觉得联合国除了安理会，还有没有可能有其他机构存在呢？"

"哈，大鸟你启发我了，联合国的机构还有如国际劳工组织、教科文组织、世界卫生组织、世界贸易组织等，很多的，所以Mediator应该是'联合国机构'，而'安理会'是一个具体的中介者。"

"很好，如果不存在扩展情况，那么Mediator可以与ConcreteMediator合二为一。"大鸟说，"开始吧。"

25.3 安理会作中介

过了近一个小时，小菜才将代码写了出来。

代码结构图

国家类：相当于Colleague类。

```java
abstract class Country {
    protected UnitedNations unitedNations;
    public Country(UnitedNations unitedNations){
        this.unitedNations = unitedNations;
    }
}
```

美国类：相当于ConcreteColleague1类。

```java
class USA extends Country {
    public USA(UnitedNations unitedNations) {
        super(unitedNations);
    }

    public void declare(String message) {
        this.unitedNations.declare(message, this);
    }

    public void getMessage(String message) {
        System.out.println("美国获得对方信息:" + message);
    }
}
```

伊拉克类：相当于ConcreteColleague2类。

```java
class Iraq extends Country {
    public Iraq(UnitedNations unitedNations) {
        super(unitedNations);
    }

    public void declare(String message) {
        this.unitedNations.declare(message, this);
    }

    public void getMessage(String message) {
        System.out.println("伊拉克获得对方信息:" + message);
    }
}
```

联合国机构类：相当于Mediator类。

```java
//中介者类
abstract class UnitedNations{
    //声明
    public abstract void declare(String message,Country country);
}
```

联合国安理会：相当于ConcreteMediator类。

```java
//联合国安理会
class UnitedNationsSecurityCouncil extends UnitedNations{
    private USA countryUSA;
    private Iraq countryIraq;

    public void setUSA(USA value) {
        this.countryUSA = value;
    }

    public void setIraq(Iraq value) {
        this.countryIraq = value;
    }
```

> 联合国安理会了解所有的国家，所以拥有美国和伊拉克的对象属性

```
public void declare(String message, Country country)
{
    if (country == this.countryUSA) {
        this.countryIraq.getMessage(message);
    }
    else if (country == this.countryIraq) {
        this.countryUSA.getMessage(message);
    }
}
```
> 重写了"声明"方法，实现了两个对象间的通信

客户端调用：

```
UnitedNationsSecurityCouncil UNSC = new UnitedNationsSecurityCouncil();

USA c1 = new USA(UNSC);
Iraq c2 = new Iraq(UNSC);

UNSC.setUSA(c1);
UNSC.setIraq(c2);

c1.declare("不准研制核武器，否则要发动战争！");
c2.declare("我们没有核武器，也不怕侵略。");
```

结果显示：

"小菜呀，你这样的写法和我写的样例代码有什么差别呀？除了类名变量名的不同，没什么区别。这样的代码为何还要写这么长的时间呢？"

"哈，我边写边在思考它是如何做到中介的，其实最关键的问题在于ConcreteMediator这个类必须要知道所有的ConcreteColleague，这好像有些问题？"

"你的想法是什么呢？"

"我觉得尽管这样的设计可以减少了ConcreteColleague类之间的耦合，但这又使得ConcreteMediator责任太多了，如果它出了问题，则整个系统都会有问题了。"

25.4 中介者模式的优缺点

"说得好，如果联合国安理会出了问题，当然会对世界都造成影响。所以说，**中介**

者模式很容易在系统中应用，也很容易在系统中误用。当系统出现了'多对多'交互复杂的对象群时，不要急于使用中介者模式，而要先反思你的系统在设计上是不是合理。你来总结一下中介者模式的优缺点吧。"

"我觉得中介者模式的优点首先是Mediator的出现减少了各个Colleague的耦合，使得可以独立地改变和复用各个Colleague类和Mediator，比如任何国家的改变不会影响到其他国家，而只是与安理会发生变化。其次，由于把对象如何协作进行了抽象，将中介作为一个独立的概念并将其封装在一个对象中，这样关注的对象就从对象各自本身的行为转移到它们之间的交互上来，也就是站在一个更宏观的角度去看待系统。比如巴以冲突，本来只能算是国与国之间的矛盾，因此各自的看法可能都比较狭隘，但站在联合国安理会的角度，就可以从全球化、也更客观的角度来看待这个问题，在调停和维和上做出贡献。"

"哇，小菜不简单，一个小时的编码，原来你想到这么多，不容易，你说得非常好，用中介者模式的确可以从更宏观的角度来看待问题。那中介者模式的缺点呢？"

"就是你刚才提到的，具体中介者类ConcreteMediator会因为ConcreteColleague越来越多，而变得非常复杂，反而不容易维护了。"

"是的，由于ConcreteMediator控制了集中化，于是就把交互复杂性变为中介者的复杂性，这就使得中介者会变得比任何一个ConcreteColleague都复杂。事实上，联合国安理会秘书长的工作应该是非常繁忙的，谁叫他就是'全球最大的官'呢。也正因为此，中介者模式的优点来自集中控制，其缺点也是它，使用时要考虑清楚哦。"

"啊，这么讲，我感觉中介者模式的应用很少的。"

"小菜，实际上你一直在用它而不自知呀。"大鸟得意地说道。

"哦，有吗？是什么时候？"小菜疑惑着。

"你平时用.NET写的Windows应用程序中的Form或Web网站程序的aspx就是典型的中介者呀。"

"啊，不会吧。这是怎么讲呢？"

"比如计算器程序，它上面有菜单控件、文本控件、多个按钮控件和一个Form窗体，每个控件之间的通信都是通过谁来完成的？它们之间是否知道对方的存在？"

"哦，我知道了，每个控件的类代码都被封装了，所以它们的实例是不会知道其他控件对象的存在的，比如单击数字按钮要在文本框中显示数字，按照我以前的想法就应该要在Button类中编写给TextBox类实例的Text属性赋值的代码，造成两个类有耦合，这显然是非常不合理的。但实际情况是它们都有事件机制，而事件的执行都是在Form窗体的代码中完成，也就是说，所有的控件交互都是由Form窗体来作中介，操作各个对象，这的确是典型的中介者模式应用。"

"是的，说得很好，"大鸟鼓励道，"中介者模式一般应用于一组对象以定义良好但是复杂的方式进行通信的场合，比如刚才得到的窗体Form对象或Web页面aspx，以及想定制一个分布在多个类中的行为，而又不想生成太多的子类的场合。"

　　"明白，回到联合国的例子，我相信如果所有的国际安全问题都上升到安理会来解决，世界将不再有战争，世界将会永远和平。"

　　"让世界充满爱，世界呼唤和平。"

第26章

项目多也别傻做——享元模式

26.1 项目多也别傻做！

时间：7月9日21点　　　地点：小菜、大鸟住所的客厅　　　人物：小菜、大鸟

"小菜，最近一直在忙些什么呢？回家就自个忙开了。"大鸟问道。

"哦，最近有朋友介绍我一些小型的外包项目，是给一些私营业主做网站，我想也不是太难的事情，对自己也是一个很好的编程锻炼，所以最近我都在开发当中。"

"哈，看来小菜有外快赚了，又能锻炼自己的技术，好事呀。"

"现实不是想象得这么简单。刚开始是为一个客户做一个产品展示的网站，我花了一个多星期的时间做好了，也帮他租用了虚拟空间，应该说都很顺利。"

"嗯，产品展示网站，这个应该不难实现。"

"而后，他另外的朋友也希望能做这样的网站，我想这有何难，再租用一个空间，然后把之前的代码复制一份上传，就可以了。"

"哦，这好像有点问题，后来呢？"

"实际上却是他们的朋友都希望我来提供这样的网站，但要求就不太一样了，有的人希望是新闻发布形式的，有的人希望是博客形式的，也有还是原来的产品图片加说明形式的，而且他们都希望在费用上能大大降低。可是每个网站租用一个空间，费用上降低是不太可能的。我在想如何办呢？"

"他们是不是都是类似的商家客户？要求也就是信息发布、产品展示、博客留言、论坛等功能？"

"是呀，要求差别不大。你说该如何办？"小菜问道。

"你的担心是对的，如果有100家企业来找你做网站，你难道去申请100个空间，用100个数据库，然后用类似的代码复制100遍，去实现吗？"

"啊，那如果有Bug或是新的需求改动，维护量就太可怕了。"

"先来看看你现在的做法。如果是每个网站一个实例，代码应该是这样的。"

网站类:

```java
//网站
class WebSite {
    private String name = "";
    public WebSite(String name) {
        this.name = name;
    }
    public void use() {
        System.out.println("网站分类: " + name);
    }
}
```

客户端代码:

```java
WebSite fx = new WebSite("产品展示");
fx.use();

WebSite fy = new WebSite("产品展示");
fy.use();

WebSite fz = new WebSite("产品展示");
fz.use();

WebSite fl = new WebSite("博客");
fl.use();

WebSite fm = new WebSite("博客");
fm.use();

WebSite fn = new WebSite("博客");
fn.use();
```

结果显示:

"对的，也就是说，如果要做三个产品展示，三个博客的网站，就需要六个网站类的实例，而其实它们本质上都是一样的代码，如果网站增多，实例也就随着增多，这对服务器的资源浪费得很严重。小菜，你说有什么办法解决这个问题？"

"我不知道，我想过大家的网站共用一套代码，但毕竟是不同的网站，数据都不相同的。"

"我就希望你说出共享代码这句话，为什么不可以呢？比如现在大型的博客网站、电子商务网站，里面每一个博客或商家也可以理解为一个小的网站，但它们是如何做的？"

"啊，我明白了，利用用户ID的不同，来区分不同的用户，具体数据和模板可以不同，但代码核心和数据库却是共享的。"

"小菜又开窍了，项目多也别傻做呀。你想，首先你的这些企业客户，他们需要的网站结构相似度很高，而且都不是那种高访问量的网站，如果分成多个虚拟空间来处理，相当于一个相同网站的实例对象很多，这造成服务器的大量资源浪费，当然更实际的其实就是钞票的浪费，如果整合到一个网站中，共享其相关的代码和数据，那么对于硬盘、内存、CPU、数据库空间等服务器资源都可以达成共享，减少服务器资源，而对于代码，由于是一份实例，维护和扩展都更加容易。"

"是的。那如何做到共享一份实例呢？"

26.2 享元模式

"哈，在弄明白如何共享代码之前，我们先来谈谈一个设计模式——享元模式。"

> 享元模式（Flyweight），运用共享技术有效地支持大量细粒度的对象。[DP]

享元模式（Flyweight）结构图

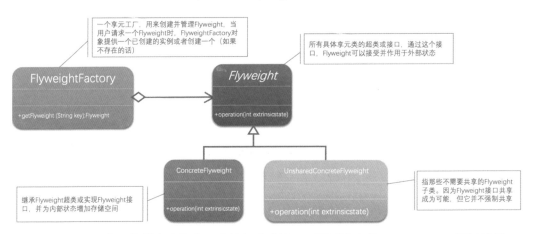

Flyweight类，是所有具体享元类的超类或接口，通过这个接口，Flyweight可以接受并作用于外部状态。

```java
abstract class Flyweight {
    public abstract void operation(int extrinsicstate);
}
```

ConcreteFlyweight是继承Flyweight超类或实现Flyweight接口，并为内部状态增加存储空间。

```
//需要共享的具体Flyweight子类
class ConcreteFlyweight extends Flyweight {
    public void operation(int extrinsicstate){
        System.out.println("具体Flyweight:"+extrinsicstate);
    }
}
```

UnsharedConcreteFlyweight是指那些不需要共享的Flyweight子类。因为Flyweight接口共享成为可能，但它并不强制共享。

```
//不需要共享的Flyweight子类
class UnsharedConcreteFlyweight extends Flyweight {
    public void operation(int extrinsicstate){
        System.out.println("不共享的具体Flyweight:"+extrinsicstate);
    }
}
```

FlyweightFactory是一个享元工厂，用来创建并管理Flyweight对象。它主要是用来确保合理地共享Flyweight，当用户请求一个Flyweight时，FlyweightFactory对象提供一个已创建的实例或者创建一个（如果不存在的话）。

```
//享元工厂
class FlyweightFactory {
    private Hashtable<String,Flyweight> flyweights = new Hashtable<String,Flyweight>();

    public FlyweightFactory(){
        flyweights.put("X", new ConcreteFlyweight());
        flyweights.put("Y", new ConcreteFlyweight());    初始化工厂时，先生成三个实例
        flyweights.put("Z", new ConcreteFlyweight());
    }

    public Flyweight getFlyweight(String key) {
        return (Flyweight)flyweights.get(key);           根据客户端请求，获得已生成的实例
    }
}
```

客户端代码：

```
    int extrinsicstate = 22;

    FlyweightFactory f = new FlyweightFactory();

    Flyweight fx = f.getFlyweight("X");
    fx.operation(--extrinsicstate);

    Flyweight fy = f.getFlyweight("Y");
    fy.operation(--extrinsicstate);

    Flyweight fz = f.getFlyweight("Z");
    fz.operation(--extrinsicstate);

    Flyweight uf = new UnsharedConcreteFlyweight();

    uf.operation(--extrinsicstate);
```

结果显示：

具体Flyweight: 21
具体Flyweight: 20
具体Flyweight: 19
不共享的具体Flyweight: 18

"大鸟，有个问题，"小菜问道，"FlyweightFactory根据客户需求返回早已生成好的对象，但一定要事先生成对象实例吗？"

"问得好，实际上是不一定需要的，完全可以初始化时什么也不做，到需要时，再去判断对象是否为null来决定是否实例化。"

"还有个问题，为什么要有UnsharedConcreteFlyweight的存在呢？"

"这是因为尽管我们大部分时间都需要共享对象来降低内存的损耗，但个别时候也有可能不需要共享，那么此时的UnsharedConcreteFlyweight子类就有存在的必要了，它可以解决那些不需要共享对象的问题。"

26.3 网站共享代码

"好了，你试着参照这个样例来改写一下帮人做网站的代码。"大鸟接着说。

"哦，好的，那这样的话，网站应该有一个抽象类和一个具体网站类才可以，然后通过网站工厂来产生对象。我马上就去写。"

半小时后，小菜的第二版代码。

网站抽象类：

```java
//网站抽象
abstract class WebSite{
    public abstract void use();
}
```

具体网站类：

```java
//具体网站
class ConcreteWebSite extends WebSite {
    private String name = "";
    public ConcreteWebSite(String name) {
        this.name = name;
    }
    public void use() {
        System.out.println("网站分类: " + name);
    }
}
```

网站工厂类:

```
//网站工厂
class WebSiteFactory {
    private Hashtable<String,WebSite> flyweights = new Hashtable<String,WebSite>();

    //获得网站分类
    public WebSite getWebSiteCategory(String key)
    {
        if (!flyweights.contains(key))
            flyweights.put(key, new ConcreteWebSite(key));
        return (WebSite)flyweights.get(key);
    }

    //获得网站分类总数
    public int getWebSiteCount()
    {
        return flyweights.size();
    }
}
```

判断是否存在这个对象, 如果存在, 则直接返回, 若不存在, 则实例化它再返回

客户端代码:

```
WebSitcFactory f = new WebSiteFactory();

WebSite fx = f.getWebSiteCategory("产品展示");
fx.use();

WebSite fy = f.getWebSiteCategory("产品展示");
fy.use();

WebSite fz = f.getWebSiteCategory("产品展示");
fz.use();

WebSite fl = f.getWebSiteCategory("博客");
fl.use();

WebSite fm = f.getWebSiteCategory("博客");
fm.use();

WebSite fn = f.getWebSiteCategory("博客");
fn.use();

System.out.println("网站分类总数为:"+f.getWebSiteCount()); //统计实例化个数, 结果应该为2
```

实例化"产品展示"的"网站"对象

共享上方生成的对象, 不再实例化

结果显示:

```
网站分类: 产品展示
网站分类: 产品展示
网站分类: 产品展示
网站分类: 博客
网站分类: 博客
网站分类: 博客
网站分类总数为: 2
```

　　"这样写算是基本实现了享元模式的共享对象的目的, 也就是说, 不管建几个网站, 只要是'产品展示', 都是一样的, 只要是'博客', 也是完全相同的, 但这样是有问题的, 你给企业建的网站不是一家企业的, 它们的数据不会相同, 所以至少它们都

应该有不同的账号，你怎么办？"

"啊，对的，实际上我这样写没有体现对象间的不同，只体现了它们共享的部分。"

26.4 内部状态与外部状态

"在享元对象内部并且不会随环境改变而改变的共享部分，可以称为享元对象的内部状态，而随环境改变而改变的、不可以共享的状态就是外部状态了。事实上，享元模式可以避免大量非常相似类的开销。在程序设计中，有时需要生成大量细粒度的类实例来表示数据。如果能发现这些实例除了几个参数外基本上都是相同的，有时就能够大幅度地减少需要实例化的类的数量。如果能把那些参数移到类实例的外面，在方法调用时将它们传递进来，就可以通过共享大幅度地减少单个实例的数目。也就是说，享元模式Flyweight执行时所需的状态有内部的也可能有外部的，内部状态存储于ConcreteFlyweight对象之中，而外部对象则应该考虑由客户端对象存储或计算，当调用Flyweight对象的操作时，将该状态传递给它。"

"那你的意思是说，客户的账号就是外部状态，应该由专门的对象来处理。"

"来，你试试看。"

大约二十分钟后，小菜写出代码第三版。

代码结构图

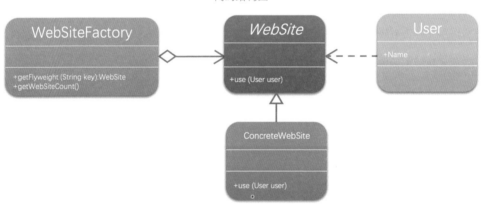

用户类，用于网站的客户账号，是"网站"类的外部状态。

```
//用户
class User{
    private String name;
    public User(String value){
        this.name=value;
    }

    public String getName(){
        return this.name;
    }
}
```

网站抽象类：

```
//网站抽象
abstract class WebSite{

    public abstract void use(User user);  ← "use"方法需要传递"用户"对象
}
```

具体网站类：

```
//具体网站
class ConcreteWebSite extends WebSite {
    private String name = "";
    public ConcreteWebSite(String name) {
        this.name = name;
    }
    public void use(User user) {
        System.out.println("网站分类: " + name+" 用户: "+user.getName());
    }
}
```

网站工厂类：

```
//网站工厂
class WebSiteFactory {
    private Hashtable<String,WebSite> flyweights = new Hashtable<String,WebSite>();

    //获得网站分类
    public WebSite getWebSiteCategory(String key)
    {
        if (!flyweights.contains(key))
            flyweights.put(key, new ConcreteWebSite(key));
        return (WebSite)flyweights.get(key);
    }

    //获得网站分类总数
    public int getWebSiteCount()
    {
        return flyweights.size();
    }
}
```

客户端代码：

```
WebSiteFactory f = new WebSiteFactory();

WebSite fx = f.getWebSiteCategory("产品展示");
fx.use(new User("小菜"));

WebSite fy = f.getWebSiteCategory("产品展示");
fy.use(new User("大鸟"));

WebSite fz = f.getWebSiteCategory("产品展示");
fz.use(new User("娇娇"));

WebSite fl = f.getWebSiteCategory("博客");
fl.use(new User("老顽童"));

WebSite fm = f.getWebSiteCategory("博客");
fm.use(new User("桃谷六仙"));

WebSite fn = f.getWebSiteCategory("博客");
fn.use(new User("南海鳄神"));

System.out.println("网站分类总数为:"+f.getWebSiteCount());
```

结果显示，尽管给六个不同用户使用网站，但实际上只有两个网站实例。

```
网站分类：产品展示 用户：小菜
网站分类：产品展示 用户：大鸟
网站分类：产品展示 用户：娇娇
网站分类：博客 用户：老顽童
网站分类：博客 用户：桃谷六仙
网站分类：博客 用户：南海鳄神
网站分类总数为：2
```

"哈，写得非常好，这样就可以协调内部与外部状态了。由于用了享元模式，哪怕你接手了1000个网站的需求，只要要求相同或类似，你的实际开发代码也就是分类的那几种，对于服务器来说，占用的硬盘空间、内存、CPU资源都是非常少的，这确实是很好的一个方式。"

26.5 享元模式应用

"大鸟，你通过这个例子来讲解享元模式虽然我是理解了，但在现实中什么时候才应该考虑使用享元模式呢？"

"就知道你会问这样的问题，如果一个应用程序使用了大量的对象，而大量的这些对象造成了很大的存储开销时就应该考虑使用；还有就是对象的大多数状态可以是外部状态，如果删除对象的外部状态，那么可以用相对较少的共享对象取代很多组对象，此时可以考虑使用享元模式。"

"在实际使用中，享元模式到底能达到什么效果呢？"

"因为用了享元模式，所以有了共享对象，实例总数就大大减少了，如果共享的对象越多，存储节约也就越多，节约量随着共享状态的增多而增大。"

"能具体一些吗？有些什么情况是用到享元模式的？"

"哈，实际上在Java中，字符串String就是运用了Flyweight模式。举个例子吧。'=='可以用来确定titleA与titleB是否是相同的实例，返回值为boolean值。当用new String()方法时，两个对象titleA和titleB的引用地址是不相同的，但当titleC和titleD都使用赋值的方式时，两个字符串的引用地址竟然是相同的。"

```
String titleA = new String("大话设计模式");
String titleB = new String("大话设计模式");

System.out.println(" titleA==titleB:        "+(titleA == titleB));        //比较内存引用地址
System.out.println(" titleA.equals(titleB): "+(titleA.equals(titleB)));   //比较字符串的值
```

```
String titleC = "大话设计模式";
String titleD = "大话设计模式";

System.out.println(" titleC==titleD:        "+(titleC == titleD));        //比较内存引用地址
System.out.println(" titleC.equals(titleD): "+(titleC.equals(titleD)));    //比较字符串的值
```

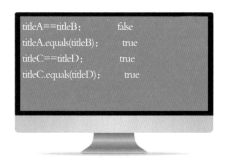

```
titleA==titleB:         false
titleA.equals(titleB):          true
titleC==titleD:          true
titleC.equals(titleD):          true
```

"啊，返回值竟然是True，titleC和titleD这两个字符串是相同的实例。"

"试想一下，如果每次创建字符串对象时，都需要创建一个新的字符串对象的话，内存的开销会很大。所以如果第一次创建了字符串对象titleC，下次再创建相同的字符串titleD时只是把它的引用指向'大话设计模式'，这样就实现了'大话设计模式'在内存中的共享。"

"哦，原来我一直在使用享元模式呀，我以前都不知道。还有没有其他现实中的应用呢？"

"虽说享元模式更多的时候是一种底层的设计模式，但现实中也是有应用的。比如说休闲游戏开发中，像围棋、五子棋、跳棋等，它们都有大量的棋子对象，你分析一下，它们的内部状态和外部状态各是什么？"

"围棋和五子棋只有黑白两色、跳棋颜色略多一些，但也是不太变化的，所以颜色应该是棋子的内部状态，而各个棋子之间的差别主要就是位置的不同，所以方位坐标应该是棋子的外部状态。"

"对的，像围棋，一盘棋理论上有361个空位可以放棋子，那如果用常规的面向对象方式编程，每盘棋都可能有两三百个棋子对象产生，一台服务器就很难支持更多的玩家玩围棋游戏了，毕竟内存空间还是有限的。如果用了享元模式来处理棋子，那么棋子对象可以减少到只有两个实例，结果……你应该明白的。"

"太了不起了，这的确是非常好地解决了对象的开销问题。"

"在某些情况下，对象的数量可能会太多，从而导致了运行时的资源与性能损耗。那么我们如何去避免大量细粒度的对象，同时又不影响客户程序，是一个值得去思考的问题，享元模式，可以运用共享技术有效地支持大量细粒度的对象。不过，你也别高兴得太早，使用享元模式需要维护一个记录了系统已有的所有享元的列表，而这本身需要耗费资源，另外享元模式使得系统更加复杂。为了使对象可以共享，需要将一些状态外部化，这使得程序的逻辑复杂化。因此，应当在有足够多的对象实例可供共享时才值得使用享元模式。"

"哦，明白了，像我给人家做网站，如果就两三个人的个人博客，其实是没有必要考虑太多的。但如果是要开发一个可供多人注册的博客网站，那么用共享代码的方式是一个非常好的选择。"

"小菜，说了这么多，你网站赚到钱了是不是该报答一下呀？"

"哈，如果开发完成后客户非常满意，我一定……我一定……"

"一定什么？怎么这么不爽快。"

"我一定送你一个博客账号！"

"啊！！！"

第27章 其实你不懂老板的心——解释器模式

27.1 其实你不懂老板的心

时间：7月12日20点　　地点：小菜、大鸟住所的客厅　　人物：小菜、大鸟

"大鸟，今天我们大老板找我谈话。"小菜对大鸟说道。

"哦，大老板找员工谈话，多少有些事情要发生。"大鸟猜测道。

"不知道呀，反正以前我从来没有直接和他面对面说过话，突然他让秘书叫我去他的办公室。我开始多少有些紧张的。"

"他对你说什么了？"

"他问我最近的工作进展情况如何，有没有什么困难，同事相处如何，等等。其实也就是简单地调查民情吧。"

"哦，就这么简单？"

"对了，他夸我来着，说'小蔡，你在公司表现格外出色，要继续好好努力。'"小菜面有得意。

"哈，你原来是想告诉我你们老板夸奖你呀。"大鸟笑道，"你可别太得意了，这句话可以简单地理解为夸奖，也可能有更深层次的含义哦。"

"那还能怎么理解？"

"老板私下对某员工大加夸奖时，多半是'最近有更多的任务需要你去完成'的意思。"

"啊，不会吧，已经加班够多的了，难道还要加任务？"

"谁叫你平时表现积极呢，年轻人，多做点也没什么关系，积累经验比什么都强，老板赏识你是好事情呀。他还说什么了吗？"

"他还问我另一个叫梅星的同事的情况。我说他工作也很努力。老板最后评价了句'梅星是个普通员工。'"小菜说。

"有这样的说法？哦，这个梅星情况不妙了。"大鸟一脸深沉。

"咦，为什么？老板也没说他不好呀，只是说他是普通员工。"

"通常老板说某个员工是普通员工，其实他的意思是说，这个员工不够聪明，工作能力不足。"

"啊，有这种事，我可真是听不懂了。难道老板所说的话，都是有潜台词的？"

"当然，当然。在职场上混，这些都不懂如何干得出名堂！职场菜鸟与老手的一大区别就在于，是否能察言观色，见风使舵，是否听得懂别人尤其是老板上司的弦外之音。"

"大鸟不但在编程技术上有所造诣，连这等为人处世之道也深有研究？"

"略知一二吧，其实自己用点心，这也不算什么难事的。"

"要是有一个翻译机，或解释器就好了，省得每次讲话还需要多动脑筋，多烦呀。"

"小子，你真是块做软件的料，什么问题都想着靠编程解决呀？这种东西要靠感悟的，时间长了，你就会慢慢学会分析的。"大鸟提醒道，"不过，你说到了解释器，我的确是想跟你讲讲解释器模式，它其实就是用来翻译文法句子的。"

"是吗，说来听听。"

27.2 解释器模式

解释器模式（interpreter），给定一个语言，定义它的文法的一种表示，并定义一个解释器，这个解释器使用该表示来解释语言中的句子。[DP]

"解释器模式需要解决的是，**如果一种特定类型的问题发生的频率足够高，那么可能就值得将该问题的各个实例表述为一个简单语言中的句子。这样就可以构建一个解释器，该解释器通过解释这些句子来解决该问题**[DP]。比如，我们常常会在字符串中搜索匹配的字符或判断一个字符串是否符合我们规定的格式，此时一般会用什么技术？"

"是不是正则表达式？"

"对，非常好，因为这个匹配字符的需求在软件的很多地方都会使用，而且行为之间都非常类似，过去的做法是针对特定的需求，编写特定的函数，比如判断E-mail、匹配电话号码等，与其为每一个特定需求都写一个算法函数，不如使用一种通用的搜索算法来解释执行一个正则表达式，该正则表达式定义了待匹配字符串的集合[DP]。而所谓的解释器模式，正则表达式就是它的一种应用，解释器为正则表达式定义了一个文法，如何表示一个特定的正则表达式，以及如何解释这个正则表达式。"

"我的理解，是不是像IE、Firefox这些浏览器，其实也是在解释HTML文法，将下载到客户端的HTML标记文本转换成网页格式显示到用户？"

"哈，是可以这么说，不过编写一个浏览器的程序，当然要复杂得多。"

"下面我们来看看解释器模式实现的结构图和基本代码。"

解释器模式（interpreter）结构图

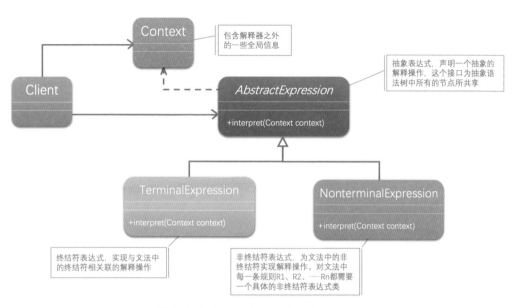

AbstractExpression（抽象表达式），声明一个抽象的解释操作，这个接口为抽象语法树中所有的节点所共享。

```
//抽象表达式
abstract class AbstractExpression {
    //解释操作
    public abstract void interpret(Context context);
}
```

TerminalExpression（终结符表达式），实现与文法中的终结符相关联的解释操作。实现抽象表达式中所要求的接口，主要是一个interpret()方法。文法中每一个终结符都有一个具体终结表达式与之相对应。

```
//终结符表达式
class TerminalExpression extends AbstractExpression {
    public void interpret(Context context) {
        System.out.println("终端解释器");
    }
}
```

NonterminalExpression（非终结符表达式），为文法中的非终结符实现解释操作。对文法中每一条规则R1、R2、…、Rn都需要一个具体的非终结符表达式类。通过实现抽象表达式的interpret()方法实现解释操作。解释操作以递归方式调用上面所提到的代表R1、R2、…、Rn中各个符号的实例变量。

```
//非终结符表达式
class NonterminalExpression extends AbstractExpression {
    public void interpret(Context context) {
        System.out.println("非终端解释器");
    }
}
```

Context，包含解释器之外的一些全局信息。

```
class Context {
    private String input;
    public String getInput(){
        return this.input;
    }
    public void setInput(String value){
        this.input = value;
    }

    private String output;
    public String getOutput(){
        return this.output;
    }
    public void setOutput(String value){
        this.output = value;
    }
}
```

客户端代码，构建表示该文法定义的语言中一个特定的句子的抽象语法树。调用解释操作。

```
Context context = new Context();
ArrayList<AbstractExpression> list = new ArrayList<AbstractExpression>();
list.add(new TerminalExpression());
list.add(new NonterminalExpression());
list.add(new TerminalExpression());
list.add(new TerminalExpression());

for (AbstractExpression exp : list) {
    exp.interpret(context);
}
```

结果显示：

27.3 解释器模式的好处

"看起来好像不难,但其实真正做起来应该还是很难的吧。"

"是的,你想,用解释器模式,就如同你开发了一个编程语言或脚本给自己或别人用。这当然是难了。"

"我的理解是,解释器模式就是用'迷你语言'来表现程序要解决的问题,以迷你语言写成'迷你程序'来表现具体的问题。"

"嗯,迷你这个词用得很好,就是这样的意思。通常当有一个语言需要解释执行,并且你可将该语言中的句子表示为一个抽象语法树时,可使用解释器模式[DP]。"

"解释器模式有什么好处呢?"

"用了解释器模式,就意味着可以很容易地改变和扩展文法,因为该模式使用类来表示文法规则,你可使用继承来改变或扩展该文法。也比较容易实现文法,因为定义抽象语法树中各个节点的类的实现大体类似,这些类都易于直接编写[DP]。"

"除了像正则表达式、浏览器等应用,解释器模式还能用在什么地方呢?"

"只要是可以用语言来描述的,都可以是应用呀。比如针对机器人,如果为了让它走段路还需要去电脑面前调用向前走、左转、右转的方法,那也就太傻了吧。当然应该直接是对它说,'哥们儿,向前走10步,然后左转90度,再向前走5步。'"

"哈,机器人听得懂'哥们儿'是什么意思吗?"

"这就看你写的解释器够不够用了,如果你增加这个'哥们儿'的文法,它就听得懂呀。说白了,解释器模式就是将这样的一句话,转变成实际的命令程序执行而已。而不用解释器模式本来也可以分析,但通过继承抽象表达式的方式,由于依赖倒转原则,使得对文法的扩展和维护都带来了方便。"

"哈,难道说,Java、C#这些高级语言都是用解释器模式的方式开发的?"

"当然不是那么简单了,解释器模式也有不足的,解释器模式为文法中的每一条规则至少定义了一个类,因此包含许多规则的文法可能难以管理和维护。建议当文法非常复杂时,使用其他的技术如语法分析程序或编译器生成器来处理[DP]"。

"哦,原来还有语法分析器、编译器生成器这样的东西。"

27.4 音乐解释器

"好了,要真正掌握,还需要练习,我们来做个小型的解释器程序。"

"好呀,程序需求是什么?"

"你以前有没有用过QBASIC?"

"没有，听说那是在VB以前，DOS状态下的编程语言。"

"是的，大鸟我以前就是整天用它来学习写程序的，QBASIC就是早期的BASIC，它当中提供了专门的演奏音乐的语句PLAY，不过由于那会儿多媒体并不像如今这般流行，所以所谓的音乐也仅仅相当于手机中的单音铃声。"大鸟说道。

"你一说这个我知道了，我以前的手机里就有编辑铃声的功能，通过输入一些简单的字母数字，就可以让手机发出音乐。我还试着找了些歌谱编了几首流行歌进去呢。"小菜接话道。

"哈，那就好，你想呀，那就是典型的解释器模式的应用，你用QB或者手机说明书中定义的规则去编写音乐程序，不就是一段文法让QB或手机去翻译成具体的指令来执行吗！"

"我明白了，这就是解释器的应用呀。"

"现在我定义一套规则，和QB的有点类似，但为了简便起见，我做了改动，你就按我定义的规则来编程。我的规则是O 表示音阶 'O 1'表示低音阶，'O 2'表示中音阶，'O 3'表示高音阶；'P'表示休止符，'C D E F G A B'表示'Do-Re-Mi-Fa-So-La-Ti'；音符长度 1 表示一拍，2表示二拍，0.5表示半拍，0.25表示四分之一拍，以此类推。注意：所有的字母和数字都要用半角空格分开。例如上海滩的歌曲第一句，'浪奔'，可以写成'O 2 E 0.5 G 0.5 A 3'表示中音开始，演奏的是mi so la。"

"好的，我试试编编看。"

"为了只关注设计模式编程，而不是具体的播放实现，你只需要用控制台根据事先编写的语句解释成简谱就成了。"

"OK！"

27.5 音乐解释器实现

一个小时后，小菜通过了几番改良，给出了答案。

代码结构图

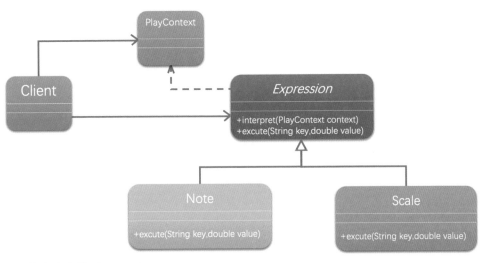

演奏内容类（context）：

```
//演奏内容
class PlayContext {
    private String playText;
    public String getPlayText(){
        return this.playText;
    }
    public void setPlayText(String value){
        this.playText = value;
    }
}
```

表达式类 （AbstractExpression）：

```
//抽象表达式
abstract class Expression {

    public void interpret(PlayContext context) {
        if (context.getPlayText().length() == 0) {
            return;
        }
        else {
            String playKey = context.getPlayText().substring(0, 1);

            context.setPlayText(context.getPlayText().substring(2));

            double playValue = Double.parseDouble(context.getPlayText().substring(0,context.getPlayText().indexOf(" ")));
            context.setPlayText(context.getPlayText().substring(context.getPlayText().indexOf(" ") + 1));

            this.excute(playKey, playValue);
        }
    }
    //抽象方法"执行"，不同的文法子类，有不同的执行处理
    public abstract void excute(String key, double value);
}
```

此方法用于将当前的演奏文本第一条命令获得命令字母和其参数值。例如"O 3 E 0.5 G 0.5 A 3"则playKey为O，而playValue为3

获得playKey和playValue后将其从演奏文本中移除。例如"O 3 E 0.5 G 0.5 A 3"变成了"E 0.5 G 0.5 A 3"

音符类（TerminalExpression）：

```java
//音符
class Note extends Expression {
    public void excute(String key, double value) {
        String note = "";
        switch (key) {
            case "C":
                note = "1";          // 表示如果获得的key是C则演奏1(do)
                break;
            case "D":
                note = "2";          // 如果是D则演奏2（Re）
                break;
            case "E":
                note = "3";
                break;
            case "F":
                note = "4";
                break;
            case "G":
                note = "5";
                break;
            case "A":
                note = "6";
                break;
            case "B":
                note = "7";
                break;
        }
        System.out.print(note+" ");
    }
}
```

音阶类（TerminalExpression）：

```java
//音阶
class Scale extends Expression {
    public void excute(String key, double value) {
        String scale = "";
        switch ((int)value) {     // 表示如果获得的key是O并且value是1则演奏低音，2则是中音，3则是高音
            case 1:
                scale = "低音";
                break;
            case 2:
                scale = "中音";
                break;
            case 3:
                scale = "高音";
                break;
        }
        System.out.print(scale+" ");
    }
}
```

客户端代码：

```java
PlayContext context = new PlayContext();
//音乐-上海滩
System.out.println("音乐-上海滩: ");
context.setPlayText("O 2 E 0.5 G 0.5 A 3 E 0.5 G 0.5 D 3 E 0.5 G 0.5 A 0.5 O 3 C 1 O 2 A 0.5 G 1 C 0.5 E 0.5 D 3 ");

Expression expression=null;
//System.out.println(context.getPlayText().length());
while (context.getPlayText().length() > 0) {
    String str = context.getPlayText().substring(0, 1);
    //System.out.println(str);
```

```
switch (str) {
    case "0":
        expression = new Scale();    •当首字段是O时，则表达式实例化为音阶
        break;
    case "C":
    case "D":
    case "E":
    case "F":
    case "G":
    case "A":
    case "B":
    case "P":
        expression = new Note();    •当首字母是CDEFGAB，以及休止符P时，则实例化音符
        break;
}
expression.interpret(context);
}
```

结果显示：

音乐–上海滩：
中音356352356高音1中音65132

"写得非常不错，现在我需要增加一个文法，就是演奏速度，要求是T代表速度，以毫秒为单位，'T 1000'表示每节拍一秒，'T 500'表示每节拍半秒。你如何做？"

"学了设计模式这么久，这点感觉难道还没有，首先加一个表达式的子类叫音速。然后再在客户端的分支判断中增加一个case分支就可以了。"

音速类：

```
//音速
class Speed extends Expression {
    public void excute(String key, double value) {
        String speed;
        if (value < 500)
            speed = "快速";
        else if (value >= 1000)
            speed = "慢速";
        else
            speed = "中速";

        System.out.print(speed+" ");
    }
}
```

客户端代码（局部）：

```
PlayContext context = new PlayContext();
//音乐-上海滩
System.out.println("音乐-上海滩: ");
context.setPlayText("T 500 O 2 E 0.5 G 0.5 A 3 E 0.5 G 0.5 D 3 E 0.5 G 0.5 A 0.5 O 3 C 1 O 2 A 0.5 G 1 C 0.5 E 0.5 D 3 ");
                     •增加速度的设置
Expression expression=null;
while (context.getPlayText().length() > 0) {
    String str = context.getPlayText().substring(0, 1);
```

```
switch (str) {
    case "O":
        expression = new Scale();
        break;
    case "C":
    case "D":
    case "E":
    case "F":
    case "G":
    case "A":
    case "B":
    case "P":
        expression = new Note();
        break;
    case "T":
        expression = new Speed();      ← 增加对T的判断
        break;
}
expression.interpret(context);
}
```

结果显示：

音乐-上海滩：
中速 中音356352356高音1中音65
132

"但是小菜，在增加一个文法时，你除了扩展一个类外，还是改动了客户端。"大鸟质疑道。

"哈，这不就是实例化的问题吗，只要在客户端的switch那里应用简单工厂加反射就可做到不改动客户端了。"

"说得好，看来你的确是学明白了，在这里是讲解释器模式，也就不那么追究了，只要知道可以这样重构程序就行。其实这个例子是不能代表解释器模式的全貌的，因为它只有终结符表达式，而没有非终结符表达式的子类，因为如果想真正理解解释器模式，还需要去研究其他的例子。另外这是个控制台的程序，如果我给你钢琴所有按键的声音文件，MP3格式，你可以利用Media Player控件，写出真实的音乐语言解释器程序吗？"

"你的意思是，只要我按照简谱编好这样的语句，就可以让电脑模拟钢琴弹奏出来？"

"是的。可以吗？"

"当然是可以，连设计模式都学得会，这点算什么。"

"OK，那我就等你哪天给我写出这样的钢琴模拟程序哦。"

注：由于钢琴模拟程序相对复杂，书中篇幅所限，代码不在书中展示，在随书代码本章节中提供有C#参考源代码和Windows下可执行文件，可以直接运行看效果，很有意思。有兴趣的读者可下载研究。

27.6 料事如神

时间：7月16日20点　　　地点：小菜大鸟住所的客厅　　　人物：小菜、大鸟

小菜："大鸟，你真是料事如神呀，尽管都不是什么好消息，但两件事都让你猜对了。"

"哦，哪两件事？"

"第一，梅星离职了，说是他辞职，可听说实际上是公司叫他走人的。"

老板，我辞职

梅星，真舍不得你！

"唉，所以说呀，好好学习，加强自己的市场竞争力还是非常重要的。"

"第二，就是梅星的工作全部转给我做了，这样我的工作量大大提高，一个人干了两个人的活。"

"哈哈，你不是被老板夸得很开心的吗？现在还开心吗？"

"反正就像你说的，趁着年轻，多做点吧。"

"是的，多做点没坏处的。小菜，你在公司表现格外出色，要继续好好努力哦。"

"我怎么现在听着这话那么别扭，大鸟，你少来，我可不是职场菜鸟了，这种虚情假意的夸奖我可不再上当了。"

"真诚地夸奖你，你反而不信了。真是好心被当作了驴肝肺哦。唉，做好人难，做好男人更难，做真心的好男人更是难上加难呀。"大鸟深情感慨地说道。

"真心好男人？呕！呕！呕！"小菜大作呕吐状。

两人的脸都笑开了花。

第28章 男人和女人——访问者模式

28.1 男人和女人！

时间：7月18日21点　　地点：小菜、大鸟住所的客厅　　人物：小菜、大鸟

"……

男人这本书的内容要比封面吸引人，女人这本书的封面通常是比内容更吸引人。

男人的青春表示一种肤浅，女人的青春标志一种价值。

男人在街上东张西望，被称作心怀不轨；女人在路上左瞅右瞧，被叫作明眸善睐。

男人成功时，背后多半有一个伟大的女人。女人成功时，背后大多有一个不成功的男人。

男人失败时，闷头喝酒，谁也不用劝。女人失败时，眼泪汪汪，谁也劝不了。

男人恋爱时，凡事不懂也要装懂。女人恋爱时，遇事懂也装作不懂。

男人结婚时，感慨道：恋爱游戏终结时，'有妻徒刑'遥无期。女人结婚时，欣慰曰：爱情长跑路漫漫，婚姻保险保平安。

……"

"小菜在发神经呐，念什么男人、女人、恋爱、结婚乱七八糟的东西？"大鸟问道。

"我在网上看到关于男人与女人的区别讨论，很有点意思，抄了几句念着玩玩。"小菜笑着道，"男人结婚时说是判了'有妻徒刑'，女人结婚时说是买了爱情保险。你说这滑稽吗？"

"本来吗，男人和女人就是完全不相同的两类人，当然在对待各种问题上会有完全不相同的态度。"

"这样的对比还有很多。你听着，我念给你听……"小菜显得很兴奋。

"行了行了，没有事业的成功，你找出再多的男女差异也找不到女朋友的。还是好好学习吧。"大鸟打断了小菜说话，"今天我们需要聊最后一个模式，叫作访问者模式。"

"哦，那我们上课吧。"小菜不得不停止。

"访问者模式讲的是表示一个作用于某对象结构中的各元素的操作。它使你可以在不改变各元素的类的前提下定义作用于这些元素的新操作。"大鸟开始如夫子般念叨起来。

"我觉得男女对比这么多的原因主要就是因为人类在性别上就只有男人和女人两类。"小菜意犹未尽。

"小菜！你又打断了我。"大鸟一声大喝，"大鸟很生气，后果很严重。"接着说，"你还要不要学，到底是学访问者模式还是讨论男女关系？"

"最好是混在一起同时学习。"小菜调皮地说道。

"狗屁，这是一回事吗？男人女人与访问者模式有屁的关……"大鸟气得脏话都脱口而出，拿起书本，对着小菜的头上就拍了过去。突然，大鸟手停在了空中，"等等，你刚才说什么？"

"我说什么？我说混在一起学习。"小菜快速躲开。

"前面一句，"大鸟似乎想到了什么。

"前面我说了什么，哦，我是说人类只分为男人和女人，所以才会有这么多的对比。"

"OK，就是这句话了。今天咱们就来讨论讨论这男人与女人的问题。"大鸟把举着书本的手放了下来，微笑着说道。

"大鸟，不学习设计模式了？"轮到小菜疑惑了。

"学呀，不过如你所愿，我们混在一起学习。"

"这之间也有关系？"小菜更加丈二和尚摸不着头脑。

"先不谈模式，你能不能把刚才的那些对比，用控制台的程序写出来，打到屏幕上？"大鸟避而不答。

"这个，应该不难实现。不过有什么意义呢？"

"少来废话，写出来再讲。"

28.2 最简单的编程实现

十分钟后，小菜的程序就写出来了。

```
System.out.println("男人成功时，背后多半有一个伟大的女人。");
System.out.println("女人成功时，背后大多有一个不成功的男人。");
System.out.println("男人失败时，闷头喝酒，谁也不用劝。");
System.out.println("女人失败时，眼泪汪汪，谁也劝不了。");
System.out.println("男人恋爱时，凡事不懂也要装懂。");
System.out.println("女人恋爱时，遇事懂也装作不懂。");
```

"小菜呀，这样的代码你也拿得出手？"大鸟讥讽地说道。

"你不是要把那些对比打在屏幕上吗？我做到了呀。"小菜理直气壮。

"但这和打印'Hello World'有什么区别，难道你是第一天学习编程？"

"那你要我怎么样写才可以呢？"

"你至少要分析一下，这里面有没有类可以提炼，有没有方法可以共享什么的。"

"哦，你是这个意思，早说呀。这里面至少男人和女人应该是两个不同的类，男人和女人应该继承人这样一个抽象类。所谓的成功、失败或恋爱都是指人的一个状态，是一个属性。成功时如何如何，失败时如何如何不过是一种反应。好了，我写得出来了。"小菜开始得意道。

"这还有点面向对象的意思。快点写吧。"

28.3 简单的面向对象实现

半小时后，小菜写出了第二版的程序。

"人"类，是"男人"和"女人"类的抽象类。

```
//人抽象类
abstract class Person {
    protected String action;
    public String getAction(){
        return this.action;
    }
    public void setAction(String value){
        this.action = value;
    }
    //得到结论或反应
    public abstract void getConclusion();
}
```

"男人"类：

```
//男人
class Man extends Person {
    //得到结论或反应
    public void getConclusion() {
        if (action == "成功") {
            System.out.println(this.getClass().getSimpleName()+this.action+"时，背后多半有一个伟大的女人。");
        }
        else if (action == "失败") {
            System.out.println(this.getClass().getSimpleName()+this.action+"时，闷头喝酒，谁也不用劝。");
        }
        else if (action == "恋爱") {
            System.out.println(this.getClass().getSimpleName()+this.action+"时，凡事不懂也要装懂。");
        }
    }
}
```

获得当前类的名称，比如这里就是'Man(男人)'

"女人"类：

```
//女人
class Woman extends Person {
    //得到结论或反应
    public  void getConclusion() {
        if (action == "成功") {
            System.out.println(this.getClass().getSimpleName()+this.action+"时，背后大多有一个不成功的男人。");
        }
        else if (action == "失败") {
            System.out.println(this.getClass().getSimpleName()+this.action+"时，眼泪汪汪，谁也劝不了。");
        }
        else if (action == "恋爱") {
            System.out.println(this.getClass().getSimpleName()+this.action+"时，遇事懂也装作不懂。");
        }
    }
}
```

客户端代码:

```
ArrayList<Person> persons = new ArrayList<Person>();

Person man1 = new Man();
man1.setAction("成功");
persons.add(man1);
Person woman1 = new Woman();
woman1.setAction("成功");
persons.add(woman1);

Person man2 = new Man();
man2.setAction("失败");
persons.add(man2);

Person woman2 = new Woman();
woman2.setAction("失败");
persons.add(woman2);

Person man3 = new Man();
man3.setAction("恋爱");
persons.add(man3);
Person woman3 = new Woman();
woman3.setAction("恋爱");
persons.add(woman3);

for(Person item : persons) {
    item.getConclusion();
}
```

结果显示:

Man成功时，背后多半有一个伟大的女人。
Woman成功时，背后大多有一个不成功的男人。
Man失败时，闷头喝酒，谁也不用劝。
Woman失败时，眼泪汪汪，谁也劝不了。
Man恋爱时，凡事不懂也要装懂。
Woman恋爱时，遇事懂也装作不懂。

"大鸟，现在算是面向对象的编程了吧？"

"粗略看，应该是算，但你不觉得你在'男人'类与'女人'类当中的那些if…else…很是碍眼吗？"

"不这样不行呀，反正也不算多。"

"如果我现在要增加一个'结婚'的状态，你需要改什么？"

"那这两个类都需要增加分支判断了。"小菜无奈地说，"你说的意思我知道，可是我真的没有办法去处理这些分支，我也想过，把这些状态写成类，可是那又如何处理呢？没办法。"

"哈，办法总是有的。只不过复杂一些。"

28.4 用了模式的实现

大鸟帮助小菜画出了结构图并写出了代码。

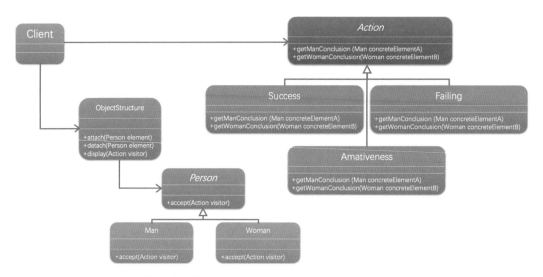

"状态"的抽象类和"人"的抽象类：

```
//状态抽象类
abstract class Action{
    //得到男人结论或反应
    public abstract void getManConclusion(Man concreteElementA);
    //得到女人结论或反应
    public abstract void getWomanConclusion(Woman concreteElementB);
}


//人类抽象类
abstract class Person {
    //接受
    public abstract void accept(Action visitor);  ← 它是用来获得'状态'对象的
}
```

"这里关键就在于人只分为男人和女人，这个性别的分类是稳定的，所以可以在状态类中，增加'男人反应'和'女人反应'两个方法，方法个数是稳定的，不会很容易地发生变化。而'人'抽象类中有一个抽象方法'接受'，它是用来获得'状态'对象的。每一种具体状态都继承'状态'抽象类，实现两个反应的方法。"

具体"状态"类：

```
//成功
class Success extends Action{
    public void getManConclusion(Man concreteElementA){
        System.out.println(concreteElementA.getClass().getSimpleName()
            +" "+this.getClass().getSimpleName()+"时，背后多半有一个伟大的女人。");
    }
```

```
public void getWomanConclusion(Woman concreteElementB){
    System.out.println(concreteElementB.getClass().getSimpleName()
        +" "+this.getClass().getSimpleName()+"时，背后大多有一个不成功的男人。");
    }
}

//失败
class Failing extends Action{
    //代码类似，省略
}

//恋爱
class Amativeness extends Action{
    //代码类似，省略
}
```

"男人"类和"女人"类：

```
//男人类
class Man extends Person {
    public void accept(Action visitor) {
        visitor.getManConclusion(this);
    }
}
//女人类
class Woman extends Person {
    public void accept(Action visitor) {
        visitor.getWomanConclusion(this);
    }
}
```

> 首先在客户程序中将具体状态作为参数传递给"男人"类完成了一次分派，然后"男人"类调用作为参数的"具体状态"中的方法"男人反应"，同时将自己（this）作为参数传递进去。这便完成了第二次分派

"这里需要提一下当中用到一种双分派的技术，首先在客户程序中将具体状态作为参数传递给'男人'类完成了一次分派，然后'男人'类调用作为参数的'具体状态'中的方法'男人反应'，同时将自己（this）作为参数传递进去。这便完成了第二次分派。双分派意味着得到执行的操作决定于请求的种类和两个接收者的类型。'接受'方法就是一个双分派的操作，它得到执行的操作不仅决定于'状态'类的具体状态，还决定于它访问的'人'的类别。"

"由于总是需要'男人'与'女人'在不同状态的对比，所以我们需要一个'对象结构'类来针对不同的'状态'遍历'男人'与'女人'，得到不同的反应。"

```
//对象结构
class ObjectStructure {
    private ArrayList<Person> elements = new ArrayList<Person>();

    //增加
    public void attach(Person element) {
        elements.add(element);
    }
    //移除
    public void detach(Person element) {
        elements.remove(element);
    }
    //查看显示
    public void display(Action visitor) {
        for(Person e : elements) {
            e.accept(visitor);
        }
    }
}
```

客户端代码：

```
ObjectStructure o = new ObjectStructure();
o.attach(new Man());
o.attach(new Woman());
```
在对象结构中加入要对比的"男人"和"女人"

```
//成功时的反应
Success v1 = new Success();
o.display(v1);
```

```
//失败时的反应
Failing v2 = new Failing();
o.display(v2);
```
查看在各种状态下，"男人"和"女人"的反应

```
//恋爱时的反应
Amativeness v3 = new Amativeness();
o.display(v3);
```

"这样做到底有什么好处呢？"小菜问道。

"你仔细看看，现在这样做，就意味着，如果我们现在要增加'结婚'的状态来考查'男人'和'女人'的反应。只需要怎么就可以了？"

"哦，我明白你的意思了，由于用了双分派，使得我只需要增加一个'状态'子类，就可以在客户端调用来查看，不需要改动其他任何类的代码。"

"来，写出来试试看。"

结婚状态类：

```
//结婚
class Marriage extends Action{
    public void getManConclusion(Man concreteElementA){
        System.out.println(concreteElementA.getClass().getSimpleName()
            +" "+this.getClass().getSimpleName()+"时，感慨道：恋爱游戏终结时，'有妻徒刑'遥遥无期。");
    }

    public void getWomanConclusion(Woman concreteElementB){
        System.out.println(concreteElementB.getClass().getSimpleName()
            +" "+this.getClass().getSimpleName()+"时，欣慰曰：爱情长跑路漫漫，婚姻保险保平安。");
    }
}
```

客户端代码，增加下面一段代码就可以完成：

```
ObjectStructure o = new ObjectStructure();
o.attach(new Man());
o.attach(new Woman());

//成功时的反应
Success v1 = new Success();
o.display(v1);

//失败时的反应
Failing v2 = new Failing();
o.display(v2);

//恋爱时的反应
Amativeness v3 = new Amativeness();
o.display(v3);

//婚姻时的反应
Marriage v4 = new Marriage();
o.display(v4);
```

"哈，完美地体现了开放-封闭原则，实在是高呀。这叫什么模式来着？"

"它应该算是GoF中最复杂的一个模式了，叫作访问者模式。"

28.5 访问者模式

访问者模式（Visitor），表示一个作用于某对象结构中的各元素的操作。它使你可以在不改变各元素的类的前提下定义作用于这些元素的新操作。[DP]

访问者模式（Visitor）结构图

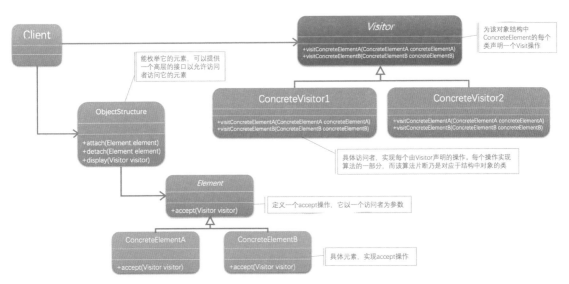

"在这里，Element就是我们的'人'类，而ConcreteElementA和ConcreteElementB就是'男人'和'女人'，Visitor就是我们写的'状态'类，具体的ConcreteVisitor就是那些'成功''失败''恋爱'等状态。至于ObjectStructure就是'对象结构'类了。"

"哦，怪不得这幅类图我感觉和刚才写的代码类图几乎可以完全对应。"

"本来我是想直接来谈访问者模式的，但是为什么我突然会愿意和你聊男人和女人的对比呢？原因就在于你说了一句话：'男女对比这么多的原因是人类在性别上就只有男人和女人两类。'而这也正是访问者模式可以实施的前提。"

"这个前提是什么呢？"

"你想呀，如果人类的性别不止是男和女，而是可有多种性别，那就意味'状态'类中的抽象方法就不可能稳定了，每加一种类别，就需要在状态类和它的所有下属类中都增加一个方法，这就不符合开放-封闭原则。"

"哦，也就是说，**访问者模式适用于数据结构相对稳定的系统？**"

"对的，它把数据结构和作用于结构上的操作之间的耦合解脱开，使得操作集合可以相对自由地演化。"

"访问者模式的目的是什么？"小菜问道。

"访问者模式的目的是要把处理从数据结构分离出来。很多系统可以按照算法和数据结构分开，如果这样的系统有比较稳定的数据结构，又有易于变化的算法的话，使用访问者模式就是比较合适的，因为访问者模式使得算法操作的增加变得容易。反之，如果这样的系统的数据结构对象易于变化，经常要有新的数据对象增加进来，就不适合使用访问者模式。"

"那其实访问者模式的优点就是增加新的操作很容易，因为增加新的操作就意味着增加一个新的访问者。访问者模式将有关的行为集中到一个访问者对象中。"

"是的，总结得很好。"大鸟接着说，"通常ConcreteVisitor可以单独开发，不必跟ConcreteElementA或ConcreteElementB写在一起。正因为这样，ConcreteVisitor能提高ConcreteElement之间的独立性，如果把一个处理动作设计成ConcreteElementA和ConcreteElementB类的方法，每次想新增'处理'以扩充功能时就得去修改ConcreteElementA和ConcreteElementB了。这也就是你之前写的代码，在'男人'和'女人'类中加了对'成功''失败'等状态的判断，造成处理方法和数据结构的紧耦合。"

"那访问者的缺点其实也就是使增加新的数据结构变得困难了。"

"所以GoF四人中的一个作者就说过：'大多时候你并不需要访问者模式，但当一旦你需要访问者模式时，那就是真的需要它了。'事实上，我们很难找到数据结构不变化的情况，所以用访问者模式的机会也就不太多了。这也就是为什么你谈到男人女人对比时我很高兴和你讨论的原因，因为人类性别这样的数据结构是不会变化的。"

"哈，看来是我为你找到了一个好的教学样例。"小菜得意道。

"和往常一样，我们需要书写一些基本的代码来巩固我们的学习。有了UML的类图，相信你应该没什么问题了。"

28.6 访问者模式基本代码

Visitor类，为该对象结构中ConcreteElement的每一个类声明一个Visit操作。

```java
abstract class Visitor {
    public abstract void visitConcreteElementA(ConcreteElementA concreteElementA);
    public abstract void visitConcreteElementB(ConcreteElementB concreteElementB);
}
```

ConcreteVisitor1和ConcreteVisitor2类：具体访问者，实现每个由Visitor声明的操作。每个操作实现算法的一部分，而该算法片断乃是对应于结构中对象的类。

```
class ConcreteVisitor1 extends Visitor {
    public void visitConcreteElementA(ConcreteElementA concreteElementA) {
        System.out.println(concreteElementA.getClass().getSimpleName()+"被"+this.getClass().getSimpleName()+"访问");
    }

    public void visitConcreteElementB(ConcreteElementB concreteElementB) {
        System.out.println(concreteElementB.getClass().getSimpleName()+"被"+this.getClass().getSimpleName()+"访问");
    }
}

class ConcreteVisitor2 extends Visitor {
    public void visitConcreteElementA(ConcreteElementA concreteElementA) {
        System.out.println(concreteElementA.getClass().getSimpleName()+"被"+this.getClass().getSimpleName()+"访问");
    }

    public void visitConcreteElementB(ConcreteElementB concreteElementB) {
        System.out.println(concreteElementB.getClass().getSimpleName()+"被"+this.getClass().getSimpleName()+"访问");
    }
}
```

Element类：定义一个Accept操作，它以一个访问者为参数。

```
abstract class Element {
    public abstract void accept(Visitor visitor);
}
```

ConcreteElementA和ConcreteElementB类：具体元素，实现Accept操作。

```
class ConcreteElementA extends Element {
    public void accept(Visitor visitor) {
        visitor.visitConcreteElementA(this);      充分利用双分派技术，实现处理与数据结构的分离
    }

    public void operationA(){       其他相关操作
    }
}

class ConcreteElementB extends Element {
    public void accept(Visitor visitor) {
        visitor.visitConcreteElementB(this);
    }

    public void operationB(){
    }
}
```

ObjectStructure类：能枚举它的元素，可以提供一个高层的接口以允许访问者访问它的元素。

```
class ObjectStructure {
    private ArrayList<Element> elements = new ArrayList<Element>();

    public void attach(Element element) {
        elements.add(element);
    }
    public void detach(Element element) {
        elements.remove(element);
    }
    public void accept(Visitor visitor) {
        for(Element e : elements) {
            e.accept(visitor);
        }
    }
}
```

客户端代码：

```
ObjectStructure o = new ObjectStructure();
o.attach(new ConcreteElementA());
o.attach(new ConcreteElementB());

ConcreteVisitor1 v1 = new ConcreteVisitor1();
ConcreteVisitor2 v2 = new ConcreteVisitor2();

o.accept(v1);
o.accept(v2);
```

28.7 比上不足，比下有余

"啊，访问者模式比较麻烦哦。"

"是的，访问者模式的能力和复杂性是把双刃剑，只有当你真正需要它的时候，才考虑使用它。有很多的程序员为了展示自己的面向对象的能力或是沉迷于模式当中，往往会误用这个模式，所以一定要好好理解它的适用性。"

"哈，大鸟太高估我们这些菜鸟程序员了。你说得是没错，不过我估计大多数人不去用它的原因绝不是因为怕误用，而是因为它太过于复杂和晦涩，根本不能理解，不熟悉的东西当然就不会想着去应用它了。"

"对，如果不理解，实在是不可能会想到用访问者模式的。"

"不管男人女人，不懂也要装懂的多得是了。"小菜说道，"这其实不能算是男人的专利。"

"你看的那些所谓的男人和女人的对比，都是不准确的，我给个答案吧，男人与女人最大的区别就是，比上不足，比下有余。"

"啊？！"

第29章 OOTV杯超级模式大赛——模式总结

说明：本章中的虚拟人物姓名都是软件编程中的专业术语，因此凡是专业术语被影射人物姓名的都用紫色字表示，以和实际术语区分。例如，"第一位是我们OOTV创始人，**面向对象先生**"，这里的紫色字**面向对象**指人名。

29.1 演讲任务

时间：7月23日下午17点　　　地点：小菜办公室　　　人物：小菜、公司开发部经理

"小菜，"开发部经理来到小菜的办公桌前，"最近我听说你在工作中，用到了很多设计模式，而且在你们同一项目组中引发了关于设计模式的学习和讨论，反响非常好。明天全公司要开关于如何提高软件质量的研讨会，我希望到时你能做一个关于设计模式的演讲。"

"我？演讲？给全公司？"小菜很惊讶于经理的这个请求，"还是不要了吧，我从来都没上过台给那么多人讲东西。我怕讲不好的。"

"没事，你就像平时和同事交流设计模式那样说说你在开发中的体会和经验就行了。"

"明天，时间太仓促了吧，来不及的。"小菜想法推脱。

"哈，某位大导演在他的近期的电影里不是已经向众人证实，身材是可以靠挤来获得的。同理可证，时间也是可以挤出来的，晚上抓紧一些，一定行的。就这么定了，你好好准备一下。"说完，经理就离开了小菜的办公桌。

"我……"小菜还来不及再拒绝，已经没了机会。

时间：7月23日晚上22点　　　地点：小菜自己的卧室　　　人物：小菜

"讲什么好呢？"小菜使劲地想呀想，却没有头绪，"该死的大鸟，还不回来，不然也可以请教请教他。"

"真困"，小菜睡眼蒙眬，趴到了桌上，打起盹来，不一会，进入了梦乡。

29.2 报名参赛

时间：未知　　　地点：未知　　　人物：很多

"来来来，快来报名了，超级设计模式大赛，每个人都有机会，每个人都能成功，今天你参加比赛给自己一个机会，明天你就成功还社会一个辉煌。来来来……"只见台子上方一很长的条幅，上写着"OOTV杯超级模式大赛海选"，下面一个帅小伙拿着话筒卖力地吆喝着。

"大姐、二姐，我们也去报名参加吧。"工厂三姐妹中最小的**简单工厂**说道。

"这种选秀比赛，多得去了，很多是骗人的，没意思。"大姐**抽象工厂**说。

"我觉得我们三姐妹有机会的，毕竟我们从小就是学这个出身。"二姐**工厂方法**也很有兴趣参赛。

"大姐，去吧，去吧。"**简单工厂**拉住**抽象工厂**的手左右摇摆着。

"行了行了，我们去试试，成就成，不成可别乱哭鼻子。"**抽象工厂**用手指点了一下**简单工厂**的鼻子，先打上了预防针。

"放心吧，我们都会成功的。"**简单工厂**很高兴，肯定地说。

三个人果然顺利通过了海选。但在决赛前的选拔中，**工厂方法**和**抽象工厂**都晋级，而**简单工厂**却不幸落选了。

"唔唔唔……唔唔唔……"**简单工厂**哭着回到了后台。

"小妹，别哭了，到底发生了什么？"**工厂方法**搂住她，轻声地问道。

"他们说我不符合开放-封闭原则的精神，"**简单工厂**哽咽地答道，"所以就把我淘汰了。"

"你在对每一次扩展时都要更改工厂类，这就是对修改开放了，当然不符合开闭原则。"**抽象工厂**说道，"行了，别哭了，讲好了不许哭鼻子的。"

"哇……哇……哇……"被大姐这么一说，**简单工厂**放声大哭。

"好了，没关系，这次不行，还会有下次。"**工厂方法**拍了拍她的后背安慰道。

"二姐，你要好好加油，为我们工厂家族争光。"**简单工厂**握着**工厂方法**的手说，然后对着**抽象工厂**说，"大姐，哼，你老是说风凉话，祝你早日淘汰。"边说着，**简单工厂**却破涕为笑了。

"你这小妮子，敢咒我。看我不……"**抽象工厂**脸上带笑，嘴里骂着，举起手欲拍过去。

"二姐救我，大姐饶命。"**简单工厂**躲到**工厂方法**后面叫道。

三姐妹追逐打闹着，落选的情绪一扫而空。

29.3 超模大赛开幕式

"各位领导、各位来宾、观众朋友们，第一届OOTV杯超级设计模式大赛正式开始。"漂亮的主持人GoF出现在台前，话音刚落，现场顿时响起激昂的音乐和热烈的掌声。

"首先我们来介绍一下到场的嘉宾。第一位是我们OOTV创始人，**面向对象**先生。"只见前排一位40多岁的中年人站了起来，向后排的观众挥手。

工厂方法在后台对着**抽象工厂**说："没想到**面向对象**这么年轻，40岁就功成名就了。"

"是呀，他从小是靠做Simula服装开始创业的，后来做Smalltalk的生意开始发扬光大，但最终让他成功的是Java，我觉得他也就是运气好。"**抽象工厂**解释说。

"运气也是要给有准备的人，前二十年，做C品牌服装生意的人多得是了，**结构化编程**就像神一样被顶礼膜拜，只有**面向对象**能坚持OO理念，事实证明，OO被越来越多的人认同。这可不是运气。"

"**结构化编程**那确实是有些老了，时代不同了，老的偶像要渐渐退出，新的偶像再站出来。现在是**面向对象**的时代，当然如日中天，再过几年就不一定是他了。"**抽象工厂**相对悲观。

"**面向对象**不是一直声称自己'永远二十五岁'吗？"**工厂方法**双手抱拳放在胸前，坚定地说，"我看好他，他是我永远的偶像。"

"到场来宾还有，**抽象**先生、**封装**先生、**继承**女士、**多态**女士。他们也是我们这次比赛的策划、导演和监制，掌声欢迎。"主持人GoF说道。

工厂方法说："啊，这些明星，平时看都看不见的，真想为他们尖叫。"

抽象工厂说："我最大的愿望就是能得到**抽象**先生的签名，看来极有可能梦想成真了。"

两姐妹在那里入迷地望着前台，自说自话着。

"现在介绍本次大赛的评委，**单一职责**先生、**开放封闭**先生、**依赖倒转**先生、**里氏代换**女士、**合成聚合复用**女士、**迪米特**先生。"主持人GoF说道。

"那个叫**开放封闭**的家伙就是提出淘汰小妹的人。"**抽象工厂**对**工厂方法**说。

"嘘，小点声，他们可就是我们的评委，我们的命运由他们决定的。"**工厂方法**把食指放在嘴边小声地说。

"下面有请**面向对象**先生发表演讲。"主持人GoF说道。

面向对象大步流星地走上了台前，没有任何稿子，语音洪亮地开始了发言。

"各位来宾，电视机前的朋友们，大家好！（鼓掌）

感谢大家来为OOTV的超级设计模式大赛捧场。OO从诞生到现在，经历了风风雨雨，我**面向对象**能有今天真的也非常不容易。就着这机会，我来谈谈面向对象的由来和举办此次设计模式大赛的目的。

软件开发思想经过了几十年的发展。最早的机器语言编程，程序员一直在内存和外存容量的苛刻限制下'艰苦'劳作。尽管如此，当时程序员还是创造了许多令人惊奇的工程软件。后来，高性能的计算机越来越普及，它们拥有较多的内外存空间，编程也发展到一个较高的层次，不再对任一细节都斤斤计较，于是出现了各种高级语言，软件编程开始进入了全面开花的时代。

刚开始的高级语言编写，大多是面条式的代码，随着代码的复杂化，这会造成代码极度混乱。随着软件业的发展，面条式的代码越来越不适应发展的需要，此时出现了结构化编程，即面向过程式的开发，这种方式把代码分割成了多个模块，增强了代码的复用性，方便了调试和修改，但是结构也相对复杂一些。面向过程的开发，把需求理解成一条一条的业务流程，开发前总是喜欢问用户'你的业务流程是什么样的？'，然后他们分析这些流程，把这些流程交织组合在一起，然后再划分成一个又一个的功能模块，最终通过一个又一个的函数，实现了需求。这对于一个小型的软件来说，或许是最直接最简捷的做法。

而问题也就出在了这里。随着软件的不断复杂化，这样的做法有很大的弊端。面向过程关注业务流程，但无论多么努力工作，分析做得如何好，也永远无法从用户那里获得所有的需求，而业务流程却是需求中最可能变化的地方，业务流程的制定需要受到很多条件的限制，甚至程序的效率、运行方式都会反过来影响业务流程。有时候用户也会为了更好地实现商业目的，主动地改变业务流程，并且一个流程的变化经常会带来一系列的变化。这就使得按照业务流程设计的程序经常面临变化。今天请假可能就只需要打声招呼就行了，明天请假就需要多个级别管理者审批才可以。流程的易变性，使得把流程看得很重，并不能适应变化。

面向过程通过划分功能模块，通过函数相互间的调用来实现，但需求变化时，就需要更改函数。而你改动的函数有多少地方在调用它，关联多少数据，这是很不容易弄清楚的地方。或许开发者本人弄得清楚，但下一位维护代码者是否也了解所有的函数间的彼此调用关系呢？函数的修改极有可能引起不必要的Bug的出现，维护和调试中所耗费的大多数时间不是花在修改Bug上，而是花在寻找Bug上，弄清如何避免在修改代码时导致不良副作用上了。种种迹象都表明，面向过程的开发也不能适应软件的发展。

与其抱怨需求总是变化，不如改变开发过程，从而更有效地应对变化。面向对象的编程方式诞生，就是为解决变化带来的问题。

面向对象关注的是对象，对象的优点在于，可以定义自己负责的事物，做要求它自己做的事情。对象应该自己负责自己，而且应该清楚地定义责任。

面向对象的开发者，把需求理解成一个一个的对象，他们喜欢问用户'这个东西叫作什么，他从哪里来，他能做什么事情？'，然后他们制造这些对象，让这些对象互相调用，符合了业务需要。

需求变化是必然的，那么尽管无法预测会发生什么变化，但是通常可以预测哪里会发生变化。面向对象的优点之一，就是可以封装这些变化区域，从而更容易地将代码与变化产生的影响隔离开来。代码可以设计得使需求的变化不至于产生太大的影响。代码可以逐步演进，新代码可以影响较少地加入。

显然，对象比流程更加稳定，也更加封闭。业务流程从表面上看只有一个入口、一个出口，但是实际上，流程的每一步都可能改变某个数据的内容、改变某个设备的状态，对外界产生影响。而对象则是完全通过接口与外界联系，接口内部的事情与外界无关。

当然，有了面向对象的方式，问题的解决看上去不再这么直截了当，需要首先开发业务对象，然后才能实现业务流程。随着面向对象编程方式的发展，又出现了设计模式、ORM，以及不计其数的工具、框架。软件为什么会越来越复杂呢？其实这不是软件本身的原因，而是因为软件需要解决的需求越来越复杂了。

面向过程设计开发相对容易，但不容易应对变化。面向对象设计开发困难，但却能更好地应对千变万化的世界，所以现代的软件需要面向对象的设计和开发。

（鼓掌）

设计模式是面向对象技术的最新进展之一。由于面向对象设计的复杂性，所以我们都希望能做出应对变化，提高复用的设计方案，而设计模式就能帮助我们做到这样的结果。通过复用已经公认的设计，我们能够在解决问题时避免前人所犯的种种错误，可以从学习他人的经验中获益，用不着为那些总是会重复出现的问题再次设计解决方案。显然，设计模式有助于提高我们的思考层次。让我们能站在山顶而不是山脚，也就是更高的高度来俯视我们的设计。[DPE]

如今，好的设计模式越来越多，但了解他们的人却依然很少，我们OOTV举办设计模式大赛的目的一方面是为了评选出最优秀的设计模式，另一方面也是希望让更多的人了解她们，认识她们，让她们成为明星，让她们可以为您的工作服务。

祝愿本届大赛圆满成功。谢谢大家！"（鼓掌）

正在此时，突然一个人双手举着一块牌子冲上了讲台，纸牌上写着"Service-Oriented Architecture（面向服务的体系架构，SOA）"，口中大声且反复地说道："抵制Object-Oriented，推广Service-Oriented，OO已成往事，SOA代表未来。"

这突如其来的变化，让全场哗然，很多人都交头接耳，说着关于SOA与OO的关系。只有**面向对象**先生依然站在讲台上，微笑不语，显然久经风雨的他对于这种事早已见怪不怪。保安迅速带着此人离开了会场。会场渐渐又恢复了安静。

"下面宣布一下比赛规则。"GoF的声音再次响起，"本次大赛根据模式的特点，设置了三个类别，分别是创建型模式、结构型模式和行为型模式，但由于有11位选择了行为型模式，人数过多，所以行为型模式又分为两组。也就是说，我们将选手共分为四组，所有的选手都将首先参加分组比赛，每组第一名将参加我们最终设计模式冠军的争夺。选手的分组情况，请看大屏幕。"

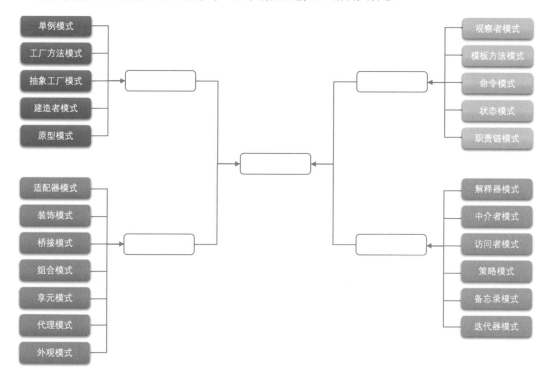

"下面我们就有请，**单一职责**先生代表评委宣誓。"

此时，几位评委站了起来，**单一职责**先生拿起事先写好的稿子，缓慢地说道："我代表本届大赛全体评委和工作人员宣誓：恪守职业道德，遵守竞赛规则。严格执法，公正裁判，努力为参赛选手提供良好的比赛氛围和高效优质的服务，维护公正的评委信誉。为保证大会的圆满成功，做出我们应有的贡献！宣誓人：**单一职责**。"

"宣誓人：**开放封闭**"

"宣誓人：**依赖倒转**"

......

"下面有请**策略模式**小姐代表参赛选手宣誓。"

"为了展示面向对象的优点和思想，为了编程的光荣和团队的荣誉，我代表我们全体参赛选手，将弘扬'可维护、可扩展、可复用、灵活性好'的OO精神，严格遵守赛事活动的各项安排，遵守比赛规则和赛场纪律，尊重对手，团结协作，顽强拼搏，赛出风格，赛出水平，尊重裁判，尊重对手，尊重观众。并预祝大赛圆满成功。"

29.4 创建型模式比赛

"现在比赛正式开始，有请第一组参赛选手入场，并进行综合形象展示。"

"第一组创建型选手，他们身穿的是Java正装进行展示。"

"1号选手，**抽象工厂**小姐，她的口号是提供一个创建一系列或相关依赖对象的接口，而无须指定它们具体的类。[DP]"

1号选手 抽象工厂（Abstract Factory）

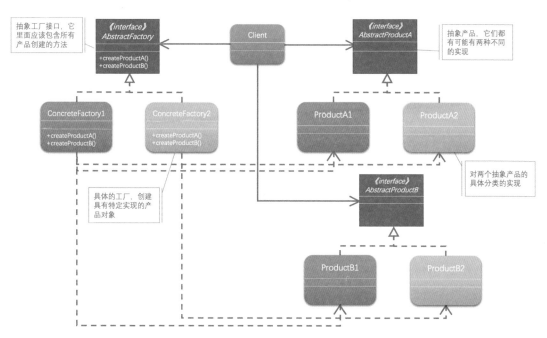

"2号选手，**建造者**小姐，她的口号是将一个复杂对象的构建与它的表示分离，使得同样的构建过程可以创建不同的表示。[DP]"

2号选手 建造者（Builder）

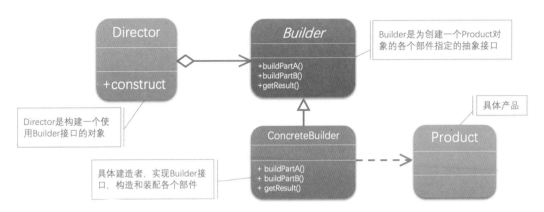

"**3号选手工厂方法**小姐向我们走来，她声称定义一个用于创建对象的接口，让子类决定实例化哪一个类，工厂模式使一个类的实例化延迟到其子类。[DP]"

3号选手 工厂方法（Factory Method）

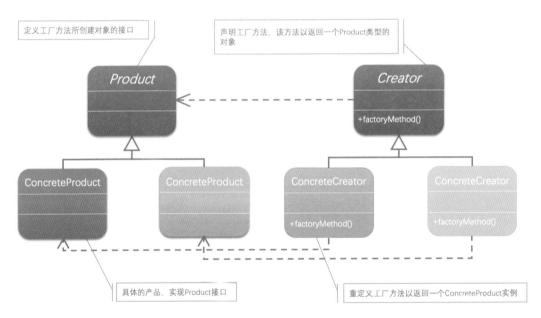

"**4号选手是原型**小姐，她的意图是**用原型实例指定创建对象的种类**，并且通过复制这些原型创建新的对象。[DP]"

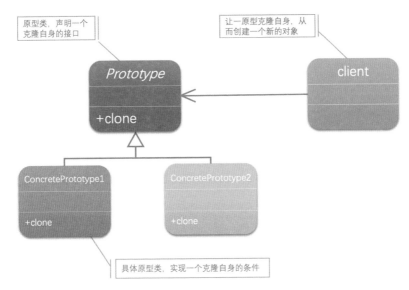

"5号选手出场，**单例**小姐，她提倡简捷就是美，保证一个类仅有一个实例，并提供一个访问它的全局访问点。[DP]"

5号选手 单例（Singleton）

此时只见场下一帮Fans开始热闹起来。

简单工厂带领着**抽象工厂**和**工厂方法**的粉丝们开始齐唱，"咱们工厂有力量，嗨！咱们工厂有力量！每天每日工作忙，嗨！每天每日工作忙，……哎！嗨！哎！嗨！为了咱程序员彻底解放！"

"**单例单例**，你最美丽，一人创建，全家获益。"**单例**的Fans同样不甘示弱地喊着口号。

观众席中还有两位先生安静地坐在那里，小声地聊着。

"你猜谁会胜出？"ADO.NET对旁边的Hibernate说。

"我觉得，**抽象工厂**可以解决多个类型产品的创建问题，就我而言，同一对象与多个数据库ORM就是通过她来实现的。我觉得她会赢。"Hibernate坚定地说。

"你也不看看，**抽象工厂**那形象，多臃肿呀，身上类这么多。做起事来一定不够利索。"ADO.NET不喜欢**抽象工厂**。

"那你喜欢**单例**？"Hibernate问道。

"**单例**又太瘦了。过于骨感也不是美。我其实蛮喜欢**原型**那小姑娘的，我的DataSet

只要调用原型模式的Clone就可以解决数据结构的复制问题，而Copy则不但复制了结构，连数据也都复制完成，很是方便。"

"那你不觉得**建造者**把建造过程隐藏，一个请求，完整产品就创建，在高内聚的前提下使得与外界的耦合大大降低，这不也是很棒的吗？"

"问题是又有多少产品是相同的建造过程呢？再说回来，你造什么对象，不还是需要new吗？"

"哈，从new的角度讲，**工厂方法**才是最棒的设计，它可是把工厂职责都分了类了，其他几位不过是她的变体罢了。"

"有点道理，看来创建型这一组，**工厂方法**有点优势哦。"

"下面有请评委提问。"主持人GoF待五位选手出场亮相之后接着说。

"请问**抽象工厂**小姐，为什么我们需要创建型模式？"开放-封闭先生问道。

只见**抽象工厂**思考了一下，说道："我觉得创建型模式隐藏了这些类的实例是如何被创建和放在一起，整个系统关于这些对象所知道的是由抽象类所定义的接口。这样，创建型模式在创建了什么、谁创建它、它是怎么被创建的，以及何时创建这些方面提供了很大的灵活性[DP]。"

"请问**原型**小姐，你有什么补充？"**依赖倒转**对着**原型**问道。

原型显然没想到突然会问到她，而且对于这个问题，多少有点手足无措，她说："当一个系统应该独立于它的产品创建、构成和表示时，应该考虑用创建性模式。建立相应数目的原型并克隆它们通常比每次用合适的状态手工实例化该类更方便一些[DP]。"

"哈，这可能是我们需要原型的理由。"**依赖倒转**说道，然后转头问**建造者**，"请谈谈你对松耦合的理解。"

建造者对这个问题一定是有了准备，不慌不忙，说道："这个问题首先要谈谈内聚性与耦合性，内聚性描述的是一个例程内部组成部分之间相互联系的紧密程度。而耦合性描述的是一个例程与其他例程之间联系的紧密程度。软件开发的目标应该是创建这样的例程：内部完整，也就是高内聚，而与其他例程之间的联系则是小巧、直接、可见、灵活的，这就是松耦合[DPE]。"

"那么你自己是如何去实践松耦合的呢？"**依赖倒转**接着问。

"我是将一个复杂对象的构建与它的表示分离，这就可以很容易地改变一个产品的内部表示，并且使得构造代码和表示代码分开。这样对于客户来说，它无须关心产品的创建过程，而只要告诉我需要什么，我就能用同样的构建过程创建不同的产品给客户[DP]。"

"回答得非常好，现在请问单例，你来说说看你参赛的理由，你与别人有何不同？"**单一职责**问道。

单例小姐有些羞涩，停了一会，才开口说："我觉得对一些类来说，一个实例是很重要的。一个全局变量可以使得一个对象被访问，但它不能防止客户实例化多个对象。我的优势就是让类自身负责保存它的唯一实例。这个类可以保证没有其他实例可以被创建，并且我还提供了一个访问该实例的方法。这样就使得对唯一的实例可以严格地控制客户怎样以及何时访问它[DP]。"

"**工厂方法**，请问你如何理解创建型模式存在的意义？"**合成聚合复用**问道。

此时只听场下一声音叫道，"**二姐加油**"，原来**简单工厂**在观众席上喊叫呢。**工厂方法**对着观众席微笑了一下，然后非常有信心地答道，"创建型模式抽象了实例化的过程。它们帮助一个系统独立于如何创建、组合和表示它的那些对象。创建型模式都会将关于该系统使用哪些具体的类的信息封装起来。允许客户用结构和功能差别很大的'产品'对象配置一个系统。配置可以是静态的，即在编译时指定，也可以是动态的，就是运行时再指定。[DP]"

"那么请问你与其他几位创建型模式相比有什么优势？"

"我觉得她们几位都可能设计出比我更加灵活的代码，但她们的实现也相对就更加复杂。通常设计应该是从我，也就是**工厂方法**开始，当设计者发现需要更大的灵活性时，设计便会向其他创建型模式演化。当设计者在设计标准之间进行权衡的时候，了解多个创建型模式可以给设计者更多的选择余地。[DP]"

几位评委都在不住地点头，显然，他们非常肯定**工厂方法**的回答。

"下面有请几位评委写上您们认为表现最好的模式小姐。"GoF说道。

"**单一职责**先生，您的答案是？"

只见**单一职责**翻转纸牌，上面写着"**单例**"。

"非常好，**单例**小姐已有一票。"

"**开放封闭**先生，您的选择是？"

"**工厂方法**。我觉得工厂方法能使得我们增加新的产品时，不需要去更改原有的产品体系和工厂类，只需扩展新的类就可以了。这对于一个模式是否优秀是非常重要的判断标准，我选择她。"**开放封闭**说道。

"OK，**工厂方法**小姐也有一票了。"

……

"**工厂方法**小姐再加一票。"

……

"**工厂方法**小姐一共有五票。成功晋级，恭喜你。"GoF宣布完，只见**工厂方法**抱住了旁边的**抽象工厂**泪流满面，喜极而泣。下面的**简单工厂**和一帮**工厂方法**的小Fans们欢呼雀跃。而其他模式的Fans们低头不语，个别竟然已潸然泪下。

"好的，各位来宾，观众朋友们，第一场的比赛现在结束，**工厂方法**成功晋级，但其他四位选手并不等于没有机会，希望您能通过手机给她们投票，移动用户，请发送OO加选手编号到www.ootv.com，联通用户请发送OO加选手编号到www.ootv.net，电信用户请发送OO加选手编号到www.ootv.org，您的支持将是对落选选手的最大鼓励，最终获得票数最多者同样可以晋级决赛。下面休息一会，插播一段广告。"

ADO.NET开始发牢骚："什么最大鼓励，根本就是电视台在骗钱。"

"你不发拉倒，我可要给**抽象工厂**投上一票了。"Hibernate说道。

"唉，算了，反正也就一元钱，我给**原型**投上一票。"

"哥们，**原型**没戏了，投**抽象工厂**吧，这样她进级了，你的钱也不白花。"

"你怎么知道**抽象工厂**会比**原型**的票数多，大家都不投她，她能成功吗？我不但投**原型**，而且要投她十五张票（最高限额）。"ADO.NET坚持道。

"我碰到神经病了。你去打水漂去吧，我不陪你。"

29.5 结构型模式比赛

此时的后台，第二组选手正在做着准备，电视台的记者抓紧时间，对**适配器**小姐做了一个小小的专访。

"**适配器**小姐，您入选的结构型模式组被称为死亡之组，这一点您怎么看？"

"我觉得，所谓死亡之组，意思是有多个可能得冠军的选手不幸被分在了一组，造成有实力的选手会在小组赛中提前被淘汰，但那是针对体育比赛，我们这种选秀活动，选手只要充分表现了自己，就是成功，最终结果往往是多赢的局面。所以我不担心。"

"您觉得您有可能成为冠军吗？"

"不想当冠军的模式不是好模式。我来了，当然就是要努力争取第一。"

"您是否有与众不同的杀手锏来获得胜利？"

"我有杀手锏？"**适配器**小姐笑着摇摇头，"努力争取胜利就可以了。不好意思，我得准备去了，再见。"

当**适配器**离开后，记者小声地对摄像师说，"你把最后一句擦掉。然后我们再录。"接着这记者拿着话筒对着摄像机，正式地说道："观众朋友，**适配器**小姐说，她有成功致胜的杀手锏，但她却并没有提及内容，最终是什么让我们拭目以待。OOTV记者赵谣前方为您报道。"

"欢迎回到第一届OOTV杯超级设计模式大赛现场，下面是第二组，也就是结构型模式组的比赛，她们将穿C#休闲装出场。"

"6号选手，**适配器**小姐，她的口号是将一个类的接口转换成客户希望的另外一个接口。适配器模式使得原本由于接口不兼容而不能一起工作的那些类可以一起工作。[DP]"

6号选手 适配器（Adapter）

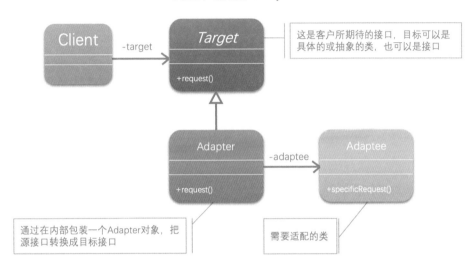

"7号选手叫**桥接**。**桥接**小姐提倡的是将抽象部分与它的实现部分分离，使它们都可以独立地变化。[DP]"

7号选手 桥接（Bridge）

"8号选手向我们走来，**组合**小姐，一个非常美丽的姑娘，她的口号是**将对象组合成树形结构以表示'部分-整体'的层次结构，组合模式使得用户对单个对象和组合对象的使用具有一致性**。[DP]"

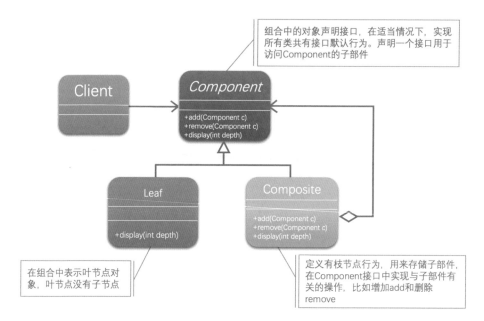

组合中的对象声明接口，在适当情况下，实现所有类共有接口默认行为。声明一个接口用于访问Component的子部件

在组合中表示叶节点对象，叶节点没有子节点

定义有枝节点行为，用来存储子部件，在Component接口中实现与子部件有关的操作，比如增加add和删除remove

"9号选手，**装饰**小姐，她的意图非常简单，就是动态地给一个对象添加一些额外的职责。就增加功能来说，装饰模式相比生成子类更加灵活[DP]。的确，她把自己装饰得非常漂亮。"

9号选手 装饰（Decorator）

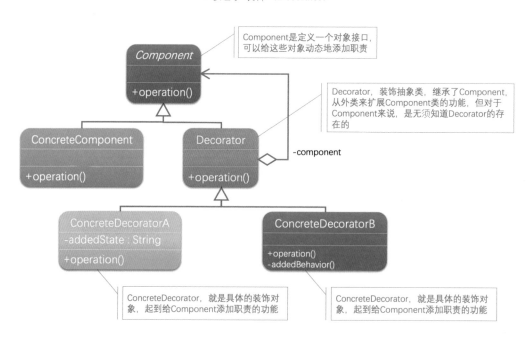

Component是定义一个对象接口，可以给这些对象动态地添加职责

Decorator，装饰抽象类，继承了Component，从外类来扩展Component类的功能，但对于Component来说，是无须知道Decorator的存在的

-component

ConcreteDecorator，就是具体的装饰对象，起到给Component添加职责的功能

ConcreteDecorator，就是具体的装饰对象，起到给Component添加职责的功能

"10号选手出现了，**外观**小姐，她的形象如她的名字一样棒，她说为子系统中的一组接口提供一个一致的界面，外观模式定义了一个高层接口，这个接口使得这一子系统更加容易使用。[DP]"

10号选手 外观（Facade）

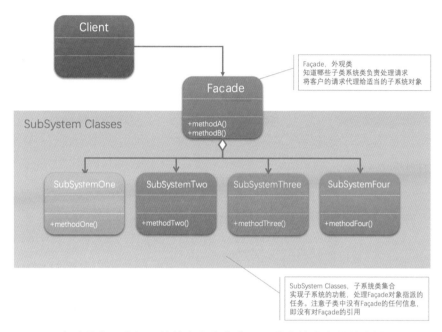

"11号选手是**享元**小姐，她的参赛宣言为运用共享技术有效地支持大量细粒度的对象。[DP]"

11号选手 享元（Flyweight）

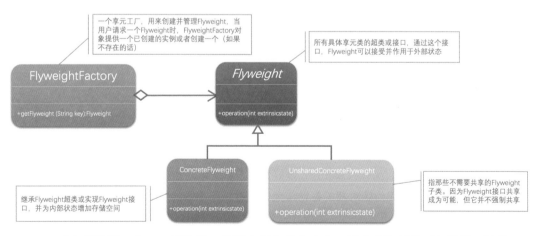

"本组最后一位，12号选手，**代理**小姐向我们走来，她声称为其他对象提供一种代理以控制对这个对象的访问。[DP]"

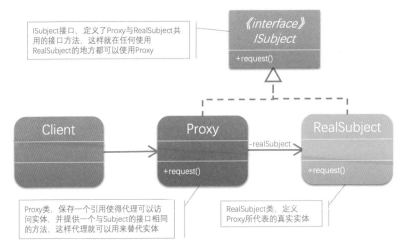

ISubject接口，定义了Proxy与RealSubject共用的接口方法，这样就在任何使用RealSubject的地方都可以使用Proxy

Proxy类，保存一个引用使得代理可以访问实体，并提供一个与Subject的接口相同的方法，这样代理就可以用来替代实体

RealSubject类，定义Proxy所代表的真实实体

观众席中的ADO.NET和Hibernate又开始了讨论。

Hibernate："C#休闲装我不喜欢，还是Java正装漂亮。"

ADO.NET："哈，你这么正儿八经的人，当然是不喜欢休闲装，你兄弟NHibernate一定喜欢得不得了，我也是喜欢休闲装的。"

Hibernate："这一组够强，没有太弱的，你感觉谁最有机会？"

ADO.NET："不好说，都很漂亮的，各自有各自的特点，你认为呢？"

Hibernate："我喜欢**桥接**，太漂亮了，那种解耦的方式，用聚合来代替继承，实在是非常巧妙。"

ADO.NET："是的，**桥接**很漂亮，不过**装饰**也非常美丽。由于善于打扮，所以她可以很好地展示其魅力。"

Hibernate："说得也是，**装饰**好歹也是靠化妆自己展示好看，而代理那个小妮子，听说她甚至有可能就不是自己来参加比赛，而是找了一替身。"

ADO.NET："啊，不会吧，这种谣传你也会信呀，找人替身，那出了名算谁的？"

Hibernate："当然还是她自己，大牌明星都这样的，找了替身做了很多，最后可能连替身名字都不让人家知道。"

ADO.NET："代理要是大牌就不用来参加比赛了，出名前一切还是只有靠自己的。说心里话，我最喜欢的是**适配器**小姐。"

Hibernate："哦，为什么喜欢她？她好像并不算漂亮。"

ADO.NET："因为她对我的帮助最大，我在访问不同的数据库，如SQL Server、Oracle或者DB2等时，需要将数据结构和数据都转换成XML格式给DataSet，DataAdapter就是适配器，没有她的帮助，我的DataSet就发挥不了作用，真的很感激她。"

Hibernate："哈，原来是恩人呀，打小认识的？青梅竹马？哈，好像就你认识她一样，我也和她是老相好哦。"

ADO.NET："你就吹吧你，之前也听你说你和**抽象工厂**是相好，现在又和**适配器**相好，你的相好真够多的。"

Hibernate："不信拉倒。我们不如来打赌吧，我赌10元钱，**桥接**会赢。"

ADO.NET："瞧你那小气样，我赌100元，**适配器**会赢。"

Hibernate："100就100，Who怕Who呀。"

"下面有请评委提问。"主持人GoF说。

"请问**适配器**小姐，刚才记者提到你有成功的杀手锏，那是什么呢？"**开放封闭**先生问道。

"杀手锏？"**适配器**心里一咯噔，心想，"那记者太不道义了，我明明没有回答她的问题，怎么就断章取义地说我有杀手锏呢？造谣呀。"犹豫了一下，她说道，"我所谓的杀手锏是说，面向对象的精神就是更好地应对需求的变化，而现实中往往会有下面这些情况，想使用一个已经存在的类，而它的接口不符合要求，或者希望创建一个可以复用的类，该类可以与其他不相关的类或不可预见的类协同工作。正如**开放封闭**先生您所倡导的对修改关闭，对扩展开放的原则，我可以做到让这些接口不同的类通过适配后，协同工作。[DP]"

开放封闭不住地点头。

"**桥接**小姐，面对变化，你是如何做的？"**合成聚合复用**问道。

桥接答道："继承是好的东西，但往往会过度地使用，继承会导致类的结构过于复杂，关系太多，难以维护，而更糟糕的是扩展性非常差。而仔细研究如果能发现继承体系中，有两个甚至多个方向的变化，那么就**解耦这些不同方向的变化，通过对象组合的方式，把两个角色之间的继承关系改为组合的关系，从而使这两者可以应对各自独立的变化**，事实上也就是**合成聚合复用**女士所提倡的原则，总之，面对变化，我主张'**找出变化并封装之'**。[DPE]"

"这个问题也同样提问给**装饰**小姐，面对变化，你如何做？"**合成聚合复用**接着问**装饰**。

装饰显然对此问题很有信心，答道："面对变化，如果采用生成子类的方法进行扩充，为支持每一种扩展的组合，会产生大量的子类，使得子类数目呈爆炸性增长。这也是刚才桥接小姐所提到的继承所带来的灾难，而事实上，这些子类多半只是为某个对象增加一些职责，此时通过装饰的方式，可以更加灵活、**以动态、透明的方式给单个对象添加职责**，并在不需要时，撤销相应的职责。[DP]"

"**组合**小姐，我们通过你的材料，了解到你最擅长于表示对象的部分与整体的层次结构。那么请问，你是如何做到这一点的？"**里氏代换**问道。

组合答道："我是希望用户忽略组合对象与单个对象的不同，用户将可以统一地使用组合结构中的所有对象。"**组合**回答道，"用户使用组合类接口与组合结构中的对象进行交互，如果接收者是一个叶节点，则直接处理请求，如果接收者是组合对象，通常将请求发送给它的子部件，并在转发请求之前或之后可能执行一些辅助操作。组合模式的效果是客户可以一致地使用组合结构和单个对象。任何用到基本对象的地方都可以使用组合对象。[DP]"

一直没有提过问题的**迪米特**先生，突然接过话筒，对着**外观**小姐问了个问题，"请问**外观**小姐，信息的隐藏促进了软件的复用[J&DP]，你怎么理解这句话？"

外观小姐有些紧张，停顿了一会，然后缓缓答道，"类之间的耦合越弱，越有利于复用，一个处在弱耦合的类被修改，不会对有关系的类造成波及。**如果两个类不必彼此直接通信，那么就不要让这两个类发生直接的相互作用。如果实在需要调用，可以通过第三者来转发调用。**[J&DP]"

"那你又是如何去贯彻这一原则呢？"**迪米特**继续问道。

"我觉得应该让一个软件中的子系统间的通信和相互依赖关系达到最小，而具体办法就是引入一个外观对象，**它为子系统间提供了一个单一而简单的屏障**[DP]。通常企业软件的三层或N层架构，层与层之间的分离其实就是外观模式的体现。"外观小姐说话很慢，但显然准备过，并没说错什么。**迪米特**满意地点了点头。

"**享元**小姐，请问你如何看待很多对象使得内存开销过大的问题？"**单一职责**问道。

"对象使得内存占用过多，而且如果都是大量重复的对象，那就是资源的极大浪费[DP]，会使得机器性能减慢，这个显然是不行的。"**享元**说，"面向对象技术有时会因简单化的设计而代价极大。比如文档处理软件，当中的字符都可以是对象，而如果让文档中的每一个字符都是一个字符对象的话，这就会产生难以接受的运行开销，显然这是不合理也是没必要的。由于文档字符就是那么些字母、数字或符号，完全可以让所有相同的字符都共享同一个对象，比如所有用到 'a' 的字符的地方都使用一个共享的 'a' 对象，这就可以节约大量的内存。"

"OK，最后一位，**代理**小姐，请对比一下你和**外观**小姐，有哪些不同？与**适配器**小姐又区别在何处？"**迪米特**问道。

代理没有想到会问这样一个问题，而旁边就站着**外观**和**适配器**，如果说得不好，显然就是很得罪人的事，她思考了片刻，说道："**代理与外观的主要区别在于，代理对象代表一个单一对象而外观对象代表一个子系统；代理的客户对象无法直接访问目标对象，由代理提供对单独的目标对象的访问控制，而外观的客户对象可以直接访问子系统中的各个对象，但通常由外观对象提供对子系统各元件功能的简化的共同层次的调用接口。**[R2P]"代理停了一下，然后接着说，"至于我与**适配器**，其实都是属于一种衔接性质的功能。**代理是一种原来对象的代表，其他需要与这个对象打交道的操作都是和这个代表交涉。而适配器则不需要虚构出一个代表者，只需为应付特定使用目的，将原来的类进行一些组合。**[DP]"

"下面有请六位评委写上您们认为表现最好的模式小姐。"GoF说道。

桥接

适配器

外观

适配器

桥接

外观

"哦，各位来宾，观众朋友们，第二场结构型模式的比赛真是相当精彩，各位选手也都实力相当，难分伯仲，现在出现了'**桥接**''**适配器**''**外观**'的比分均为两分的相同情况。根据比赛规则，她们三位需要站上PK台，进行PK。三位有请。"

"下面请三位各自说一说你比其他两位优秀的地方。**适配器**小姐先来。"

适配器说："**我主要是为了解决两个已有接口之间不匹配的问题，我不需要考虑这些接口是怎样实现的，也不考虑它们各自可能会如何演化。我的这种方式不需要对两个独立设计的类中任一个进行重新设计，就能够使它们协同工作。**[DP]"

"非常好，下面有请**桥接**小姐。"

"我觉得我和**适配器**小姐具有一些共同的特征，就是给另一对象提供一定程度的间接性，这样可以有利于系统的灵活性。但正所谓未雨绸缪，我们不能等到问题发生了，再去考虑解决问题，而是更应该在设计之初就想好应该如何做来避免问题的发生，我通常是在设计之初，就对抽象接口与它的实现部分进行桥接，让抽象与实现两者可以独立演化。显然，我的优势更明显。[DP]"

"OK，说得很棒，**外观**小姐，您有什么观点？"

"首先我刚听完两位小姐的发言，我个人觉得她们各自有各自的优点，并不能说设计之初就一定比设计之后的弥补要好，事实上，在现实中，早已设计好的两个类，过后需要它们统一接口，整合为一的事例也比比皆是。因此**桥接**和**适配器**是被用于软件生命周期的不同阶段，针对的是不同的问题，谈不上孰优孰劣。然后，对于我来说，和**适配器**还有些近似，都是对现存系统的封装，有人说我其实就是另外一组对象的适配器，这种说法是不准确的，因为外观定义的是一个新的接口，而适配器则是复用一个原有的接口，适配器是使两个已有的接口协同工作，而外观则是为现存系统提供一个更为方便的访问接口。如果硬要说我是适配，那么适配器是用来适配对象的，而我则是用来适配整个子系统的。也就是说，我所针对的对象的粒度更大。[DP]"

"各个观众朋友们，在评委宣布结果之前，希望您能通过浏览器给她们投票，Chrome用户，Firefox用户，……，您的支持将是对当前选手的最大鼓励，最终获得票数最多者同样可以晋级决赛。现在插播一段广告。"主持人GoF说道。

此时场下观众席中的两位，ADO.NET和Hibernate已经争论得不可开交。

Hibernate："哈，你我看好的人都在PK台上，不过我相信**桥接**一定会赢。"

ADO.NET："那可不一定，没出结果之前，别乱下结论，**桥接**老说适配器不如她，你没见评委在摇头吗？"

Hibernate："我坚信**桥接**一定会赢，你要是不服，我加赌50，也就是150。"

ADO.NET："哟哟哟，就加50，神气什么呀，要赌就赌大一些，1000，我赌**适配器**进级。"

Hibernate："1000太多了点，500吧。"

ADO.NET："我赌1000，我赢了，你给我1000，我输了，我给你500。"

Hibernate："小子，你也太狠了。赌，1000就1000。——评委呀，你们一定要看清楚呀，**桥接**才是真正的美女呀。"

ADO.NET："哼，走着瞧吧。"

回到现场，"下面有请**单一职责**先生宣布评委的决定。"GoF大声说道。

"根据我们六位评委的讨论，做出了艰难的决策，最终统一了思想，一致决定，"**单一职责**停了停，"**外观**小姐晋级。"

外观小姐眼含泪光，但却保持着镇定，显然胜利的喜悦并没有让她失去常态。

适配器和**桥接**都非常失望，想哭，却又不得不强忍住泪水，强颜欢笑，对**外观**表示祝贺。

场下的ADO.NET和Hibernate看不出什么失望，反而都有些高兴。

29.6 行为型模式一组比赛

"欢迎回到第一届OOTV杯超级设计模式大赛现场，下面是第三组，也就是行为型模式一组的比赛，她们将穿VB.NET运动装出场。"

"首先出场的是13号选手，**观察者**小姐，它的口号是**定义对象间的一种一对多的依赖关系，当一个对象的状态发生改变时，所有依赖于它的对象都得到通知并被自动更新**。[DP]"

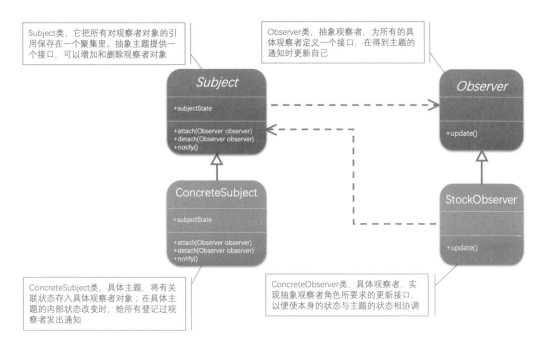

Subject类，它把所有对观察者对象的引用保存在一个聚集里。抽象主题提供一个接口，可以增加和删除观察者对象

Observer类，抽象观察者，为所有的具体观察者定义一个接口，在得到主题的通知时更新自己

ConcreteSubject类，具体主题，将有关联状态存入具体观察者对象；在具体主题的内部状态改变时，给所有登记过观察者发出通知

ConcreteObserver类，具体观察者，实现抽象观察者角色所要求的更新接口，以便使本身的状态与主题的状态相协调

"14号选手，**模板方法**小姐，她提倡定义一个操作的算法骨架，而将一些步骤延迟到子类中，模板方法使得子类可以不改变一个算法的结构即可重定义该算法的某些特定步骤。[DP]"

14号选手 模板方法（TemplateMethod）

实现了一个模板方法，定义了算法的骨架，具体子类将重新定义primitiveOperation以实现一个算法的步骤

实现primitiveOperation以完成算法中与特定子类相关的步骤

"15号选手是**命令**小姐，它觉得应该将一个请求封装为一个对象，从而使你可用不同的请求对客户进行参数化；可以对请求排队或记录请求日志，以及支持可撤销的操作。[DP]"

15号选手 命令（Command）

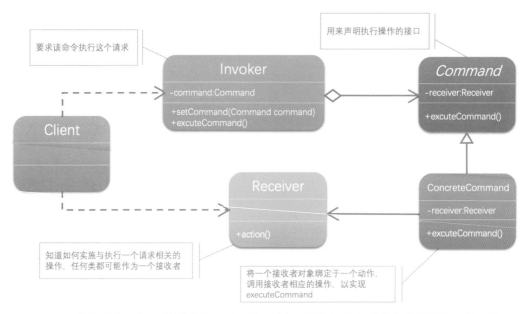

"16号是**状态小姐**，她说**允许一个对象在其内部状态改变时改变它的行为，让对象看起来似乎修改了它的类**。[DP]"

16号选手 状态（State）

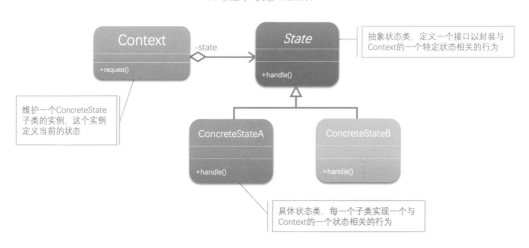

"本组最后一位，17号选手，**职责链小姐**，她一直认为**使多个对象都有机会处理请求，从而避免请求的发送者和接收者之间的耦合关系。将这些对象连成一条链，并沿着这条链传递该请求，直到有一个对象处理它为止**。[DP]"

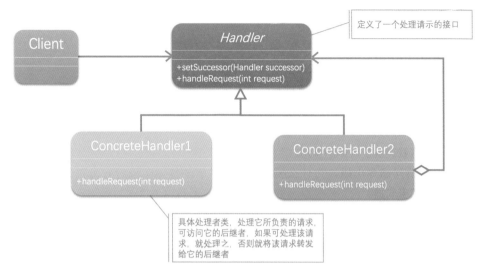

定义了一个处理请示的接口

具体处理者类，处理它所负责的请求，可访问它的后继者，如果可处理该请求，就处理之，否则就将该请求转发给它的后继者

观众席中的ADO.NET和Hibernate又开始了讨论。

Hibernate："VB.NET是你们.NET家族的品牌吧？"

ADO.NET："是的，最早是BASIC，它是很古老的一个品牌，经过二十多年的发展，它已经成功地从以简单入门为标准转到了完全面向对象，真的很不容易，既简单易懂，又功能强大，所以它做出的运动装非常实用。"

Hibernate："行为型模式的小姐们长得怎么都不太一样，风格差异也太大了。我不喜欢。"

ADO.NET："我却觉得还不错，它们大多各有各的特长，比如这一组，应该还是有点看头，**观察者、模板方法、命令**都算是比较强的选手。"

Hibernate："多半是**观察者**胜出了，因为她实在是到处接拍广告，做宣传，什么地方都能见到她的踪影，恨不得通知所有人，她是一设计模式。"

ADO.NET："我猜也是她，人家本来就是以通知为主要魅力点的模式呀。咱们拭目以待吧。"

"下面有请评委提问。"主持人GoF说。

"请问**观察者**小姐，说说你对解除对象间的紧耦合关系的理解？"**依赖倒转**问道。

"我觉得对象间，尤其是具体对象间，相互知道的越少越好，这样发生改变时才不至于互相影响。对于我来说，目标和观察者不是紧密耦合的，它们可以属于一个系统中的不同抽象层次，目标所知道的仅仅是它有一系列的观察者，每个观察者实现Observer的简单接口，观察者属于哪一个具体类，目标是不知道的。"

"非常好，请问**模板方法**小姐，请你谈谈，你对代码重复的理解以及你如何实现代码重用？"**里氏代换**问。

模板方法说，"代码重复是编程中最常见、最糟糕的'坏味道'，如果我们在一个以上的地方看到相同的程序结构，那么可以肯定，设法将它们合而为一，程序会变得更好[RIDEC]。但是完全相同的代码当然存在明显的重复，而微妙的重复会出现在表面不同但是本质相同的结构或处理步骤中[R2P]，这使得我们一定要小心处理。继承的一个非常大的好处就是你能免费地从基类获取一些东西，当你继承一个类时，派生类马上就可以获得基类中所有的功能，你还可以在它的基础上任意增加新的功能。**模板方法模式由一个抽象类组成，这个抽象类定义了需要覆盖的可能有不同实现的模板方法，每个从这个抽象类派生的具体类将为此模板实现新方法**[DPE]。这样就使得，所有可重复的代码都提炼到抽象类中了，这就实现了代码的重用。"

"下面请问**命令**小姐，为什么要将请求发送者与具体实现者分离？这有什么好处？"**单一职责**问道。

"您的意思其实就是**将调用操作的对象与知道如何实现该操作的对象解耦**，而这就意味着我可以在这两者之间处理很多事，比如完全可以发送者发送完请求就完事了，具体怎么做是我的事，我可以**在不同的时刻指定、排列和执行请求**。再比如我可以在实施操作前将状态存储起来，以便**支持取消/重做的操作**。我还可以**记录整个操作的日志**，以便以后可以在系统出问题时查找原因或恢复重做。当然，这也就意味着我可以**支持事务**，要么所有的命令全部执行成功，要么恢复到什么也没执行的状态。总之，如果有类似的需求时，利用命令模式分离请求者与实现者，是最明智的选择。"

"OK，**职责链**小姐，提问**命令**小姐的问题同样提问给你，为什么要将请求发送者与具体实现者分离？这有什么好处？你如何回答？"

"我们时常会碰到这种情况，就是**有多个对象可以处理一个请求，哪个对象处理该请求事先并不知道，要在运行时刻自动确定**，此时，最好的办法就是让请求发送者与具体处理者分离，让客户在不明确指定接收者的情况下，提交一个请求，然后由所有能处理这请求的对象连成一条链，并沿着这条链传递该请求，直到有一个对象处理它为止。"**职责链**答道，"比如我住在县城，生了怪病，我不知道什么级别的医院可以诊治，显然最简单的办法就是马上找附近的医院，让此医院来决定是否可以治疗，如果不能则医院会提供转院的建议，由县级转市级、由市级转省级、由省级转国家级，反正直到可以治疗为至。这就不需要请求发送者了解所有处理者才能处理问题了。"

"非常好，例子很形象，不过得怪病不是好事，健康才最重要。"**开放封闭**微笑道，"下面请问最后一位，**状态**小姐，条件分支的大量应用有何问题？如何正确看待它？"

状态答道："如果条件分支语句没有涉及重要的商务逻辑或者不会随着时间的变化而变化，也不会有任何的可扩展性，换句话说，它几乎不会变化，此时条件分支是应该使用的。但是注意我这里用到了很多前提，这些前提往往都是不成立的，事实上不会变化的需求很少，不需要扩展的软件也很少，那么如果把这样的分支语句进行分解并封装成多个子类，利用多态来提高其可维护、可扩展的需要，是非常重要的。**状态模式提供了一个更好的办法来组织与特定状态相关的代码，决定状态转移的逻辑不在单块的if或**

switch中，而是分布在各个状态子类之间，由于所有与状态相关的代码都存在于某个状态子类中，所以通过定义新的子类可以很容易地增加新的状态和转换。[DP]"

"下面有请六位评委写上你们认为表现最好的模式小姐。"GoF说道。

"喔，**观察者**3票、**模板方法**2票、**命令**1票，最终**观察者**小姐晋级。"GoF在等评委翻牌后宣布道。"恭喜你，**观察者**小姐，有什么要说的吗？"

观察者小姐平静地说："感谢所有关心我、喜欢我和憎恨我的人。比赛中的环境不太干净，但我是干净地站起来的。"

"啊，你，你说憎恨？不干净？什么意思？"GoF非常意外。

"无可奉告。"**观察者**显然知道刚才那些话的影响，所以选择回避。

"哦，"GoF有些尴尬，"下面先进段广告，广告后我们进行第四组的比赛。"慌忙之中，GoF连让短信投票的宣传都忘记说了。

此时场下观众都议论纷纷。当然ADO.NET和Hibernate两位也不例外。

ADO.NET："你说她被谁憎恨了？"

Hibernate："那谁知道。不过一定是来参赛前，受到了一些阻挠，甚至于产生了很大的矛盾，因此才有了憎恨一说。其实憎恨也就罢了，'不干净'一词力道可就重了。"

ADO.NET："这有什么，只不过**观察者**她胆子大，说了出来。在娱乐圈、体育圈有潜规则，难道我们程序世界里就没有潜规则？"

Hibernate："是呀，只要涉及利益，就不可能没有交易。我再给你爆个料，MVC你听说过吗？"

ADO.NET："知道呀，大名鼎鼎的MVC模式，就是**Model/View/Controller**，非常漂亮的姑娘。在电视上经常能看到它，好像谈模式、谈架构没有不谈到她的。"

Hibernate："你可知道为何她没来参加这次超级模式大赛？"

ADO.NET："咦，对哦，为什么她没来参加呢，要是她来，和这23个比，至少前三是一定可以进的。你不要告诉我，因为她被潜规则了？"

Hibernate："我偷偷告诉你，你可别出去乱传。MVC是包括三类对象，Model是应用对象，View是它在屏幕上的表示，Controller定义用户界面对用户输入的响应方式。如果不使用MVC，则用户界面设计往往将这些对象混在一起，而MVC则将它们分离以提高灵活性和复用性[DP]。因此，有人甚至说，她是集**观察者**、**组合**、**策略**三个美女优点于一身的靓女。海选和选拔赛时她都表现非常好的，但因为一次短信的事情，而她又在自己博客里写了《非得这样吗？》的文章，大大地得罪了主办方的一个大鳄。于是由于这件事，她就彻底把自己的前途葬送了。后来博客的文章也被勒令删除。"

ADO.NET："得罪谁了？短信什么内容？"

Hibernate："我哪知道呀，反正她后来就退出比赛了。"

ADO.NET："你这也叫爆料呀，什么都没说出来，根本就一个听风是雨没任何根据的小道消息。据我猜测，主要原因是这次是设计模式比赛，而MVC**是多种模式的综合应用，应该算是一种架构模式，所以被排除在外**。"

Hibernate："不信就算了，不过你说的也有道理。"

29.7 行为型模式二组比赛

"欢迎回到第一届OOTV杯超级设计模式大赛现场，下面是行为型模式二组，也就是最后一组的比赛，她们将穿C++旗袍出场。"

"首先出场的是18号选手，**解释器**小姐，它声称给定一个语言，定义它的文法的一种表示，并定义一个解释器，这个解释器使用该表示来解释语言中的句子。[DP]"

18号选手 解释器（interpreter）

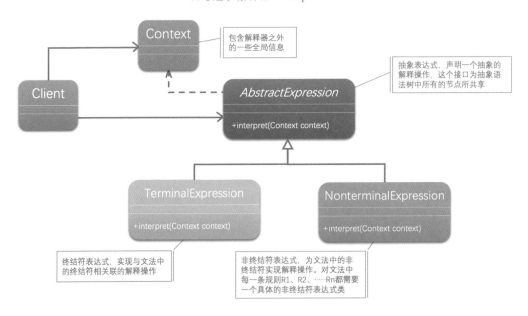

"19号选手是**中介者**小姐，她说她是用一个中介对象来封装一系列的对象交互。中介者使各对像不需要显式地相互引用，从而使其耦合松散，而且可以独立地改变它们之间的交互。[DP]"

19号选手 中介者（Mediator）

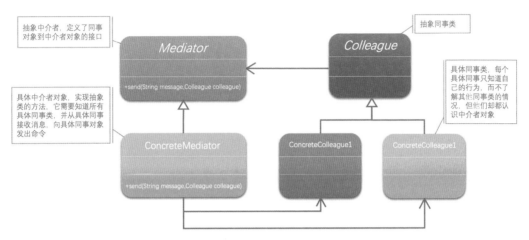

"20号小姐向我们走来，**访问者**小姐，表示一个作用于某对象结构中的各元素的操作，使你可以在不改变各元素的类的前提下定义作用于这些元素的新操作。[DP]"

20号选手 访问者（Visitor）

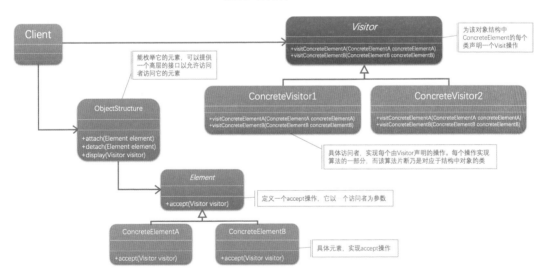

"21号小姐是**策略**，一个可爱的姑娘，她的意图是定义一系列的算法，把它们一个个封装起来，并且使它们可相互替换。本模式使得算法可独立于使用它的客户而变化。[DP]"

21号选手 策略（Strategy）

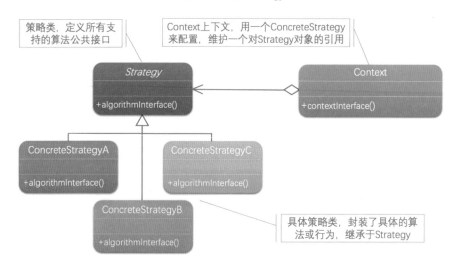

"22号选手，**备忘录**小姐，她说在不破坏封装性的前提下，捕获一个对象的内部状态，并在该对象之外保存这个状态。这样以后就可将该对象恢复到原先保存的状态。[DP]"

22号选手 备忘录（Memento）

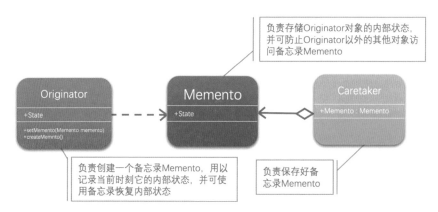

"最后一名选手，23号，**迭代器**小姐，她说，提供一种方法顺序访问一个聚合对象中的各个元素，而又不需暴露该对象的内部表示。[DP]"

Hibernate："这组里我只认识**策略**小姐，看过她做过不少广告，**迭代器**好像也听说过。其他的MM太没名气了，我不看好她们。"

ADO.NET："**中介者**也还算行吧，至少我是知道她的。不过这一组实力是不太强，估计**策略**拿第一没什么悬念了。"

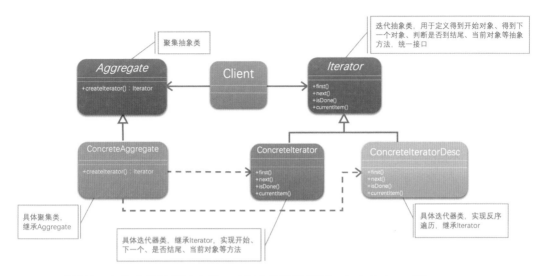

"好的，各位小姐已展示完毕，下面有请评委提问。"主持人GoF说。

"请问**解释器**小姐，说说你参赛的动机和优势？"**依赖倒转**问道。

解释器小姐很镇定地答道："在编程世界里，实现目标都是通过编写语言并执行来实现的，从最低级的机器语言到人能很容易读懂机器也可以执行的高级语言，但是高级语言编写起一些问题可能还是比较复杂。**如果一种特定类型的问题发生的频率足够高，那么就可以考虑将该问题的各个实例表述为一个简单语言中的句子。也就是说，通过构建一个解释器，该解释器解释这些句子来解决该问题**[DP]。比如正则表达式就是描述字符串模式的一种标准语言，与其为每一个字符串模式都构造一个特定的算法，不如使用一种通用的搜索算法来解释执行一个正则表达式，该正则表达式定义了待匹配字符器的集合[DP]。"

"**中介者**小姐，人家都说你是交际花，请问你广交朋友的目的是什么？"**迪米特**问道。

"交际花不敢当，但我的确喜欢交朋友。面向对象设计鼓励将行为分布到各个对象中，这种分布可能会导致对象间有许多连接。也就是说，有可能每一个对象都需要知道其他许多对象。对象间的大量相互连接使得一个对象似乎不太可能在没有其他对象的支持下工作，这对于应对变化是不利的，任何较大的改动都很困难[DP]。所以说朋友多既是好事情，其实也是坏事情。我提倡将集体行为封装一个单独的中介者对象来避免这个问题，中介者负责控制和协调一组对象间的交互。中介者充当一个中介以使组中的对象不再相互显式引用。这些对象仅知道中介者，从而减少了相互连接的数目[DP]。我作为中介者，广交朋友，就起到了在朋友间牵线搭桥的作用。可以为各位朋友们服务。这其实不也正是**迪米特**先生您一直倡导的最少知识原则，也就是如何减少耦合的问题，类之间的耦合越弱，越有利于复用[J&DP]。"

现在轮到**访问者**了，她面无表情，不知是否很紧张。**合成聚合复用**问道："访问者小姐，听说你对朋友要求很苛刻，要请到你帮忙是很难的事情，你喜欢交朋友吗？"

听到这个问题，**访问者**笑开了颜："哪有这种事情，朋友要我帮忙，我都会尽力而为的。的确，我不太喜欢交很多朋友，一般找到好朋友了，就不喜欢再交往新的朋友了。我的理念是朋友在精不在多。但是我和朋友间的交往通常会是多方面的，一同聊天、逛街、旅游、唱歌、游泳，哪怕是我们不会的活动，我们也可以尝试一起去学习、去扩展我们的生活情趣。也就是说，**访问者增加具体的Element是困难的，但增加依赖于复杂对象结构的构件的操作就变得容易。仅需增加一个新的访问者即可在一个对象结构上定义一个新的操作。**"

"非常有意思的交友观。下面请**策略**小姐准备接受提问。"GoF说道。

"请问**策略**小姐，说说你对'优先使用对象组合，而非类继承'的理解？"**合成聚合复用**问道。

策略小姐答得很流利，"继承提供了一种支持多种算法或行为的方法，我们可以直接生成一个类A的子类B、C、D，从而给它以不同的行为。但这样会将行为硬行编制到父类A当中，而将算法的实现与类A的实现混合起来，从而使得类A难以理解、难以维护和难以扩展，而且还不能动态地改变算法。仔细分析会发现，它们之间的唯一差别是它们所使用的算法或行为，将算法封装在独立的策略Strategy类中使得你可以独立于其类A改变它，使它易于切换、易于理解、易于扩展[DP]。这里显然使用对象组合要优于类继承。"

"**策略**小姐说得非常好，下面想请问一下**备忘录**小姐，在保存对象的内部状态时，为何需要考虑不破坏封装细节的前提？"**单一职责**问道。

"通常原对象A都有很多状态属性，保存对象的内部状态，其实也就是将这些状态属性的值可以记录到A对象外部的另一个对象B，但是，如果记录的过程是对外透明的，那就意味着保存过程耦合了对象状态细节。**使用备忘录就不会出现这个问题，它可以避免暴露一些只应由对象A管理却又必须存储在对象A之外的信息。备忘录模式把可能很复杂的对象A的内部信息对其他对象屏蔽起来，从而保持了封装边界[DP]。**"

"最后一位，**迭代器**小姐，说说**迭代器**模式对遍历对象的意义？"**里氏代换**问道。

"一个集合对象，它当中具体是些什么对象元素我并不知道，但不管如何，应该提供一种方法来让别人可以访问它的元素，而且可能要以不同的方式遍历这个集合。**迭代器模式的关键思想是将对列表的访问和遍历从列表对象中分离出来并放入一个迭代器对象中，迭代器类定义了一个访问该列表元素的接口，迭代器对象负责跟踪当前的元素，并且知道哪些元素已经遍历过了[DP]。**"

"下面有请六位评委评选出行为型二组比赛的第一名。"GoF说道。

"**迭代器**小姐2票、**策略**小姐4票。"GoF宣布。"晋级的是**策略**小姐。"

"Yeah！"**策略**小姐右手伸出食指和中指，打了"V"型手势，向台前晃了晃，然后收到头顶上方握紧拳头做下拉状。

"哈，**策略**小姐高兴起来真像个孩子，说说感受吧。"GoF对策略的反应也很开心，微笑着说。

"我要感谢OOTV，感谢六位评委，感谢咱爸咱妈，感谢所有支持我的朋友，我爱你们!"**策略**仿佛已经问鼎冠军一样说了一大堆感谢的话。

"各位观众，请加快给你喜爱的选手投票，广告过后，我们将关闭短信通道。宣布投票结果。"GoF宣布说。

听主持人一宣布，下面的Fans们又纷纷掏出手机开始最后一轮的疯狂短信。

Hibernate："看来我们英雄所见完全相同。"

ADO.NET："是呀，**策略**早就成名了，所以很习惯于这种大场合说些场面话，明星也是练出来的。"

Hibernate："现在**工厂方法**、**外观**、**观察者**、**策略**晋级了，除了这几位，你猜短信的结果是谁？"

ADO.NET："从感觉上来讲，**组合**、**命令**、**适配器**、**迭代器**都有机会。"

Hibernate："就不会出黑马？比如**抽象工厂**、**代理**、**模板方法**、**桥接**等？不过这次确实难料了。"

29.8 决赛

"欢迎回来，我们的短信平台刚刚关闭，结果已经出来。"GoF说，"除了四位入选的选手外，短信票数最多的选手是……她是……**适配器**小姐。"

适配器手捧住脸，刚才PK失利时都没有流泪的她，现在却梨花带雨，楚楚动人。相信她自己也没想到竟然会是自己，所有的人都将目光集中到了这个被称为有"杀手锏"的女孩身上。

"谢谢，谢谢观众朋友，我真心地……感谢……您们。"**适配器**有些激动，有些泣不成声，和刚才的**策略**小姐的表现形成了鲜明的对比。

"好的，现在我们比赛已经进入了最高潮，23位选手，经过激烈的比拼，现在选出了五位选手将站在PK台上，来决定今天冠亚季军的归属。她们分别是……**工厂方法**小姐、**外观**小姐、**观察者**小姐、**策略**小姐和观众朋友选出的可爱的**适配器**小姐。"

"决赛是一道应用题，希望五位选手根据你们的经验，来说明如果你参与其中，将会发挥什么样的作用，具体如何做。评委将根据各位的临场表现打分，最终评出冠亚季军。"GoF说道，"各位请听题。"

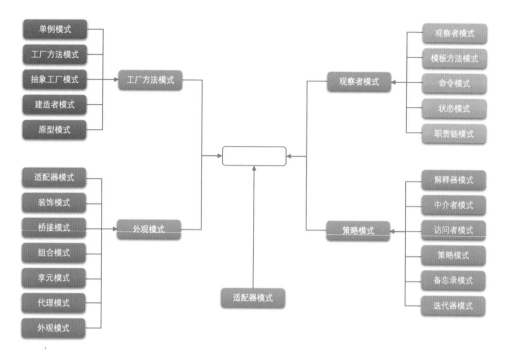

"题目是说有一家以软件开发和服务为主的创业型的公司创业初期初见成效，公司有了发展，员工数量大量增加，于是就考虑自主开发一套薪资管理系统来对公司的员工薪资进行管理，做得好也将作为产品对外销售。公司的员工按照薪资来分类大致可分为普通员工，他们按照月薪制发放，每月有工资和奖金；市场和销售人员，按照每月底薪加提成的方式发放；中高级管理人员，按照年薪加分红的方式发放；兼职人员和临时工，按照小时计费发放。系统要求界面不花哨，但要方便易用，如要有菜单、工具栏和状态栏等要素。产品初步打算用SQL Server作为数据库，但不排除未来成为产品后将可以应用于Oracle、MySQL等数据库来做数据持久化。薪资可以提供多种查询和统计的功能，报表能生成各种复杂的统计图。由于系统是自主研发的产品，所以统计图生成如若时间充裕则自行开发，否则就购买第三方的组件。"GoF念完题目后，接着说，"好了，现在请选手们准备一下，说出你们对这个系统设计的建议。"

"首先有请**外观**小姐发言。"

"我觉得这是一套典型的企业办公软件，所以在设计上我建议用三层架构比较好，也就是表示层、业务逻辑层和数据访问层。由于公司对业务有明确的需求，但对界面却有模糊性，'不花哨'和'方便易用'实在是仁者见仁，智者见智。所以我的建议是在业务逻辑与表示层之间，增加一个业务外观层，这样就让两层明显地隔离，表示层的任何变化，比如是用客户端软件还是用浏览器方式表示都不会影响到业务与数据的设计。"**外观**小姐侃侃而谈。

"非常棒的回答，下面有请**观察者**小姐发言。"

"需求中提到'要有菜单、工具栏和状态栏等要素'，其实不管是C/S架构还是B/S

架构，每个按钮或链接的单击都需要触发一系列的事件。而所有的事件机制其实都是观察者模式的一种应用，即当一个对象的状态发生改变时，所有依赖于它的对象都得到通知并被自动更新，比如状态栏就是一个根据事件的不同时刻需要更新的控件。因为我觉得整个表示层，采用事件驱动的技术是可以很好地完成需求的。我说完了。"

"OK，下面有请**适配器**小姐回答。"

"本来我以为这个系统没我什么事，但是最后的需求，让我感觉我还是能发挥大作用。需求说'统计图生成如若时间充裕则自行开发，否则就购买第三方的组件'，这里的意思其实就是说，统计图表的生成是自己开发还是购买组件是有变数的。既然这里存在可能的变化，那很显然要考虑将其封装，根据依赖倒转原则，我们让业务模块依赖一个抽象的生成图接口，而非具体的第三方组件或自行实现代码将有利于我们的随机应变。至于第三方组件的接口不统一的问题，完全可以利用适配器模式来处理，达到适应变化的需求。谢谢！"

"哈，看来题目难不倒各位模式的小姐。下面有请**策略**小姐发言。"

"轮到我了？好的，我是这么想的。公司有多种薪资发放规则，但不管用哪种发放规则，只不过是计算的不同，最终都将是数据的存储与展示，因此我们不希望发放规则的变化会影响系统的数据新增修改、数据统计查询等具体的业务逻辑。应用策略模式，可以很好地把薪资发放规则一个个封装起来，并且使它们可相互替换，这样哪怕再增加多种发放规则，或者修改原有的规则，都不会影响其他业务的实现。回答完毕。"

"Very Very Good！**策略**小姐的回答，非常精彩。下面有请最后一位，**工厂方法**小姐发言。"

"只要是在做面向对象的开发，创建对象的工作不可避免。创建对象时，负责创建的实体通常需要了解要创建的是哪个具体的对象，以及何时创建这个而非那个对象的规则。而我们如果希望遵循开放-封闭原则、依赖倒转原则和里氏代换原则，那使用对象时，就不应该知道所用的是哪一个特选的对象。此时就需要'对象管理者'工厂来负责此事[DPE]。比如需求中说到系统做成产品后可以用多种数据库来做持久化。如果我们创建对象时指明了是用SQL Server，那么就会面临着要用Oracle的时候的尴尬问题，因为这里不能适应变化。解决办法是我们可以通过抽象工厂模式、反射技术等手段来让业务逻辑与数据访问之间减少耦合。当然，如果系统比较复杂，也可以使用一种ORM工具来将业务对象与关系数据库进行映射。同样的道理，刚才提到的应用策略模式解决薪资发放规则，用适配器模式解决第三方组件适配等问题，在对象创建时，都可以通过工厂的手段来避免指明具体对象，减少耦合性。另外，**在创建对象时，使用抽象工厂、原型、建造者的设计比使用工厂方法要更灵活，但它们也更加复杂，通常，设计是以使用工厂方法开始，当设计者发现需要更大的灵活性时，设计便会向其他创建型模式演化**[DP]。总之，在面向对象开发过程中，为了避免耦合，都多多少少会应用工厂方法来帮助管理创建对象的工作。**工厂方法的实现并不能减少工作量，但是它能够在必须处理新情况时，避免使已经很复杂的代码更加复杂**[DPE]。工厂方法会继续努力，为大家做好优质的服务，谢谢大家。"

"哦，我对你的敬仰真如滔滔江水、连……"GoF突然感觉自己有些失态，连忙收口。"下面有请6位评委慎重做出选择，评出我们本届大赛的季军、亚军，以及我们的——冠军。现在是广告时间，不要走开哦，我们马上回来揭晓答案。"

场下，只见Hibernate双手紧握，举在胸前，ADO.NET则诧异地望着他。

Hibernate："啊，**工厂方法**，我真是爱死你了。"

ADO.NET："花痴，别犯傻了，人家可是大明星了，你爱到死人家也不会知道。"

Hibernate："我猜**工厂方法**准赢、确定赢、一定赢、肯定赢！"

ADO.NET："那可难说得很。其他几位也表现很好的，主要原因是**工厂方法**最后一个回答，所以占了便宜，不然怎么能举出前面选手所说的例子，这其实都不太公平。"

Hibernate："咦，你说得对哦，为什么是**工厂方法**最后一个发言，按道理她应该第一个发言的。"

ADO.NET："这谁知道呢，说不定又有什么潜规则在里面。"

Hibernate："啊，如果真是这样，那可实在是太让我这'工仔'伤心了。"

ADO.NET："'公仔'？怎么听得像是广东香港地区那边对毛绒玩具的叫法。这是什么意思？"

Hibernate："你不知道呀，'工仔'就是**工厂方法**的Fans的统称。"

ADO.NET："啊，连粉丝统称都有了。太快了吧。"

此时，只听场外口号声四起。

"工厂工厂，工仔爱你，就像老鼠爱大米。"所有工仔们在**简单工厂**的指挥下举着条幅大叫道。

"模林至尊，策略同盟，号令天下，莫敢不从。"**策略**的粉丝开始齐呼。

外观的Fans坐不住了，跟着对叫道："**外观**不出，谁与争锋。"

相比之下，**观察者**和**适配器**的Fans就显得没什么声势。

"各位现场的来宾，观众朋友们，第一届OOTV杯超级设计模式大赛的结果马上就要揭晓，让我们有请我们的总策划兼总导演**抽象**先生，上台来宣布结果。"

只见50多岁的**抽象**先生，缓缓走上台前，接过主持人GoF交给他的信封，对着话筒说："真的很高兴能看到今天的大赛举办得圆满成功。在这我代表组办方，向所有为这次大赛付出艰苦努力的工作人员表示衷心的感谢。望着这23位模式小姐，她们在台上尽情地'群模乱舞'，我们在台下感受到了她们的'模法无边'。非常值得庆贺的是，23位小姐都发挥出了应有的水平，赛出了风格，赛出了水平。我……"

GoF打断了**抽象**先生的说话，"请您打开信封宣布结果。"

"哦，对对对，我是来宣布结果的。"**抽象**先生反应过来，拆开了信封，念道，"第一届OOTV杯超级设计模式大赛决赛入围的有：**工厂方法、外观、观察者、策略、适配器**。她们五位设计模式小姐表现都很出色。其实说到底，面向对象设计模式体现的就是**抽象**的思想，类是什么，**类是对对象的抽象**，抽象类呢，其实就是对类的抽象，那**接口**呢，说白了就是对行为的抽象。不管是什么，其实……"

"**抽象**先生，请您宣布结果。"GoF不得不再次提醒他。

"哦，你等我说完，其实都是在不同层次、不同角度进行抽象的结果，它们的共性就是抽象。所以……"**抽象**先生打了个咯噔，"我宣布，第一届OOTV杯超级设计模式大赛的冠军是……"

29.9 梦醒时分

时间：7月23日晚上23：50　　地点：小菜自己的卧室　　人物：小菜、大鸟

此图为作者儿子9岁时手绘原创作品

"喂，小菜，醒醒。"大鸟站在小菜旁边，推了推他，"这样趴着睡会感冒的，上床去睡。"

"啊，大鸟呀，你坏我好梦。"小菜用手揉着眼睛说道，"早不来晚不来，刚梦到要宣布结果，你就来了。气死我了。"

"你梦到什么了？都快12点了，快去睡觉吧。"

"这下是再也不可能梦到**抽象**宣布结果了。你说怎么办？"

"什么抽象宣布结果，你做什么鬼梦呢？"

"明天我们公司让我去做关于应用设计模式体会的演讲，我本想等你回来问问你的，一不小心就睡着了，做了一个好梦，但却被打扰了。"

"哦，这是好事呀，明天演讲什么内容，你想好了吗？"

"本来是没想好，不过现在吗，嘿嘿，我已经有数了。"

"你打算怎么讲？"

"保密，明天我回来再对你说。我去睡觉去了。"

"好吧，祝你好运。晚安。"

时间：7月24日下午15：30　　地点：小菜公司大会议室　　人物：全公司成员

"今天我给大家讲一个关于'OOTV杯超级模式大赛'的故事。故事是这样开始的……"

小菜的故事讲得非常精彩，成了公司的技术明星。在随后的日子里，逐步完成了由菜鸟程序员向优秀软件工程师的蜕变，并继续向着成为软件架构师的理想前进。

29.10 没有结束的结尾

生活还在继续，编程也不会结束。每天晚上，小菜和大鸟继续着对程序、对爱情、对理想、对人生的讨论和思考。而我们的故事，却要暂时告一段落了。

祝愿您在阅读本书的过程当中，读有所获，阅有所思。书籍一定会有最后一页，但你的面向对象编程之路或许才刚刚开始。相信通过你的努力，你的人生会更加精彩。

参考文献